轨道交通装备制造业职业技能鉴定指导丛书

金属热处理工

中国北车股份有限公司　编写

中国铁道出版社

2015年·北京

图书在版编目(CIP)数据

金属热处理工/中国北车股份有限公司编写．—北京：
中国铁道出版社，2015.3
（轨道交通装备制造业职业技能鉴定指导丛书）
ISBN 978-7-113-19323-2

Ⅰ．①金… Ⅱ．①中… Ⅲ．①热处理－职业技能－鉴
定－教材 Ⅳ．①TG15

中国版本图书馆 CIP 数据核字(2014)第 228324 号

书　　名：轨道交通装备制造业职业技能鉴定指导丛书
　　　　　　金属热处理工
作　　者：中国北车股份有限公司

策　　划：江新锡　钱士明　徐　艳
责任编辑：徐　艳　　　　　　　　　编辑部电话：010-51873193
编辑助理：袁希翀
封面设计：郑春鹏
责任校对：龚长江
责任印制：郭向伟

出版发行：中国铁道出版社(100054,北京市西城区右安门西街 8 号)
网　　址：http://www.tdpress.com
印　　刷：北京市昌平百善印刷厂
版　　次：2015 年 3 月第 1 版　2015 年 3 月第 1 次印刷
开　　本：787 mm×1 092 mm　1/16　印张：14　字数：393 千
书　　号：ISBN 978-7-113-19323-2
定　　价：43.00 元

序

在党中央、国务院的正确决策和大力支持下,中国高铁事业迅猛发展。中国已成为全球高铁技术最全、集成能力最强、运营里程最长、运行速度最高的国家。高铁已成为中国外交的新名片,成为中国高端装备"走出国门"的排头兵。

中国北车作为高铁事业的积极参与者和主要推动者,在大力推动产品、技术创新的同时,始终站在人才队伍建设的重要战略高度,把高技能人才作为创新资源的重要组成部分,不断加大培养力度。广大技术工人立足本职岗位,用自己的聪明才智,为中国高铁事业的创新、发展做出了重要贡献,被李克强同志亲切地赞誉为"中国第一代高铁工人"。如今在这支近5万人的队伍中,持证率已超过96%,高技能人才占比已超过60%,3人荣获"中华技能大奖",24人荣获国务院"政府特殊津贴",44人荣获"全国技术能手"称号。

高技能人才队伍的发展,得益于国家的政策环境,得益于企业的发展,也得益于扎实的基础工作。自2002年起,中国北车作为国家首批职业技能鉴定试点企业,积极开展工作,编制鉴定教材,在构建企业技能人才评价体系、推动企业高技能人才队伍建设方面取得明显成效。为适应国家职业技能鉴定工作的不断深入,以及中国高端装备制造技术的快速发展,我们又组织修订、开发了覆盖所有职业(工种)的新教材。

在这次教材修订、开发中,编者们基于对多年鉴定工作规律的认识,提出了"核心技能要素"等概念,创造性地开发了《职业技能鉴定技能操作考核框架》。该《框架》作为技能人才评价的新标尺,填补了以往鉴定实操考试中缺乏命题水平评估标准的空白,很好地统一了不同鉴定机构的鉴定标准,大大提高了职业技能鉴定的公信力,具有广泛的适用性。

相信《轨道交通装备制造业职业技能鉴定指导丛书》的出版发行,对于促进我国职业技能鉴定工作的发展,对于推动高技能人才队伍的建设,对于振兴中国高端装备制造业,必将发挥积极的作用。

中国北车股份有限公司总裁:

2015. 2. 7

前　言

　　鉴定教材是职业技能鉴定工作的重要基础。2002年，经原劳动保障部批准，中国北车成为国家职业技能鉴定首批试点中央企业，开始全面开展职业技能鉴定工作。2003年，根据《国家职业标准》要求，并结合自身实际，组织开发了《职业技能鉴定指导丛书》，共涉及车工等52个职业（工种）的初、中、高3个等级。多年来，这些教材为不断提升技能人才素质、适应企业转型升级、实施"三步走"发展战略的需要发挥了重要作用。

　　随着企业的快速发展和国家职业技能鉴定工作的不断深入，特别是以高速动车组为代表的世界一流产品制造技术的快步发展，现有的职业技能鉴定教材在内容、标准等诸多方面，已明显不适应企业构建新型技能人才评价体系的要求。为此，公司决定修订、开发《轨道交通装备制造业职业技能鉴定指导丛书》（以下简称《丛书》）。

　　本《丛书》的修订、开发，始终围绕促进实现中国北车"三步走"发展战略、打造世界一流企业的目标，努力遵循"执行国家标准与体现企业实际需要相结合、继承和发展相结合、坚持质量第一、坚持岗位个性服从于职业共性"四项工作原则，以提高中国北车技术工人队伍整体素质为目的，以主要和关键技术职业为重点，依据《国家职业标准》对知识、技能的各项要求，力求通过自主开发、借鉴吸收、创新发展，进一步推动企业职业技能鉴定教材建设，确保职业技能鉴定工作更好地满足企业发展对高技能人才队伍建设工作的迫切需要。

　　本《丛书》修订、开发中，认真总结和梳理了过去12年企业鉴定工作的经验以及对鉴定工作规律的认识，本着"紧密结合企业工作实际，完整贯彻落实《国家职业标准》，切实提高职业技能鉴定工作质量"的基本理念，在技能操作考核方面提出了"核心技能要素"和"完整落实《国家职业标准》"两个概念，并探索、开发出了中国北车《职业技能鉴定技能操作考核框架》；对于暂无《国家职业标准》、又无相关行业职业标准的40个职业，按照国家有关《技术规程》开发了《中国北车职业标准》。经2014年技师、高级技师技能鉴定实作考试中27个职业的试用表明：该《框架》既完整反映了《国家职业标准》对理论和技能两方面的要求，又适应了企业生产和技术工人队伍建设的需要，突破了以往技能鉴定实作考核中试卷的难度与完整性评估的"瓶颈"，统一了不同产品、不同技术含量企业的鉴定标准，提高了鉴定考核的技术含量，保证了职业技能鉴定的公平性，提高了职业技能鉴定工作质量和管理水平,将成为职业技能鉴定工作、进而成为生产操作者技能素质评价的新标尺。

本《丛书》共涉及98个职业(工种),覆盖了中国北车开展职业技能鉴定的所有职业(工种)。《丛书》中每一职业(工种)又分为初、中、高3个技能等级,并按职业技能鉴定理论、技能考试的内容和形式编写。其中:理论知识部分包括知识要求练习题与答案;技能操作部分包括《技能考核框架》和《样题与分析》。本《丛书》按职业(工种)分册,并计划第一批出版74个职业(工种)。

本《丛书》在修订、开发中,仍侧重于相关理论知识和技能要求的应知应会,若要更全面、系统地掌握《国家职业标准》规定的理论与技能要求,还可参考其他相关教材。

本《丛书》在修订、开发中得到了所属企业各级领导、技术专家、技能专家和培训、鉴定工作人员的大力支持;人力资源和社会保障部职业能力建设司和职业技能鉴定中心、中国铁道出版社等有关部门也给予了热情关怀和帮助,我们在此一并表示衷心感谢。

本《丛书》之《金属热处理工》由中国北车集团大连机车车辆有限公司《金属热处理工》项目组编写。主编徐钰鑫;主审安治学;参编人员孙晓庭、任晓伟、胡晓飞、周鹏。

由于时间及水平所限,本《丛书》难免有错、漏之处,敬请读者批评指正。

中国北车职业技能鉴定教材修订、开发编审委员会

二〇一四年十二月二十二日

目　　录

目　录

金属热处理工(职业道德)习题

一、填空题

1. 建立劳动关系,应当订立(　　　　)。

2. 劳动者拒绝用人单位管理人员违章指挥、(　　　　),不视为违反劳动合同。

3. 安全生产管理,坚持安全第一、(　　　　)的方针。

4. 职业病危害因素包括:职业活动中存在的各种有害的(　　　　)、物理、生物因素以及在作业过程中产生的其他职业有害因素。

5. 浪费的五种表现:等待的浪费、协调不利的浪费、(　　　　)、无序的浪费、失职的浪费。

6. 反应职业态度的是从业人员的(　　　　)。

7. 许多知名企业都把提高员工的综合素质、挖掘员工的潜能作为企业发展的(　　　　)。

8. 一个高效的团队不仅讲求彼此合作默契,更讲求(　　　　),这需要通过有目的的培养、训练。

9. 学习型组织强调的是在个人学习的基础上,加强团队学习和组织学习,其目的就是将个人学习成果转化为(　　　　)。

10. 职业道德是指从事一定职业的人,在职业活动中应(　　　　)的行为准则。

二、单项选择题

1. 关于职业道德,正确的说法是(　　　　)。

(A)职业道德有助于增强企业凝聚力,但无助于促进企业技术进步

(B)职业道德有助于提高劳动生产率,但无助于降低生产成本

(C)职业道德有利于提高员工职业技能,增强企业竞争力

(D)职业道德只是有助于提高产品质量,但无助于提高企业信誉和形象

2. 职业道德建设的核心是(　　　　)。

(A)服务群众　　　　(B)爱岗敬业　　　　(C)办事公道　　　　(D)奉献社会

3. 尊重、尊崇自己的职业和岗位,以恭敬和负责的态度对待自己的工作,做到工作专心,严肃认真,精益求精,尽职尽责,有强烈的职业责任感和职业义务感。以上描述的职业道德规范是(　　　　)。

(A)敬业　　　　(B)诚信　　　　(C)奉献　　　　(D)公道

4. 下列关于诚信的认识和判断中,表述正确的是(　　　　)。

(A)诚信是企业集体和从业人员个体道德的底线

(B)诚信是一般的法律规范

(C)诚信既是法律规范又是道德底线

(D)诚信是基本的法律准则

5. 下列关于合作的重要性不正确的是( )。

(A)合作是企业生产经营顺利实施的内在要求

(B)合作是一种重要的法律规范

(C)合作是从业人员汲取智慧和力量的重要手段

(D)合作是打造优秀团队的有效途径

6. 为了实现可持续发展,在加快发展的同时,要充分考虑环境、资源和生态的承受能力,因此必须把控制人口、节约资源、( )放到重要位置。

(A)保护环境　　(B)改革开放　　(C)发展创新　　(D)节省成本

7. 职业道德的最基本要求是( ),为社会主义建设服务。

(A)勤政爱民　　(B)奉献社会　　(C)忠于职守　　(D)一心为公

8. 工作中人际关系都是以执行各项工作任务为载体,因此,应坚持以( )来处理人际关系。

(A)工作方法为核心　　　　　　　(B)领导的嗜好为核心

(C)工作计划的执行为核心　　　　(D)工作目标的需要为核心

9. 为了促进企业的规范化发展,需要发挥企业文化的( )功能。

(A)娱乐　　(B)主导　　(C)决策　　(D)自律

10. 在企业的经营活动中,下列选项中的( )不是职业道德功能的表现。

(A)激励作用　　(B)决策能力　　(C)规范行为　　(D)遵纪守法

11. 职业道德对企业起到( )的作用。

(A)增强员工独立意识　　　　　　(B)模糊企业上级与员工关系

(C)使员工规矩做事情　　　　　　(D)增强企业凝聚力

12. 职业道德是一种( )的约束机制。

(A)强制性　　(B)非强制性　　(C)随意性　　(D)自发性

13. 平等是构建( )人际关系的基础,只有在平等的关系下,同事之间才能得到最大程度的交流。

(A)相互依靠　　(B)相互尊重　　(C)相互信任　　(D)相互团结

14. "没有完美个人,只有完美团队",是说完美团队追求的不是( )。

(A)个人角色突出和独树一帜　　　(B)目标一致

(C)责任明确　　　　　　　　　　(D)能力互补

15. 学习型组织强调学习工作化,把学习过程与工作联系起来,不断( )。

(A)提升工作能力和创新能力　　　(B)积累工作经验和工作能力

(C)提升组织能力和管理能力　　　(D)积累知识和提高能力

16. 所谓团队精神,是指团队内全体成员形成共识的思想、意识和信念,表现了团队中全体成员的( )。

(A)向心力和凝聚力　　　　　　　(B)全局精神

(C)大局利益　　　　　　　　　　(D)全局利益

17. 下列关于爱岗敬业的说法中,你认为正确的是( )。

(A)市场经济鼓励人才流动,再提倡爱岗敬业已不合时宜

(B)市场经济时代提倡"干一行、爱一行、专一行"

(C)要做到爱岗敬业就是一辈子在岗位上无私奉献

(D)提倡"爱岗敬业"与人们"自由择业"相互矛盾

三、多项选择题

1. 劳动合同应当具备以下条款：（　　　）。

(A)用人单位的名称、住所和法定代表人或者主要负责人

(B)劳动合同期限

(C)劳动报酬

(D)工作内容和工作时间

2. 用人单位与劳动者订立劳动合同时，应当将工作过程中可能产生的（　　　）等如实告知劳动者，并在劳动合同中写明，不得隐瞒或者欺骗。

(A)职业病危害　　　　　　　　　　(B)职业病防护措施

(C)职业病防护待遇　　　　　　　　(D)职业病后果

3. 零缺陷管理的组织机构可分为三个层次，即（　　　）。

(A)执行层　　　　　(B)操作层　　　　　(C)规划层　　　　　(D)管理层

4. 下列关于职业道德与职业技能关系的说法，正确的是（　　　）。

(A)职业道德对职业技能具有统领作用

(B)职业道德对职业技能有重要的辅助作用

(C)职业道德对职业技能的发挥具有支撑作用

(D)职业道德对职业技能的提高具有促进作用

5. 企业职工与领导之间建立和谐关系，不合宜的观念和做法是（　　　）。

(A)双方是相互补偿的关系，要以互助互利推动和谐关系的建立

(B)领导处于强势地位，职工处于被管制地位，各安其位才能建立和谐

(C)由于职工与领导在人格上不平等，只有认同不平等，才能维持和谐

(D)员工要坚持原则，敢于当面指陈领导的错误，以正义促和谐

6. 修养是指人们为了在哪些方面达到一定的水平，所进行自我教育、自我提高的活动过程（　　　）。

(A)理论　　　　　(B)知识　　　　　(C)艺术　　　　　(D)思想道德

7. 和谐文化的核心价值取向，是（　　　）为构建和谐社会打下坚实的思想基础。

(A)重在倡导和谐精神，培育和谐理念

(B)引导全社会树立建设中国特色社会主义的共同理想

(C)有利于丰富人们的精神文化生活，为和谐社会奠定精神文化基础

(D)通过共同的理想和观念，把全国人民凝聚起来，形成万众一心、共创和谐的强大力量

8. 加强职业纪律修养，（　　　）。

(A)必须提高对遵守职业纪律重要性的认识，从而提高自我锻炼的自觉性

(B)要提高职业道德品质

(C)培养道德意志，增强自我克制能力

(D)要求对服务对象要谦虚和蔼

四、判断题

1. 用人单位应当依法建立和完善劳动规章制度,保障劳动者享有劳动权利、旅行劳动义务。（　　）

2. 劳动合同分为固定期限劳动合同、无固定期限劳动合同。（　　）

3. 从业人员发现事故隐患或者其他不安全因素,应当立即向现场安全生产管理人员或本单位负责人报告;接到报告的人员应当及时予以处理。（　　）

4. 职业病危害,是指对职业活动的劳动者可能导致职业病的各种危害。（　　）

5. 工作就是不找任何借口的执行,接受任务就意味着做出了承诺。（　　）

6. 无条件的完成领导交办的各项工作任务,如果认为不妥应提出不同想法,若被否定应坚持自己的意见。（　　）

7. 安全是保障设备设施与作业环境处于安全状态,规范人的作业行为。目的:保障人身财产安全和生产活动的正常进行。（　　）

8. 安全生产中"三违"是指:违规指挥、违章作业、违反劳动纪律。（　　）

9. 先进文化的发展本身要求有和谐文化建设的发展,建设和谐文化,实际上就是培育人的和谐文化精神。（　　）

10. 职业道德认识比职业道德情感具有更大的稳定性,这种道德认识,不仅在诉诸人的理智,要有多方面的陶冶,而且往往需要在职业道德实践中,经历长期甚至痛苦的磨练。（　　）

金属热处理工(职业道德)答案

一、填 空 题

1. 书面劳动合同　　2. 强令冒险作业　　3. 预防为主　　4. 化学
5. 闲置的浪费　　6. 工作表现　　7. 核心竞争力　　8. 工作成效
9. 组织财富　　10. 遵循

二、单项选择题

1. C　　2. A　　3. A　　4. A　　5. B　　6. A　　7. C　　8. D　　9. D
10. B　　11. C　　12. B　　13. B　　14. A　　15. A　　16. A　　17. B

三、多项选择题

1. ABCD　　2. ABCD　　3. ABD　　4. ACD　　5. ABCD　　6. ABCD
7. BD　　8. ABC

四、判 断 题

1. √　　2. ×　　3. √　　4. √　　5. √　　6. ×　　7. √　　8. √
9. ×　　10. ×

金属热处理工(初级工)习题

一、填空题

1.《机械识图》是研究在平面上用( )表达物体,由平面图形想象物体空间形状的一门学问。

2. 有一零件图样,图上的 1 mm 代表实物上的 2 mm,其采用的比例是( )。

3. 主视图所在的投影面称为( )。

4. 工件表面的微观几何形状误差称为( )。

5. 金属材料在外力作用下显现出来的性能称为力学性能,主要包括强度、塑性、硬度、( )和弹性。

6. 金属材料表现在物理范畴内的性质,主要有密度、熔点、膨胀性、( )、导电性、磁性等。

7. 按用途可将结构用钢分为弹簧钢、电工钢、不锈耐酸钢、特殊钢、和( )。

8. 工具钢按用途可分为刃具钢、量具钢和( )三种。

9. 调质钢应有足够的( ),工件淬火后,其表面和中心的组织和性能均匀一致。

10. 淬透性是每种钢的( )。

11. 热传递的基本方式有传导、对流和( )。

12. 低温井式电阻炉的最高使用温度为( )。

13. 加热设备分为加热炉及( )两大类。

14. 热处理过程中常用的冷却方法有空冷、水冷、( )和深冷处理等。

15. 缓冷设备包括冷却用( )、冷却坑、冷却室等。

16. 急冷设备包括( )、喷浴淬火设备、冷却板等。

17. 球墨铸铁回火按温度分为低温回火、( )回火和高温回火三种。

18. 按( )不同回火可分为三种:低温回火、中温回火、高温回火。

19. 常用回火的方法有普通回火、( )回火、自回火。

20. 退火按加热温度不同,可分为以下几种不同的方法:扩散退火、完全退火、( )退火、等温退火、再结晶、去应力退火。

21. 常见齿轮失效形式有齿面的点蚀、齿面磨损、( )、塑性变形、轮齿折断。

22. 轴类零件在进行感应淬火之前一般都要经过( )处理。

23. 以水作为冷却介质其冷却过程大致分为( )、沸腾阶段和对流阶段。

24. 碱浴的传热方式是依靠周围介质的( )将工件的热量带走。

25. 除了空气最便宜最普通的冷却介质是( )。

26. 水作为淬火介质其温度越高,则其冷却能力越( )。

27. 热处理常用的盐类中,毒性较大的盐是( )。

28. 机械式抛丸设备依其结构特点可分为滚筒式、履带式、转台式、（　　）、悬挂输送链式等。

29. 热电偶是根据（　　）效应来测温度的。

30. 铁-康铜热电偶的分度号 J，常用的温度范围是（　　）℃。

31. 电子电位差计是（　　）仪表，能同时指示温度、自动记录温度曲线和控制炉温。

32. 钳工常用量具有钢直尺、游标卡尺、千分尺、万能角度尺、百分表、塞尺、刀口形直尺、90 度角尺和（　　）等。

33. 对加工精度要求高的零件尺寸要用（　　）来测量。

34. 变压器的种类很多，一般分为（　　）和特种变压器两大类。

35. 三相异步电动机一般又称（　　）。

36. 部分电路欧姆定律的表达式（　　）。

37. 全电路欧姆定律的表达式（　　）。

38. 部分电路是指只有负载和导线，不含（　　）的电路。

39. 电功率的表达式（　　）。

40. 人体的安全电压为 36 V，绝对安全电压为（　　）V。

41. 在工艺条件允许时，机加工应尽量选用（　　）作为冷却液，以减少环境污染。

42. 班组技术管理的主要内容是工艺管理和（　　）。

43. 工艺管理的主要内容是树立良好的职业道德、自觉遵守工艺纪律和严格按（　　）进行生产操作。

44. 检查人员按（　　）文件的规定进行检查。包括检查方法、检查部位、抽样数量、使用仪器或工具等。

45. 工艺管理的主要内容是树立良好的职业道德、（　　）和严格按工艺规程进行生产操作。

46. 在热处理过程中装炉、出炉时工件要（　　），以免撞伤、烫伤。

47. 在清理电动机械设备时必须关掉电源，以免（　　）。

48. 电气设备灰色外壳表示（　　）。

49. 根据溶质原子在溶剂晶格中所处位置不同，固溶体可分为（　　）和置换固溶体两种。

50. 组成晶体的原子在空间呈（　　）排布。

51. 纯铁在室温时是体心立方晶格，用（　　）符号表示。

52. 纯铁在 950 ℃时是面心立方晶格，用（　　）符号表示。

53. 常见的金属晶格类型有面心立方晶格、体心立方晶格和（　　）晶格。

54. 描述原子在晶体中排列方式的空间格架称为结晶格子，简称（　　）。

55. 以晶格中取出一个能完整反映晶格特征的最小几何单元，称为（　　）。

56. 以晶格中取出一个能完整反映晶格特征（　　）的单元，称为晶胞。

57. 金属的同素异构转变是在固态下由一种晶格转变为另一种晶格，通常称为（　　）。

58. 当冷却到结晶温度下时，液态金属中首先形成一些极细小的晶体，称为（　　）。

59. 金属在固态下随着温度的变化，由一种晶格转变为另一种晶格的现象，称为（　　）。

60. 碳在铸铁中存在的形式有（　　）和化合态两种。

61. 在晶体中由一系列原子组成的平面，称为（　　）。

62. 铁素体是碳在（　　　）中的间隙固溶体。

63. 奥氏体是碳在（　　　）中的间隙固溶体。

64. 奥氏体在 727 ℃时，溶碳量为 0.77％，在 1148 ℃时，溶碳量可达（　　　）。

65. 铁与碳所形成的具有复杂晶格的金属化合物称为（　　　）。

66. 标注直径时，应在尺寸数字前加注符号（　　　）。

67. 铁素体和渗碳体组成的机械混合物称为（　　　），用符号 P 表示。

68. 从液体中结晶出奥氏体和渗碳体的机械混合物称为（　　　）。

69. 低温莱氏体的代号为（　　　），它由渗碳体和珠光体构成的机械混合物。

70. 在共析温度下存在的奥氏体称为（　　　）。

71. 加热设备包括电阻炉、盐浴炉、燃料炉、（　　　）和真空炉等。

72. 加热设备包括（　　　）、盐浴炉、燃料炉、可控气氛炉和真空炉等。

73. 加热装置包括直接电热装置、接触电热装置、（　　　）、感应加热装置和激光加热装置等。

74. 以燃料作为热源的加热炉称为（　　　）。

75. 淬火槽内常采用（　　　），以促进淬火介质循环流动，迅速降低工件周围的温度，提高介质的冷却能力和温度的均匀性。

76. 为了减少工件在淬火过程中的变形，常用（　　　）对工件进行压淬，保证工件质量。

77. 球化退火的工艺方法很多，常用的是（　　　）球化退火和等温球化退火。

78. 为防止工件在冷处理时产生（　　　），冷处理前可先在 100 ℃沸水中进行暂时回火。

79. 抛丸机是将铁丸或钢丸喷射到工件表面，使工件表面的氧化皮及污物脱落，同时在工件表面产生表面压应力，可以显著提高工件表面的（　　　）。

80. 喷砂机是利用（　　　）的砂子喷射到工件表面，使氧化皮脱落，工件表面呈银灰色。

81. 高温炉的温度范围是（　　　）。

82. 中温炉的温度范围是（　　　）。

83. 低温炉的使用温度不超过（　　　）。

84. 影响奥氏体长大的主要因素有：加热温度、保温时间、加热速度和（　　　）。

85. 过冷奥氏体等温转变图，综合反映了过冷奥氏体在不同过冷度下等温转变过程，由于等温转变曲线通常呈"C"形状，所以又称为 C 曲线。学名（　　　）曲线。

86. 过冷奥氏体等温转变过程主要有三个参数：温度、时间、（　　　）。

87. 根据共析钢转变产物的不同，可将 C 曲线分为（　　　）区、贝氏体转变区和马氏体转变区。

88. 贝氏体按形成温度和组织形态不同，主要分为上贝氏体和（　　　）两种。

89. 根据共析钢转变产物的不同，可将 C 曲线分为珠光体转变区、（　　　）区和马氏体转变区。

90. 压力加工性能与材料的塑形有关，塑形越好，变形抗力越小，金属的压力加工性能就（　　　）。

91. 马氏体是碳在（　　　）中的过饱和固溶体。

92. 造成淬火工件硬度不足的原因是（　　　）、冷却速度不够、操作不当。

93. 金属材料在外力作用下产生塑形变形而不破裂的能力，称为（　　　）。

94. 钢的（　　）是决定淬火加热温度的主要因素。

95. 球墨铸铁的回火工艺按温度可分为低温回火、中温回火、（　　）三种。

96. 表面淬火有感应加热表面淬火、激光淬火、（　　）、接触电阻加热淬火。

97. 常用回火的方法有（　　）回火、局部回火、自回火。

98. 可以根据合金钢的（　　）来确定淬火加热温度。

99. 回火时间应保证工件透烧、组织转变充分和（　　）消除。

100. 在生产中通常按（　　）要求来选择回火温度。

101. 灰铸铁常用的热处理方法有消除应力退火、软化退火、（　　）、表面淬火。

102. 冷处理的主要目的是提高硬度和（　　）。

103. 螺纹的（　　）会导致螺栓在未达到力学性能要求的拉力时先发生脱丝,使螺纹紧固件失效。

104. 常用的冷处理介质有干冰＋酒精、液氮、液氧和（　　）。

105. 氨气对呼吸系统和眼镜有强烈的刺激,易引起灼伤、肺炎、眼镜失明等伤害,接触后应立即用大量（　　）冲洗,再送医疗部门治疗。

106. 组成合金的独立的最基本的物质,叫做（　　）

107. 热处理设备可分为主要设备和（　　）两大类。

108. 热处理炉的主要结构类型,可按（　　）、半连续作业和连续作业区分。

109. 炉型取决于热源、（　　）、使用介质及工艺用途。

110. 箱式电阻炉可分为高温、（　　）、低温三种类型。

111. 盐浴炉用（　　）作为加热介质。

112. 盐浴炉按加热方式分为（　　）和外热式两类。

113. 内热式电极盐浴炉是以（　　）作为电阻发热体。

114. 由于电极与盐面接触,使电极极易（　　）烧损,需经常换电极。

115. 电极烧损增加了盐浴中的氧化物,需经常（　　）。

116. 配热电偶必须使用补偿导线,分度号应和（　　）热电偶一致。

117. 表面淬火有感应加热表面淬火、火焰淬火、（　　）、接触电阻加热淬火。

118. 按加热温度不同回火可分为三种:(　　)回火。

119. 在碳钢中,(　　)过冷奥氏体最稳定。

120. 高频感应加热的常用频率为(　　)kHz。

121. 中频感应加热的常用频率为(　　)kHz。

122. 工频感应加热的使用频率为(　　)Hz。

123. 钢件感应淬火后的表面硬度比普通淬火(　　),这是钢感应淬火的特点,有时称之为超硬现象。

124. 高频感应加热淬火主要是用于处理淬硬层要求较薄的(　　)齿轮、中小轴类零件等。

125. 电磁感应能够将(　　)经由真空、空气或其他介质所形成的空间传送到所需加热的金属上去。

126. 钢铁零件热处理后的变形和裂纹是热应力和(　　)的综合作用的结果。

127. 气体渗碳的温度一般在(　　)℃范围内。

128．渗碳时间主要根据（　　）来确定。

129．火焰加热淬火常用（　　）火焰。

130．化学热处理的目的是提高表面硬度、耐磨性、（　　）等力学性能以及耐蚀性。

131．渗碳过程是由分解、（　　）和扩散三部分组成。

132．渗碳在扩散阶段，表面高浓度的碳向（　　）扩散。

133．氨气分解产生的 N_2 和 H_2 所占炉气总体积的百分比称为（　　）。

134．抛丸机的工作原理是将铁丸装在快速转动的叶轮中，借助叶轮旋转产生的（　　）将铁丸抛射到工件表面。

135．喷砂机根据其工作原理可分为吸力式、（　　）和增压式。

136．洛氏硬度一般采用（　　）加载机构。

137．低温井式炉里靠近电热元件的工件容易（　　）。

138．井式气体渗碳炉内，活性介质要与电热元件隔开，因此炉内放置一个（　　）。

139．水槽内外应涂有（　　）。

140．保持热电偶使用在合格状态下，要定期（　　）。

141．热电偶使用时要避免急冷急热，以防（　　）破裂。

142．热电偶常用的保护管有陶瓷管和（　　）管。

143．调节式毫伏计既能测量指示温度又能控制（　　）。

144．建立劳动关系，应当订立（　　）。

145．劳动者拒绝用人单位管理人员违章指挥、（　　），不视为违反劳动合同。

146．可热处理强化变形铝合金有硬铝、超硬铝和锻铝三种，它们的主要强化途径是（　　）。

147．对于要求心部有一定强度和冲击韧度的重要渗碳工件，在渗碳前应进行（　　）工艺。

148．固态相变的基本过程是新相的（　　）与长大过程。

149．曲轴最终热处理的目的是（　　）和轴颈耐磨性，达到产品设计要求。

150．冷处理的主要目的是（　　）和稳定工件尺寸。

151．耐磨性不仅取决于高的硬度，而且与（　　）的性质、数量、大小、形状及分布等都有关。

152．断后伸长率与断面收缩率表示断裂前金属（　　）的能力。

153．在交变载荷作用下机器零件的断裂称为（　　）。

154．在氧化性介质中，加热时常常引起钢件表面（　　）。

155．铸锭中存在的缺陷主要有缩孔、气孔和（　　）三种。

156．渗氮就是在一定温度下使（　　）渗入至工件表面，从而提高其硬度、耐磨性和疲劳强度的一种化学热处理方法。

157．渗氮可分为分解、（　　）和扩散三个过程，即氨的分解、钢件表面吸附氮原子、氮原子从表面向里扩散。

158．低合金刀具钢一般碳质量分数在（　　）之间，并含有质量分数为 $3\% \sim 5\%$ 的 Cr、Mn、Si、W、V 等合金元素。

159．正常的渗氮件出炉后表面颜色应呈（　　）。

160. 铁-渗碳体相图可直接用来分析(　　)、低合金钢和普通铸铁的性能及工艺特性。

161. 金属材料在外力作用下显现出来的性能称为力学性能,主要包括强度、塑性、硬度、(　　)和弹性。

162. 在对于畸变工件进行校正后,必须应用(　　)消除其校正应力。

163. 杠杆定律可适用于(　　)相图两相区中两平衡相的相对重量计算。

164. 齿轮的主要参数有压力角 α、齿数 Z 和(　　)。

165. 调质钢按化学成分可分为碳素调质钢与(　　)调质钢两大类。

二、单项选择题

1. 金属材料受外力作用产生变形而不破坏的能力称为(　　)。
　(A)弹性　　　　　(B)韧性　　　　　(C)塑性　　　　　(D)硬度

2. 牌号 GCr15 钢的含铬量为(　　)。
　(A)15%　　　　　(B)1.5%　　　　　(C)0.15%　　　　　(D)0.015%

3. GCr15 钢制滚动轴承,为提高其硬度和耐磨性,常进行(　　)。
　(A)渗碳　　　　　(B)淬火和低温回火　(C)表面淬火　　　(D)正火

4. 轻质黏土砖的化学成分同普通的黏土砖没有区别,但它有很高的气孔率、所以保温性能比较好,轻质黏土砖密度为(　　)。
　(A)0.4～1.3 g/cm²　　　　　　　　(B)2.1～2.2 g/cm²
　(C)2.5～2.8 g/cm²　　　　　　　　(D)1.3～2.1 g/cm²

5. 高铝砖最高使用温度为(　　)。
　(A)1 100 ℃　　　(B)1 300 ℃　　　(C)1 500 ℃　　　(D)1 000 ℃

6. 热处理设备比较复杂,其升温、送气、停气都有严格的要求。因此,要求操作者严格遵守(　　)。
　(A)工艺路线　　　(B)技术要求　　　(C)工艺规定　　　(D)工时定额

7. 生产管理者按生产大纲进行生产准备,编制作业计划,安排设备维修等,无权更改(　　)。
　(A)工时定额　　　(B)技术要求　　　(C)维修计划　　　(D)工艺规定

8. 水溶性聚合物型淬火介质大都具有(　　),这使淬火介质能保持成分稳定。
　(A)水溶性　　　　(B)逆溶性　　　　(C)速溶性　　　　(D)不溶性

9. 当工件的表面温度高于淬火介质的(　　)时,聚合物从溶液中析出、沉积在工件表面上。
　(A)逆溶点　　　　(B)溶点　　　　　(C)沸点　　　　　(D)冰点

10. 测定渗氮工件的表面硬度,应采用(　　)。
　(A)维氏硬度计　　　　　　　　　　(B)布氏硬度计
　(C)洛氏硬度计　　　　　　　　　　(D)上述硬度计都可采用

11. 游标卡尺是一种(　　)精度的测量工具。
　(A)低等　　　　　(B)中等　　　　　(C)高等　　　　　(D)特等

12. 电功率是(　　)通过负载,在单位时间内所作的功。
　(A)电容　　　　　(B)电压　　　　　(C)电阻　　　　　(D)电流

13. 热处理工人劳保鞋一般为防砸皮鞋,高频热处理工应穿(　　)。
(A)耐油胶鞋　　　　(B)防烫皮鞋　　　　(C)绝缘胶鞋　　　　(D)布鞋

14. 热处理常用的盐类中,毒性较大的盐是(　　)。
(A)氯化钠及氯化钾　　　　　　　　(B)碳酸钠及碳酸钡
(C)黄血盐及氯化钡　　　　　　　　(D)氯化钠及碳酸钡

15. (　　)是加热时炉内被抽成真空的热处理炉。
(A)燃料炉　　　(B)可控气氛炉　　　(C)电阻炉　　　(D)真空炉

16. 箱式电阻炉靠近(　　)的部分温度高。
(A)电热元件　　　(B)热电偶　　　(C)炉门　　　(D)炉底

17. 箱式电阻炉靠近(　　)的部分温度低。
(A)电热元件　　　(B)热电偶　　　(C)炉门　　　(D)炉底

18. 井式电阻炉靠近(　　)的部分温度低。
(A)电热元件　　　(B)热电偶　　　(C)炉门　　　(D)炉底

19. 常用真空炉的极限真空度为(　　)。
(A)1.33×10^{-2}Pa　(B)1.33×10^{-3}Pa　(C)1.33×10^{-4}Pa　(D)1.33×10^{-5}Pa

20. 电子电位差计有 XW 和(　　)两大系列。
(A)FW　　　(B)GW　　　(C)EW　　　(D)YW

21. 淬火介质水的蒸气膜阶段的温度是(　　)范围。
(A)200～100 ℃　(B)300～100 ℃　(C)540～300 ℃　(D)650～550 ℃

22. 质量分数为 10%～15%的氢氧化钠水溶液在 550～650 ℃的高温区冷却速度比盐水(　　)。
(A)低　　　(B)高　　　(C)相同　　　(D)无法比较

23. 淬火介质中的水温 60 ℃时,在 650～550 ℃区域的平均冷却速度为(　　)。
(A)110 ℃/s　(B)80 ℃/s　(C)50 ℃/s　(D)135 ℃/s

24. 测定钢的本质晶粒度的方法是把钢加热到(　　),保温 3～8 h,然后缓慢冷却至室温时,在显镜下放大 100 倍测定晶粒度大小。
(A)930 ℃±10 ℃　(B)860 ℃　(C)Ac₃+20 ℃　(D)840 ℃±10 ℃

25. 临界冷却速度是指(　　)。
(A)淬火时获得最高硬度的冷却速度
(B)与 C 曲线"鼻尖"相切的冷却速度
(C)中心获得 50%马氏体组织的冷却速度
(D)获得贝氏体组织的冷却速度

26. 有一个 35 钢零件,当从 Ac₁ 与 Ac₃ 之间的温度淬火时,它的淬火组织是(　　)
(A)马氏体和索氏体　　　　　　(B)马氏体和奥氏体
(C)马氏体和珠光体　　　　　　(D)马氏体和铁素体

27. 普通优质和高级优质碳钢是按(　　)进行区分的。
(A)力学性能的高低　　　　　　(B)杂质 S、P 含量的多少
(C)杂质 Mn、Si 含量的多少　　(D)含碳量的高低

28. 在下列三种钢中,(　　)钢的弹性最好。

(A)T10 钢　　　　　(B)20 钢　　　　　(C)65Mn　　　　　(D)45 钢

29. 晶体和非晶体的根本区别在于(　　)。

(A)外形是否规则　　　　　　　　(B)是否透明

(C)内部原子聚集状态是否规则排列　　　　(D)无区别

30. 冷却时,金属的实际结晶温度总是(　　)。

(A)低于理论结晶温度　　　　　　(B)高于理论结晶温度

(C)等于理论结晶温度　　　　　　(D)无法比较

31. 铁碳合金相图上的共析线是(　　)。

(A)ECF 线　　　　(B)ACD 线　　　　(C)PSK 线　　　　(D)ES 线

32. 金属的塑性变形是通过(　　)实现的。

(A)位错运动　　　(B)原子的扩散运动　　(C)众多原子的变形　　(D)相变

33. 材料的(　　)越好,则可锻性越好。

(A)强度　　　　(B)塑性　　　　(C)硬度　　　　(D)表面硬度

34. 布氏硬度值等于试验力 F 与钢球表面积所得的(　　)。

(A)商值　　　　(B)积值　　　　(C)差值　　　　(D)和值

35. 理论结晶温度与实际结晶温度之差称为(　　)。

(A)临界冷却速度　　(B)过热度　　　(C)过冷度　　　(D)过烧度

36. 马氏体的硬度随着含碳量的(　　)而增高。

(A)减少　　　　(B)增加　　　　(C)不变　　　　(D)无关

37. 碳钢小试样完全奥氏体化,盐水淬火冷却后,马氏体的数量只决定于(　　)。

(A)转变温度　　(B)等温时间　　　(C)冷却速度　　　(D)含碳量

38. 等温淬火时,硝盐槽内用木棍搅拌可能发生(　　)现象。

(A)触电　　　　(B)降温　　　　(C)爆炸　　　　(D)过烧

39. 间隙化合物是具有简单晶格结构的间隙相和具有(　　)结构的间隙化合物两大类组成。

(A)复杂晶格　　　　　　　　(B)体心立方晶格

(C)简单晶格　　　　　　　　(D)密排六方晶格

40. 有一零件图样,图上的 1 mm 代表实物上的 2 mm,其采用的比例是(　　)。

(A)1∶4　　　　(B)1∶2　　　　(C)4∶1　　　　(D)2∶1

41. 工件表面的微观几何形状误差称为(　　)。

(A)形位公差　　　(B)表面公差　　　(C)表面误差　　　(D)表面粗糙度

42. 齿顶圆和齿顶线用(　　)绘制。

(A)粗实线　　　(B)细实线　　　(C)点划线　　　(D)虚线

43. 看主视图,看不出(　　)方向的尺寸。

(A)长　　　　(B)宽　　　　(C)高　　　　(D)深

44. 碳溶于 α-Fe(铁的体心立方晶格)中的间隙固溶体称为(　　)。

(A)铁素体　　　(B)奥氏体　　　(C)珠光体　　　(D)渗碳体

45. Q345 是我国目前最常用的一种(　　)结构钢。

(A)高合金　　　(B)中合金　　　(C)低合金　　　(D)碳素

46. 工业用的金属材料可分为( )两大类。
(A)黑色金属和有色金属
(B)铁和铁合金
(C)钢和铸铁
(D)纯金属和合金

47. 钢淬火后所形成的残余应力( )。
(A)使表层处于受压状态
(B)随钢种和冷却方法而变
(C)为表面拉应力
(D)使表层处于受拉状态

48. 淬火的热作模具,在油中冷却的时间由模具的尺寸而定,大型模具为( )。
(A)15~20 min
(B)25~45 min
(C)45~70 min
(D)水淬油冷

49. 为防止返工感应淬火件裂纹,两次淬火之间应进行( )处理。
(A)时效
(B)低温回火
(C)再结晶退火
(D)高温回火

50. 选择合适的淬火介质也很重要,只要能满足工艺要求,淬火介质的( )越好。
(A)冷却能力越小
(B)冷却能力越大
(C)温度越低
(D)温度越高

51. 水溶性聚合物型淬火介质大都具有( ),这使淬火介质能保持成分稳定。
(A)水溶性
(B)逆溶性
(C)速溶性
(D)不溶性

52. 淬火油一般采用 10 号、20 号、30 号机油,油的号数愈高,则( )。
(A)黏度愈大,冷却能力愈高
(B)黏度愈大,冷却能力愈低
(C)黏度愈小,冷却能力愈高
(D)黏度愈小,冷却能力愈低

53. 同一种材质的 A_1、A_3 和 Ac_m 三者的关系是( )。
(A)$A_1 > A_3 > Ac_m$
(B)$A_1 < A_3 < Ac_m$
(C)$A_3 > A_1$、$Ac_m > A_1$、$A_3 > Ac_m$
(D)$A_3 > A_1$、$Ac_m > A_1$

54. 生产中所说的水淬油冷属于( )。
(A)双液淬火
(B)分级淬火
(C)延时淬火
(D)局部淬火

55. 工厂中习惯将淬火加高温回火称为( )。
(A)调质处理
(B)正火
(C)退火
(D)氮化

56. 某铸钢件因成分不均匀,影响其性能,这时可进行( )处理加以改善。
(A)完全退火
(B)扩散退火
(C)球化退火
(D)正火

57. 真空加热气体淬火常用的冷却气体是( )。
(A)氢
(B)氩
(C)氮
(D)氦

58. 强烈阻碍奥氏体晶粒长大的元素是( )。
(A)Nb、Ti、Zr、Ta、V、Al 等
(B)Cu、Ni 等
(C)W、Cr、Mo
(D)Si、Co

59. 时效温度过高,强化效果反而较差的原因是在于( )。
(A)材料发生了再结晶
(B)合金元素沿晶界聚集
(C)所析出的弥散质点聚集长大,固溶体晶格畸变程度随之减小
(D)材料中的残余应力随时效温度升高而减小

60. 钢淬火后所形成的残余应力为( )。
(A)使表层处于受压状态
(B)随钢种和冷却方法而变

(C)为表面拉应力　　　　　　　　　　(D)使表层处于受拉状态

61. 调质钢应有足够的(　　),工件淬火后,其表面和中心的组织和性能均匀一致。

(A)硬度　　　　(B)强度　　　　(C)淬硬性　　　　(D)淬透性

62. 轴类零件在进行感应淬火之前一般都要经过(　　)处理。

(A)调质　　　　(B)正火　　　　(C)退火　　　　(D)渗碳

63. 高频感应加热淬火是利用(　　)。

(A)辉光放电原理　　　　　　　　　　(B)温差现象

(C)电磁感应原理　　　　　　　　　　(D)热能原理

64. 某钢件要求淬硬层深度为 0.5 mm,应选用的感应加热设备是(　　)。

(A)高频设备　　　　(B)低频设备　　　　(C)中频设备　　　　(D)工频设备

65. 喷丸机的喷射物一般是(　　)。

(A)铸铁制小圆球　　(B)钢制小圆柱体　　(C)钢制小六面体　　(D)砂子

66. 黑色金属的氧化处理又称(　　)。

(A)发兰　　　　(B)磷化　　　　(C)调质　　　　(D)打砂

67. 工件感应加热淬火同整体淬火相比,感应加热淬火的疲劳强度(　　)。

(A)相同　　　　(B)显著提高　　　　(C)显著下降　　　　(D)不能比较

68. 感应加热淬火后其组织最好为(　　)。

(A)针状马氏体　　(B)条状马氏体　　(C)隐晶马氏体　　(D)贝氏体

69. 分级淬火分级的目的是(　　)。

(A)使工件在介质中停留期间完成组织转变

(B)使奥氏体成分趋于均匀

(C)节约能源

(D)使工件内外温差较为均匀,并减少工件与介质间的温差

70. 在实际生产中,冷处理应在淬火后(　　)进行。

(A)4 h 内　　　　(B)2 h 内　　　　(C)0.5 h 内　　　　(D)立即

71. 钢材中某些冶金缺陷,如结构钢中的带状组织、高碳合金钢中的碳化物偏析等,会加剧淬火变形并降低钢的性能,需通过(　　)来改善此类冶金缺陷。

(A)退火　　　　(B)正火　　　　(C)锻造　　　　(D)调质

72. 在氮的制取设备中,用空气液化分馏法制氮。即利用深冷方法使空气成为液体状态,在(　　)温度的分馏塔内进行精馏,即可获得氧气和氮气。

(A)−112 ℃以下　　　　　　　　　　(B)−150 ℃以下

(C)−196 ℃以下　　　　　　　　　　(D)−73 ℃以下

73. 滴注式气氛常用于(　　)的光亮淬火,渗碳和碳氮共渗等。

(A)大批量零件　　(B)中小批零件　　(C)冷作模具　　(D)热作模具

74. 氮基气氛是空气与燃料气混合燃烧生成气氛,经过去除二氧化碳,水蒸气等(　　)制取的。

(A)气化方法　　　(B)分解方法　　　(C)净化方法　　　(D)混合方法

75. 20CrMnMo 渗碳后应(　　)冷却,防止表面剥离。

(A)在空气中　　　(B)缓慢冷却　　　(C)在保护气氛中　　(D)分阶段

76. 正常的渗氮件出炉后外观颜色呈( ),美观而具防锈能力。

(A)银白色   (B)蓝色   (C)灰色   (D)蓝黄相间

77. 滴注式气体渗碳炉在炉温低于( )时,不得向炉内滴入渗剂。

(A)700 ℃   (B)650 ℃   (C)850 ℃   (D)750 ℃

78. 氮碳共渗是以渗( )为主,能改善工件耐磨性。

(A)碳氮   (B)碳   (C)氮   (D)铝

79. 渗碳淬火件变形量应不大于单面留量的( )。

(A)1/2   (B)2/3   (C)1/3   (D)1 倍

80. 常用的气体渗碳剂组成物中( )是稀释剂。

(A)甲醇   (B)丙酮   (C)苯   (D)煤油

81. 弹簧经淬火回火后,为了提高质量,增加表面压应力,可采用( )方法提高使用寿命。

(A)表面淬火   (B)渗碳处理   (C)渗氮处理   (D)喷丸处理

82. 用 20CrMnTi 钢制造齿轮,要求心部有较好的韧性,表面抗磨能力强,应采用的热处理工艺是( )。

(A)表面淬火   (B)淬火

(C)淬火和低温回火   (D)渗碳,淬火和低温回火

83. 轴类零件在进行感应淬火之前一般都要经过( )处理。

(A)淬火   (B)调质   (C)渗氮   (D)喷丸

84. 魏氏组织只是在( )的钢中出现。

(A)一定成分   (B)含铬、钼   (C)低碳   (D)高碳

85. 灰口铸铁正火后获得的基体组织为( )。

(A)铁素体   (B)珠光体   (C)珠光体+渗碳体   (D)贝氏体

86. 铸铁的牌号是由表示铸铁特征的汉语拼音作为规定代号的,阿拉伯数字的第一组数字表示( )值,第二组数字表示伸长率值。

(A)抗拉强度   (B)屈服强度   (C)比例极限   (D)抗压强度

87. 无损检测是在不破坏工件的前提下利用( )的方法,对材料,内外缺陷等指标用超声波探伤法,磁力探伤法、渗透探伤法进行检测。

(A)化学   (B)机械   (C)物理   (D)放射性

88. 维氏硬度在热处理工艺质量的检验中,常用来测定( )和化学热处理的薄形工件或小工件的表面硬度。

(A)厚淬硬层   (B)薄淬硬层   (C)红硬层   (D)球铁件

89. 表面损伤是在热处理工序前后的装卸、运输过程中,工件发生碰撞、冲击、摩擦挤压造成的表面损伤,对精密工件或精加工后的工件可能造成不可挽回的( )。

(A)废品   (B)退修品   (C)不合格品   (D)返工品

90. 游标卡尺尺身上刻线的每格间距为( )。

(A)1 mm   (B)0.05 mm   (C)0.02 mm   (D)0.01 mm

91. 对偶发性问题的改进是( )。

(A)质量改进   (B)质量控制   (C)质量突破   (D)质量审查

92. 对系统性问题的改进是( )。
(A)质量改进 (B)质量控制 (C)质量突破 (D)质量审查

93. 工件加热时温度过高,奥氏体晶粒粗大,淬火后马氏体粗大,工件断口很粗,这种缺陷称为( )。
(A)过热 (B)过烧 (C)腐蚀 (D)萘状断口

94. 维氏硬度试验可测量较薄材料的硬度,它的符号用( )表示。
(A)HB (B)HV (C)HR (D)HRC

95. 热处理高温电阻炉热传递的主要方式是( )。
(A)传导 (B)传递 (C)对流 (D)辐射

96. 多用箱式可控气氛热处理炉,它将加热炉与淬火槽连接并密封在一起,是( )式作业炉。
(A)连续 (B)周期 (C)油淬 (D)水淬

97. 多用箱式炉控制淬火台升降的电磁阀不好用,应由( )检查修理。
(A)操作者 (B)代班人员
(C)生产调度指定人员 (D)电工

98. 热电偶是( )次仪表。
(A)一 (B)二 (C)三 (D)四

99. 熔断器属于( )。
(A)控制电器 (B)保护电器 (C)手动控制电器 (D)自动控制电器

100. 热处理车间所用的易燃气体及( )都可能发生爆炸。
(A)铅浴 (B)盐浴 (C)油槽 (D)水槽

101. 测量电流时,应把电流表( )电路中。
(A)并联在 (B)串联在 (C)串并联在 (D)混联

102. 仪表记录曲线波纹密集,指针在作往复移动,说明仪表灵敏度( )。
(A)过高 (B)过低 (C)正好 (D)低

103. 下列名词中,( )不是刚才在磨削过程中所出现的火花(或火束)组成部分。
(A)火束 (B)流线 (C)花蕊 (D)花粉

104. 碳含量为 1.2% 的钢,当加热到 $A_1 \sim Ac_m$ 时,其组织应为( )。
(A)奥氏体 (B)铁素体和奥氏体
(C)奥氏体和二次渗碳体 (D)珠光体和奥氏体

105. 晶界是一种常见的晶体缺陷,它是典型的( )缺陷。
(A)点 (B)线 (C)面 (D)特殊

106. 所谓线缺陷,就是在晶体的某一平面上,沿着某一方向伸展的线状分布的缺陷。( )就是一种典型的线缺陷。
(A)间隙原子 (B)空位 (C)位错 (D)晶界

107. 不能热处理强化的铝合金是( )。
(A)硬铝 (B)超硬铝 (C)锻铝 (D)防锈铝

108. 一般( )淬火后采用自然时效,时间不少于 4 天。
(A)硬铝 (B)超硬铝 (C)锻铝 (D)铸造铝合金

109. 以（　　）为主要合金元素的通合金称为白铜。
(A)锌　　　　　　　(B)锰　　　　　　　(C)镍　　　　　　　(D)锡

110. 以（　　）为主要合金元素的通合金称为黄铜。
(A)锌　　　　　　　(B)锰　　　　　　　(C)镍　　　　　　　(D)锡

111. 过冷奥氏体的大小是用（　　）来衡量的。
(A)M_s 点高低　　　　　　　　　　　　(B)M_f 点高低
(C)等温转变图中"鼻尖"温度高低　　　　(D)孕育期的长短

112. 工装夹具上的氧化皮会降低箱式电阻炉、井式电阻炉电热元件以及盐浴炉电极的使用寿命。因此,工装夹具每次用完之后要经过（　　）,以除掉表面上的铁锈和杂物,并分类整齐放在干燥通风的地方。
(A)喷砂或酸洗及中和处理　　　　　　　(B)汽油清洗
(C)真空清洗　　　　　　　　　　　　　(D)热水清洗

113. 在淬火加热时,工装夹具要同时承受高温和工件重量的作用,而且往往还要随工件一道进入淬火冷却介质中急冷,使用条件恶劣,容易产生氧化、腐蚀、变形或开裂,故工装夹具必须结实耐用,在选材时一般考虑（　　）。
(A)铸铁　　　　　　　　　　　　　　　(B)低碳钢和耐热钢
(C)不锈钢　　　　　　　　　　　　　　(D)钛合金

114. 在砌筑热处理设备时,把常温下热导率小于 0.23 W/(m·K)的材料成为（　　）。
(A)耐火材料　　　(B)隔热材料　　　(C)保温材料　　　(D)绝热材料

115. 在设计热处理电阻炉时,炉门上一般还需开设一个小孔洞,其作用是（　　）。
(A)装料、卸料　　　　　　　　　　　　(B)观察炉内的工作情况
(C)必要时向炉内通入空气　　　　　　　(D)必要时释放炉压

116. 因为（　　）,所以箱式电阻炉的炉门矿及井式的炉门面板常用铸铁或铸钢制成,厚度应较大,通常为 12～18 mm,以防止因变形而影响炉子的密封性。
(A)炉壳在靠近炉口处温度较高
(B)炉壳在靠近炉口处温度较低
(C)炉壳在靠近炉口处温差较大
(D)炉壳在靠近炉口处温度较均匀

117. 导致渗碳件渗碳层深度不足的原因可能是（　　）。
(A)炉温偏高　　　　　　　　　　　　　(B)工件表面中有氧化皮或积碳
(C)渗碳剂的通入量偏高　　　　　　　　(D)炉压过高

118. 当渗碳层淬火后出现托氏体组织(黑色组织)时,（　　）是错误的补救措施。
(A)喷丸　　　　　　　　　　　　　　　(B)降低炉气中介质的氧含量
(C)提高炉气中介质的氧含量　　　　　　(D)提高淬火冷却介质冷却能力

119. 造成渗碳层出现网状碳化物缺陷的原因可能是工件（　　）。
(A)表面碳含量过低　　　　　　　　　　(B)表面碳含量过高
(C)渗碳层出炉后冷却速度太快　　　　　(D)滴注式渗碳,滴量过小

120. 渗碳件渗层出现大量残留奥氏体缺陷的产生原因可能是（　　）。
(A)奥氏体不稳定,奥氏体中碳含量较低

(B)奥氏体不稳定,奥氏体中合金元素的含量较低

(C)回火后冷却速度太快

(D)回火不及时,奥氏体热稳定化

121. 在检验钢材或产品的损坏情况时,取样应( )。

(A)避开损坏 　　　　　　　　　　(B)包括损坏

(C)可包括损坏也可不包括损坏 　　(D)随机

122. 与气体渗氮相比,氮碳共渗时活性炭原子的存在对氮碳共渗速度的影响( )。

(A)大大加快 　　(B)大大减缓 　　(C)无影响 　　(D)无规律可循

123. 相同条件下,下列热处理方式中,疲劳强度最高的是( )。

(A)感应淬火 　　(B)渗碳淬火 　　(C)碳氮共渗淬火 　　(D)碳氮共渗

124. 感应淬火后的工件也需要进行( )处理,这是减少内应力、防止开裂和变形的重要工序。

(A)正火 　　(B)退火 　　(C)回火 　　(D)冷处理

125. 感应淬火件的自回火是利用淬火冷却后工件内部尚存的( ),待其返回淬火层,使淬火层得到的回火。

(A)电磁场 　　(B)能量 　　(C)热量 　　(D)温度

126. 感应加热后淬火冷却介质通过在感应圈或冷却器上许多喷射小孔,喷射到工件加热面上进行冷却的方法称为( )。

(A)单液冷却 　　(B)浸液冷却 　　(C)埋油冷却 　　(D)喷射冷却

127. 感应淬火时工件在加热和淬火冷却时应该旋转,其目的是增加工件的加热和冷却的( )。

(A)效率 　　(B)均匀性 　　(C)速度 　　(D)能量

128. 量具热处理时要尽量减少残留奥氏体量。在不影响( )的前提下,要采用淬火温度下限,尽量降低马氏体中碳的含量,最大限度地减少残留应力。

(A)强度 　　(B)硬度 　　(C)塑性 　　(D)韧性

129. 热处理过程中要求弹簧钢具有良好的淬透性,并不易( )。

(A)脱氧 　　(B)氧化 　　(C)增碳 　　(D)脱碳

130. 有些淬透性较差的弹簧钢可采用水淬油冷,但要注意严格控制水冷时间,防止( )。

(A)变形 　　(B)淬裂 　　(C)脱碳 　　(D)氧化

131. 在( )中,由于 M_s 点较低,残留奥氏体较多,故淬火变形主要是热应力变形。

(A)低碳钢 　　(B)中碳钢 　　(C)高碳钢 　　(D)中、低碳钢

132. 由于大型铸件常常有枝晶偏析出现,所以其预备热处理应采用( )。

(A)正火 　　　　　　　　　　(B)完全退火或球化退火

(C)高温回火 　　　　　　　　(D)均匀化退火

133. 在圆盘形工件淬火时,应使其轴向与淬火冷却介质液面保持( )淬入。

(A)倾斜 　　(B)垂直 　　(C)水平 　　(D)随意

134. 实际淬火操作中,对有凹面或不通孔的工件,应使凹面和孔( )淬入,以利排除孔内的气泡。

(A)朝下　　　　　　　(B)朝上　　　　　　　(C)朝向侧面　　　　　(D)随意

135. 淬火时,对长轴类(包括丝锥、钻头、铰刀等长形工具)、圆筒类工件,应轴向垂直淬入。淬入后,工件可(　　)。

(A)上、下垂直运动　　　　　　　　　　(B)前后、左右搅动
(C)伸入水中静止不动　　　　　　　　　(D)伸入水中、拉出水面来回晃动

136. 根据(　　)和工件尺寸及工件在某一介质中冷却时截面上各部分的冷却速度,可以估计冷却后工件界面上各部分所得到的组织和性能。

(A)Fe-Fe$_3$C 相图　　　　　　　　　　(B)Fe-C 相图
(C)奥氏体连续冷却转变图　　　　　　　(D)奥氏体等温转变图

137. 设备危险区(如电炉的电源引线、汇流排、导电杆传动机构及高压电器设备区等),应设(　　)加以防护。

(A)挡板　　　　　　　(B)警示标志　　　　　(C)专人值守　　　　　(D)灯光照明

138. 打开可控气氛炉炉门时,应该站在炉门(　　)。

(A)侧面　　　　　　　(B)正面　　　　　　　(C)下方　　　　　　　(D)上方

139. 硝盐槽失火,主要是因仪表失控,温度过高而造成的,只能用(　　)灭火。

(A)泡沫灭火器　　　　(B)干砂　　　　　　　(C)湿砂　　　　　　　(D)高压水枪

140. 氨气对呼吸系统和眼睛有强烈的刺激,易引起灼伤、肺炎、眼睛失明等伤害,接触后应立即用(　　),再送医院治疗。

(A)大量清水冲洗　　　(B)干布擦净　　　　　(C)纱布裹牢　　　　　(D)酒精消毒

141. (　　)是无色、有强烈刺激性的气体,它会使人的呼吸器官受损。

(A)CO　　　　　　　(B)CO$_2$　　　　　　(C)SO$_2$　　　　　　(D)NO$_2$

142. 一般情况下,多以(　　)作为判断金属材料强度高低的判据。

(A)疲劳强度　　　　　(B)抗弯强度　　　　　(C)抗拉强度　　　　　(D)屈服强度

143. 因为(　　)是一种非接触传递热能的方式,所以即使在真空中,它也照常能进行。

(A)传导　　　　　　　(B)对流　　　　　　　(C)辐射　　　　　　　(D)混合

144. 在中、高温热处理炉的热交换中,(　　)起主要作用。

(A)混合　　　　　　　(B)传导　　　　　　　(C)对流　　　　　　　(D)辐射

145. 固溶强化的基本原因是(　　)。

(A)晶格类型发生了变化　　　　　　　　(B)晶格发生了畸变
(C)晶粒变细　　　　　　　　　　　　　(D)晶粒变粗

146. 氮气作为热处理用气体,在(　　)下是稳定的,属于中性气体。

(A)1 000 ℃　　　　　(B)1 100 ℃　　　　　(C)1 200 ℃　　　　　(D)1 300 ℃

147. (　　)具有较强烈刺激性,对人体的器官,如眼、鼻、喉等都有伤害。

(A)H$_2$　　　　　　　(B)N$_2$　　　　　　　(C)NH$_3$　　　　　　(D)CO

148. 回火加热时,(　　)不同材料但具有相同加热温度和加热速度的工件装入同一炉中加热。

(A)不允许　　　　　　(B)允许　　　　　　　(C)仅调质时允许　　　(D)除调质外允许

149. 工件进入盐浴前要(　　)。

(A)清洗干净　　　　　(B)预热或烘干　　　　(C)涂料保护　　　　　(D)吹干

150. 箱式炉的装炉一般为单层排列,工件之间距离以 10～30 mm 为宜。( )允许堆放,加热时间需酌量增加,每炉工件数应基本一致。

(A)小件 (B)大件 (C)不 (D)相同材质

151. 工件淬火加热时,工件尺寸越大,装炉量越多,则所需加热时间( )。

(A)越少 (B)适中 (C)越不确定 (D)越长

152. 工件用( )这种方式进行加热,所需时间最长,速度最慢,但加热过程中工件表面与心部的温差最小。

(A)随炉升温 (B)到温加热 (C)分段预热 (D)超温加热

153. 工件回火温度越高,则回火后的硬度( )。

(A)越高 (B)越低 (C)没什么影响 (D)不确定

154. 聚乙烯醇作为淬火介质的缺点是,使用过程中有泡沫,易老化,特别是夏季容易变质发臭。一般( )需更换一次。

(A)1～3 个月 (B)6～9 个月 (C)12～15 个月 (D)20～24 个月

155. 目前热处理生产中应用最广泛的表面淬火是( )表面淬火。

(A)火焰加热 (B)电接触加热 (C)感应加热 (D)激光

156. 感应加热中交流电的频率越高,则集肤效应就越( )。

(A)强 (B)弱 (C)没变化 (D)不确定

157. 对承受重载及尺寸较大的工件(如大型轧钢机减速器齿轮、大型锥齿轮、坦克齿轮等),可选用的渗碳钢为( )。

(A)18Cr2Ni4WA (B)20CrMnTi
(C)20 钢 (D)15 钢

158. 洛氏硬度中 C 标尺所用的压头是( )。

(A)硬质合金球 (B)120°金刚石圆锥体
(C)淬火钢球 (D)金刚石正四棱锥体

159. 与普通淬火相比,低温形变淬火具有( )的特点。

(A)强度高、塑性高 (B)硬度高、冲击韧度高
(C)强度提高、塑性不变 (D)强度不变、塑性明显改善

160. 在整个奥氏体形成过程中,( )所需的时间最长。

(A)奥氏体的形核 (B)奥氏体的长大
(C)残留奥氏体的溶解 (D)奥氏体成分的均匀化

161. 下列物理方法中,不能提高淬火油冷却速度的是( )。

(A)搅拌 (B)升温 (C)喷淋 (D)超声波

162. 通常有"水淬开裂,油淬不硬"的说法,水和油作为传统的淬火冷却介质均不属于理想的淬火冷却介质,其原因之一是( )。

(A)油冷却能力强,但冷却特性不好 (B)水的冷却特性好,但冷却能力弱
(C)油的冷却特性好,但冷却能力弱 (D)水的冷却能力及冷却特性都不好

163. 工件在淬入前,淬火冷却介质的温度对 PAG 淬火冷却介质冷却特性有较大影响,生产中宜将其控制在( )或更窄的范围。

(A)0～20 ℃ (B)20～40 ℃ (C)40～60 ℃ (D)60～80 ℃

164. 表面淬火工件的硬度,应大于或等于图样规定硬度值的下限加(　　)。
(A)1HRC　　　　　(B)2HRC　　　　　(C)3HRC　　　　　(D)4HRC

165. 工件在感应淬火后,为实现表面高硬度、高耐磨性能,要及时进行(　　)。
(A)低温回火　　　(B)中温回火　　　(C)高温回火　　　(D)调质处理

三、多项选择题

1. 热处理生产中使用的化学物质很多都带有毒性,生产过程中产生的废水,废气和废渣对人体健康也有危害。操作者应该(　　)。
(A)现场通风和设备抽风　　　　　　　(B)禁止不按规定排放有毒废水
(C)禁止随意处置有毒废渣　　　　　　(D)正确穿戴劳保用品

2. 劳动合同应该具备以下条款:(　　)。
(A)工作内容和工作地点　　　　　　　(B)工作时间和休息休假
(C)劳动报酬　　　　　　　　　　　　(D)社会保险

3. 有下列情形之一的,劳动合同终止:(　　)。
(A)劳动合同期满　　　　　　　　　　(B)用人单位被依法宣告破产的
(C)劳动者受伤导致不能工作　　　　　(D)劳动者死亡

4. 计算机保密管理规定:(　　)。
(A)涉密计算机系统必须与国际互联网实行物理隔离
(B)复制涉密存储介质,须经保密委批准
(C)遵守机房纪律,不得在机房接待外来人员
(D)笔记本电脑上网不受限制

5. 铸件的缺陷一般有(　　)。
(A)裂纹　　　(B)缩孔　　　(C)偏析　　　(D)脱落

6. 下列属于钢铁材料的有(　　)。
(A)碳素钢　　　(B)合金钢　　　(C)铜合金　　　(D)铸铁

7. 下列参数属于金属材料的力学性能的是(　　)。
(A)强度和硬度　　　(B)塑性　　　(C)抗疲劳性　　　(D)韧性

8. 金属的工艺性能包括(　　)。
(A)铸造性能　　　(B)焊接性能　　　(C)切削加工性能　　　(D)热处理性能

9. 在生产实践中将片状珠光体分为(　　)。
(A)铁素体　　　(B)珠光体　　　(C)索氏体　　　(D)屈氏体

10. 热传递时一种复杂的物理现象,热传递的基本方式有(　　)。
(A)传导传热　　　(B)对流传热　　　(C)辐射传热　　　(D)摩擦传热

11. 常用细化晶粒的方法有(　　)。
(A)提高转变温度　　　(B)增加过冷度　　　(C)变质处理　　　(D)振动处理

12. 形变铝合金,又可分为(　　)。
(A)防锈铝合金　　　(B)硬铝合金　　　(C)锻铝合金　　　(D)铸造铝合金

13. 铜合金按化学成分分为(　　)。
(A)黄铜　　　(B)青铜　　　(C)白铜　　　(D)紫铜

14. 下列属于我国安全颜色的是（　　　）。

（A）红　　　　　　（B）黄　　　　　　（C）绿　　　　　　（D）白

15. 安全标志分有（　　　）。

（A）允许标志　　　　（B）警告标志　　　　（C）指令标志　　　　（D）提示标志

16. 对于表述齿轮 $\alpha=20°$、$m=7$、$Z=27$ 正确的是（　　　）。

（A）齿轮压力角为 20°　　　　　　　　　（B）齿轮齿数为 7

（C）齿轮模数为 7　　　　　　　　　　　（D）齿轮齿数为 27

17. 对于 M12×80-8.8 描述正确的是（　　　）。

（A）M 表示公制螺纹　　　　　　　　　（B）8.8 表示螺纹公称直径

（C）80 表示螺柱长度　　　　　　　　　（D）12 表示螺纹公称直径

18. 下列选项属于退火目的是（　　　）。

（A）降低硬度　　　　（B）提高塑性　　　　（C）改善组织　　　　（D）消除内应力

19. 下列淬火介质发生物态变化的有（　　　）。

（A）熔盐　　　　　　（B）水质淬火剂　　　　（C）油质淬火剂　　　　（D）熔碱

20. 影响淬火变形的因素有（　　　）。

（A）热应力　　　　　（B）组织应力　　　　（C）工件的尺寸　　　　（D）钢的淬透性

21. 球墨铸铁的热处理方法有（　　　）。

（A）时效　　　　　　　　　　　　　　（B）消除内应力的低温退火

（C）高温石墨退火　　　　　　　　　　（D）低温石墨退火

22. 表面淬火件质量检验内容有（　　　）。

（A）硬度及均匀性　　　　　　　　　　（B）有效硬化层深度

（C）硬化层分布　　　　　　　　　　　（D）力学性能

23. 热处理车间主要设备有（　　　）。

（A）工夹具　　　　　　　　　　　　　（B）清洗、清理设备

（C）热处理炉　　　　　　　　　　　　（D）加热装置

24. 感应淬火常见缺陷有（　　　）。

（A）脱落　　　　　　（B）淬火裂纹　　　　（C）淬火变形　　　　（D）硬度高

25. 感应淬火时淬火裂纹产生的原因是（　　　）。

（A）加热温度过快　　（B）冷却过急　　　　（C）加热温度低　　　（D）冷却不均匀

26. 影响炉温测量准确性的因素有（　　　）。

（A）测温仪表基本误差的影响　　　　　（B）环境条件引入误差

（C）安装不当引入误差　　　　　　　　（D）绝缘不当引入误差

27. 通过（　　　）可以改善钢件淬火变形的倾向。

（A）合理降低淬火加热温度

（B）合理捆扎和吊挂工件

（C）根据工件变性规律，对工件进行预变形

（D）采用分级淬火或等温淬火

28. 钢件常见的回火质量缺陷包括（　　　）。

（A）硬度不足　　　　（B）回火脆性　　　　（C）网状裂纹　　　　（D）粗大夹杂

29. 按断裂性质分类,可将金属的断裂形式分为(   )。

(A)延性断裂 　　　　　　　　　　　　(B)脆性断裂

(C)延性-脆性混合断裂 　　　　　　　　(D)沿晶断裂

30. 按失效机理可将失效行为分为(   )。

(A)断裂失效 　　　　(B)变形失效 　　　　(C)磨损失效 　　　　(D)腐蚀失效

31. 对于碳钢,可采用(   )等方法测定脱碳层深度。

(A)金相法 　　　　(B)硬度法 　　　　(C)等温淬火法 　　　　(D)化学分析法

32. 硬度测量法中,根据压痕面积计算硬度的方法有(   )。

(A)布氏硬度 　　　　(B)洛氏硬度 　　　　(C)维氏硬度 　　　　(D)肖氏硬度

33. 下列属于按照工艺用途分类的热处理炉有(   )。

(A)回火炉 　　　　(B)渗碳炉 　　　　(C)盐浴炉 　　　　(D)高温炉

34. 热处理炉气氛碳势包括(   )。

(A)空气气氛 　　　　(B)真空状态 　　　　(C)浴态介质 　　　　(D)可控气氛

35. 齿轮服役过程中所受应力主要有(   )。

(A)摩擦力 　　　　(B)接触应力 　　　　(C)拉力 　　　　(D)弯曲应力

36. 大型锻件的锻后热处理的目的有(   )。

(A)防止白点和氢脆 　　　　　　　　　　(B)改善锻件内部组织

(C)提高锻件的可加工性 　　　　　　　　(D)消除锻造应力

37. 滴注式气体渗碳常选的渗碳气氛有(   )。

(A)甲醇-乙酸乙酯 　　　　　　　　　　(B)甲醇-丙酮

(C)甲醇-煤油 　　　　　　　　　　　　(D)甲醇-氮气

38. 下列组织缺陷,可能会在正火时产生的有(   )。

(A)积碳 　　　　(B)过热 　　　　(C)脱碳 　　　　(D)过烧

39. 工业生产中常见的淬火方法有(   )。

(A)单液淬火 　　　　(B)双液淬火 　　　　(C)分级淬火 　　　　(D)等温淬火

40. 下列关于淬火过程的操作,正确的有(   )。

(A)细长形、圆筒形工件应轴向垂直浸入

(B)有凹面或不通孔的工件,浸入时凹面及孔的开口端向下

(C)圆盘形工件浸入时应使轴向与介质液面保持水平

(D)薄刃工件应使整个刃口先行同时并垂直浸入

41. 若淬火工件发生了变形,须进行矫正,常用的矫正方法有(   )。

(A)热压矫正 　　　　(B)反击矫正 　　　　(C)回火矫正 　　　　(D)热点矫正

42. 钢件淬火后须进行回火,回火的主要目的是(   )。

(A)消除淬火应力 　　　　　　　　　　　(B)提高材料的塑韧性

(C)获得良好的综合性能 　　　　　　　　(D)稳定工件尺寸

43. 按碳在铸铁中的存在形式,可将铸铁分为(   )。

(A)灰口铸铁 　　　　(B)麻口铸铁 　　　　(C)白口铸铁 　　　　(D)球墨铸铁

44. 白口铸铁的性能特点为(   )。

(A)耐磨性好 　　　　　　　　　　　　　(B)脆性大

(C)硬度低   (D)抗冲击能力较差

45.生产中常用的球墨铸铁的热处理方法有(   )。

(A)再结晶退火   (B)正火   (C)调质处理   (D)等温淬火

46.热处理的冷却方式主要有(   )。

(A)正火   (B)退火   (C)淬火   (D)回火

47.淬火介质的选择依据包括(   )。

(A)合适的冷却特性   (B)良好的稳定性

(C)不腐蚀工件   (D)使用安全,污染性小

48.合金钢用淬火介质一般选择(   )。

(A)水   (B)盐水   (C)油   (D)油糠

49.原材料表面开裂缺陷的种类有(   )。

(A)分层   (B)皮下气泡   (C)龟裂   (D)裂纹

50.下列对于热处理夹具的选择描述正确的有(   )。

(A)保证零件热处理加热、冷却、炉气成分均匀度,不致使零件变形

(B)夹具应具有重量轻、吸热量少、热强度高及使用寿命长等特点

(C)保证拆卸零件方便和操作安全

(D)价格合理,符合经济要求

51.钢的脱碳层深度测定方法有(   )。

(A)超声波法   (B)硬度法   (C)金相法   (D)化学分析法

52.关于第一类回火脆性描述正确的是(   )。

(A)不可逆   (B)200~350 ℃产生 (C)不可以消除   (D)可以避免

53.促进第一类回火脆性的元素有(   )。

(A)Mn   (B)Si   (C)Cr   (D)S

54.关于第二类回火脆性描述正确的是(   )。

(A)产生第二列回火脆性的过程可逆

(B)冷却速度快容易产生第二类回火脆性

(C)出现此现象时,端口呈沿晶断裂

(D)冷却速度慢容易产生第二类回火脆性

55.关于低温回火叙述正确的是(   )。

(A)回火温度在 150~250 ℃   (B)回火温度在 250~500 ℃

(C)得到组织为回火马氏体   (D)得到组织为回火屈氏体

56.关于中温回火叙述正确的是(   )。

(A)回火温度在 150~250 ℃   (B)回火温度在 250~500 ℃

(C)得到组织为回火马氏体   (D)得到组织为回火屈氏体

57.关于高温回火叙述正确的是(   )。

(A)回火温度在 500~650 ℃   (B)回火温度在 250~500 ℃

(C)得到组织为回火马氏体   (D)得到组织为回火索氏体

58.工件淬火后回火的主要目的是(   )。

(A)提高工件硬度   (B)获得所需组织以改善性能

(C)稳定组织与尺寸　　　　　　　　　　　　(D)消除内应力

59. 回火后硬度过高产生的原因(　　)。

(A)回火温度过高　　　　　　　　　　　(B)保温时间过长

(C)回火温度过低　　　　　　　　　　　(D)保温时间不足

60. 下列原因可能导致工件高脆性的原因的是(　　)。

(A)回火温度过低　　　　　　　　　　　(B)回火时间长

(C)回火温度选择不当　　　　　　　　　(D)对于脆性敏感的工件,没有及时回火

61. 下列属于常用淬火介质的是(　　)。

(A)水溶液　　　　　　(B)淬火油　　　　　　(C)高分子聚合物　　　　(D)熔盐

62. 关于钢的淬透性叙述正确的是(　　)。

(A)指钢件能够被淬透的能力

(B)表征钢材淬火时获得马氏体能力的特性

(C)冷却速度越大,越容易淬透

(D)它和钢的过冷奥氏体的稳定性有关

63. 关于钢的淬硬性叙述正确的是(　　)。

(A)表示钢材淬火时获得马氏体能力的特性

(B)表示钢淬火时获得硬度高低的能力

(C)决定淬硬性高低的主要因素是钢的含碳量

(D)决定淬硬性高低的主要因素是钢的合金元素的碳量

64. 常用的淬火工艺有(　　)。

(A)单液淬火　　　　　　　　　　　　　(B)双液淬火

(C)马氏体分级淬火　　　　　　　　　　(D)贝氏体等温淬火

65. 关于组织应力特点叙述正确的是(　　)。

(A)工件表面受拉应力,心部受压应力

(B)工件表面受压应力,心部受拉应力

(C)靠近表面层,切向拉应力大于轴向拉应力

(D)靠近表面层,切向拉应力小于轴向拉应力

66. 关于软点叙述正确的是(　　)。

(A)成品件上可以有个别软点

(B)原始组织不均匀可以造成软点

(C)淬火剂中混入杂质也可以造成软点

(D)工件表面局部有氧化皮或污垢可以造成软点

67. 关于下列工艺选择正确的是(　　)。

(A)大型锻件消除白点选用脱氢退火

(B)不完全退火消除 T12A 钢中的网状碳化物

(C)扩散退火可以避免焊接件的变形开裂

(D)再结晶退火可以消除 45 钢热轧后 P+F 带状偏析

68. 等温退火的工艺过程包括(　　)。

(A)奥氏体化加热和保温　　　　　　　　(B)速冷至等温温度并保持一定时间

(C)出炉空冷　　　　　　　　　　　　(D)随炉冷

69. 关于贝氏体相变的基本特征叙述正确的是(　　　)。

(A)贝氏体是由铁素体和碳化物两相组成

(B)贝氏体相变称为中温转变

(C)贝氏体的相变的扩散性是铁原子的扩散

(D)贝氏体是层片状组织

70. 关于贝氏体力学性能描述正确的是(　　　)。

(A)贝氏体的强度,硬度要比马氏体低,比珠光体高

(B)贝氏体的强度,硬度要比马氏体高,比珠光体低

(C)贝氏体的力学性能主要取决于贝氏体的组织形态

(D)下贝氏体的强度比上贝氏体强度低

71. 下列热电偶尺寸符合标准尺寸的是(　　　)。

(A)5 m　　　　　(B)5.5 m　　　　　(C)6 m　　　　　(D)6.5 m

72. 下列钢材中可作为渗碳钢的是(　　　)。

(A)20CrMnTi　　　　　　　　　　　(B)18CrNiMo7-6

(C)65Mn　　　　　　　　　　　　　(D)20 钢

73. 下列钢铁牌号中错误的是(　　　)。

(A)Q235EMS　　　(B)38CrMoAl　　　(C)GCr15　　　(D)150 钢

74. 有关于激光表面淬火的说明错误的是(　　　)。

(A)能量密度低　　　(B)加热速度快　　　(C)可控性好　　　(D)功率密度低

75. 下列英文缩写中,属于表面镀膜方式的是(　　　)。

(A)CVD　　　　　(B)PECVD　　　　　(C)MPW　　　　　(D)PEMPW

76. 塑性材料拉伸变形过程中,其应力-应变曲线会出现(　　　)等阶段。

(A)弹性变形阶段　　　(B)屈服阶段　　　(C)强化阶段　　　(D)颈缩阶段

77. 下列金属材料属于面心立方晶体结构的有(　　　)。

(A) α-Fe　　　(B) γ-Fe　　　(C) Al　　　(D) Cu

78. 下列对于铁碳相图描述正确的有(　　　)。

(A)碳在 α-Fe 中形成的间隙固溶体称为铁素体,其最大溶解度为 0.0218%

(B)碳在 γ-Fe 中形成的间隙固溶体称为铁素体,其最低溶解度为 0.77%

(C)共析钢在 727 ℃发生珠光体转变,为铁素体与渗碳体的机械混合物

(D)当含碳量为 4.30%时,在 1 148 ℃时发生共晶转变,形成莱氏体组织

79. 工件在介质中冷却时,包括(　　　)等冷却阶段。

(A)变质阶段　　　　　　　　　　　(B)膜态沸腾阶段

(C)泡状沸腾阶段　　　　　　　　　(D)对流阶段

80. 下列对于退火、正火装炉操作描述正确的有(　　　)。

(A)同炉工件厚度差异不能太大,工艺规范须相同或相近

(B)工件堆放保持适当距离,厚壁大件放在远离火门处

(C)大件放底层,小件放上层,且不应集中在下层工件的容易变形出处

(D)力学性能试样应放在工件有代表性的部位或工艺指定位置

81. 热处理由（   ）等基本过程组成。

(A)重熔   (B)加热   (C)保温   (D)冷却

82. 淬火的加热方法包括（   ）。

(A)随炉升温   (B)到温入炉   (C)超温入炉   (D)分段加热

83. 下列对于铁碳相图特征温度描述正确的有（   ）。

(A) A_1-共晶温度   (B) A_3-奥氏体-铁素体临界转变温度

(C) A_2-磁性转变温度   (D) Ac_m-奥氏体中碳的临界析出温度

84. 下列对于工件有效厚度描述正确的有（   ）。

(A)圆柱体以其直径为有效厚度   (B)筒类工件度以其壁厚为有效厚度

(C)矩形截面工件以其长边为有效厚度   (D)板件以其厚度为有效厚度

85. 深冷处理的目的是（   ）。

(A)提高工件硬度   (B)稳定尺寸

(C)提高钢的磁性   (D)消除残余奥氏体

86. 水作为淬火冷却介质的主要缺点有（   ）。

(A)在 $500\sim600$ ℃左右,水处于蒸汽膜阶段,冷却速度较慢导致工件出现软点

(B)在 $100\sim300$ ℃左右,水处于沸腾阶段,冷速过快易于使工件变形及开裂

(C)水温对冷却能力影响很大,因此对环境温度的变化敏感

(D)水中含有较多气体或混入不溶杂质时,会显著降低冷却能力

87. 铸铁热处理的目的有（   ）。

(A)减少或消除内应力

(B)改变石墨形状及分布,提高综合性能

(C)稳定组织,保证尺寸稳定性

(D)使渗碳体石墨化,消除白口组织,提高整体质量

88. 感应淬火时,交变电流在导体中的分布特点有（   ）。

(A)集肤效应   (B)包申格效应   (C)环流效应   (D)临近效应

89. 下列对感应淬火工件的要求正确的有（   ）。

(A)零件结构设计符合感应加热的特性,几何尺寸符合工序要求

(B)表面进行清理,无油污及铁屑,无碰伤及氧化皮等缺陷

(C)表面淬火部位的粗糙度 $R_a \leqslant 6.3\ \mu m$,不得有脱碳层

(D)工件按工艺进行过调质或正火处理,硬度和晶粒度符合要求

90. 下列对感应淬火加热顺序的描述正确的有（   ）。

(A)阶梯轴应先淬大直径部分,后淬小直径部分

(B)齿轮轴应先淬齿轮部分,后淬轴部分

(C)多联齿轮应先淬小直径齿轮,后淬大直径齿轮

(D)内外齿轮应先淬外齿,后淬内齿

91. 化学热处理的优点有（   ）。

(A)不受工件外形限制,可以获得较均匀的淬硬层

(B)表面成分和组织不发生变化,不改变其物理和化学特性

(C)产生的表面过热可在随后的热处理过程中消除

(D)耐磨性和疲劳强度高于表面淬火工件

92. 工件表面清洗的方法有( )。

(A)高压水清洗法 　　　　　　　　(B)碱水清洗法

(C)有机溶剂清洗法 　　　　　　　(D)金属清洗剂清洗法

93. 工件表面清理的方法有( )。

(A)硫酸酸洗法 　　(B)喷砂 　　(C)喷丸 　　(D)滚筒

94. 热应力引起的淬火变形规律为( )。

(A)冷却后热应力表现为心部受拉应力,表面受压应力

(B)工件沿轴向及最大尺寸方向缩短,沿径向及最小尺寸方向伸长

(C)平面凹陷,棱角变尖锐

(D)圆孔工件外径胀大,内径缩小

95. 热处理炉对耐火材料的要求有( )。

(A)耐火材料应能承受高温,既不发生软化更不发生熔化

(B)耐火材料在高温下具有足够的承载能力,不发生变形和断裂等

(C)温度发生急剧变化或受热不均匀时,炉子的砌体不发生破裂或剥落

(D)耐火材料对金属及炉内气氛的侵蚀应具有一定的抵抗能力

96. 下列属于火花鉴别时流线组成的有( )。

(A)火束 　　(B)节点 　　(C)爆花 　　(D)花粉

97. 马氏体转变的主要特征有( )。

(A)马氏体转变时,无成分变化,为非扩散形相变

(B)马氏体转变以切变共格方式进行,表面存在浮凸

(C)马氏体转变具有不可逆性

(D)马氏体转变所需驱动力小,转变速度很快

98. 常用的渗氮用钢有( )。

(A)38CrMoAl 　　(B)W18Cr4V 　　(C)20CrMnTi 　　(D)Q235

99. 工业生产中齿轮常采用的热处理工艺包括( )。

(A)渗碳处理 　　(B)碳氮共渗 　　(C)调质处理 　　(D)表面淬火

100. 工具钢中存在带状碳化物时,可导致( )。

(A)塑韧性恶化 　　　　　　　　　(B)引起淬火开裂

(C)改善接触疲劳性能 　　　　　　(D)降低耐磨性能

四、判 断 题

1. 热胀冷缩是金属材料的一个重要的物理性能,铸锻焊接、切削加工、测量工件等都要考虑坯件或工件的热胀冷缩的特点。( )

2. 碳素结构钢质量等级符号分别为:A、B、C、D。脱氧方法符号 F 表示沸腾钢;B 表示半镇静钢;Z 表示镇静钢;TZ 表示特殊镇静钢。( )

3. 轻质黏土砖孔隙小分布均匀,具有足够的强度,并且散热损失小。( )

4. 黏土砖表面为棕黄色,Fe_2O_3 含量越多颜色越深,表面有黑点。它的最高的使用温度为 1 500 ℃。( )

5. 常用的保温材料有以下几种:石棉、硅藻土、矿渣棉、黏土砖等。(　　　)

6. 辐射传热是由电磁波来传播热量的过程,它与传导和对流传热没有区别。(　　　)

7. 实际上三种传热方式并非单独存在,热量从某物体传递至另一物体往往是综合进行的。(　　　)

8. 对于同一化学成分的钢,在生产实际中必须考虑各种因素来确定淬火加热温度。(　　　)

9. 正火与退火在冷却方法上的区别是:正火冷却较快,在空气中冷却,退火则是缓冷。(　　　)

10. 承受接触疲劳产生浅层剥落的齿轮等类零件,其产生的疲劳源多数在渗层表面。(　　　)

11. 轴类零件在淬火介质中进行淬火时应将其水平浸入介质中。(　　　)

12. 发生物态变化的淬火介质包括熔盐、熔碱、熔融金属等。(　　　)

13. 以水作为冷却介质其冷却过程大致分为蒸汽膜阶段、沸腾阶段和对流阶段。(　　　)

14. 淬火介质必须无毒无味无污染。(　　　)

15. 易燃易爆的淬火介质必须有安全可靠的防护措施。(　　　)

16. 一般清洗设备常用于清除残油和残盐。(　　　)

17. 超声波清洗是在清洗液中附加超声振动,以加速和加强洗涤作用,具有效率高、速度快、清洗质量好等优点。(　　　)

18. 当热电偶材料一定时,工作端与自由端温差越大,产生的热电势就越大。(　　　)

19. 铂铑 10-铂热电偶的分度号是 S。(　　　)

20. 光学高温计是非接触式测温仪表。(　　　)

21. 使用辐射高温计时应使被测物体影像把热电堆完全覆盖上。(　　　)

22. 有甲、乙两个工件,甲工件硬度是 230HBS,乙工件的硬度是 HRC34,所以甲比乙硬得多。(　　　)

23. 退火工件常用 HRC 标尺标出其硬度。(　　　)

24. 液压校直机是利用液体传递的压力,加压于工件来校正工件的变形。(　　　)

25. 导热性能差的金属工件或坯料,加热或冷却时会产生内外温度差,导致内外不同的膨胀或收缩,产生应力,变形或破裂。(　　　)

26. 游标卡尺测量零件尺寸时,要持正,两量爪平面要和被测平面贴合。(　　　)

27. 绕组是变压器的电路部分。(　　　)

28. 转子是三相异步电动机的转动部分。(　　　)

29. 电功率的表达式可以写成 $P = I^2 R$。(　　　)

30. 手电钻、电风扇等电气设备的金属外壳都必须有专用的接零导线。(　　　)

31. 行灯、机床照明灯等,应使用 36 V 及以下的安全电压。在特别潮湿的场所应使用不高于 36 V 的电压。(　　　)

32. 铸造粉尘和电焊烟尘会危害人的健康。(　　　)

33. 砸伤是因为热处理时有些工件比较重,由于装卸时不小心或工件较热容易脱手,应穿好防护鞋。(　　　)

34. 间隙固溶体是有限固溶体。(　　　)

35. 在三种常见的金属晶格类型中,体心立方晶格中原子排列最密。(   )

36. 钢的含碳量愈高,淬火温度愈高,晶粒愈粗大,残余奥氏体愈少。(   )

37. 只要采用本质细晶粒钢,就可保证在热处理加热时得到粗大的奥氏体晶粒。(   )

38. 金属结晶时,生核率愈大,则晶粒愈粗大。(   )

39. 铁碳合金的共晶转变期系指在一个固定温度下,从液态金属中同时结晶出奥氏体和渗碳体的结晶过程。(   )

40. 金属结晶是指液态金属凝固成为固态金属的过程。(   )

41. 金属结晶是由原子不规则排列的液体逐步过渡到原子规则排列的晶体的过程。(   )

42. 奥氏体是碳在 α-Fe 中的固溶体。(   )

43. 渗碳体的转变速度一般比铁素体慢,所以在奥氏体中残存着渗碳体。(   )

44. 原始组织为细片状珠光体时,淬火加热时,比粗片状珠光体易过热。(   )

45. 燃料炉根据使用的燃料不同分为固体燃料炉、液体燃料炉和气体燃料炉。(   )

46. 燃料炉与电阻炉最大的不同在于电阻炉以电加热为主,燃料炉以燃料加热为主。(   )

47. 可控气氛箱式多用炉可进行多种热处理,是一种比较先进的可控气氛炉,适合单一产品大批量生产。(   )

48. 可控气氛炉能防止工件加热时的氧化脱碳。(   )

49. 可控气氛炉能进行渗碳、渗氮、碳氮共渗等工艺,并可严格控制表面碳含量和深层厚度。(   )

50. 真空炉靠辐射和工件本身的传导,加热速度慢,但可达到其他电阻炉不能达到的高温。(   )

51. 淬火槽应保持一定的液面,要保证淬火介质的温度。(   )

52. 封闭式负荷开关的铁壳不必接地。(   )

53. 可控气氛炉设有风扇和排气孔,目的是使炉内气氛均匀并能顺利排除废气。(   )

54. 高温盐浴炉脱氧时,必须把盐浴校正剂烘干,并均匀混合一定量干燥 $BaCl_2$。(   )

55. 盐浴校正剂又称脱氧剂。(   )

56. 固体渗碳时加入催渗剂的作用,是为了促进一氧化碳的形成。(   )

57. 甲醇的产气量很高,很少产生碳黑,所以是目前采用的主要气体渗碳剂。(   )

58. 渗碳层的深度也不能过深、因为渗碳层深度过深,可能降低工件整体的韧性。(   )

59. 适当提高渗碳温度、能增加碳原子活动能力,能加快渗碳速度。(   )

60. 碳氮共渗温度比渗碳高,晶粒不会长大,适宜直接淬火。(   )

61. 与板条状马氏体比较,针状马氏体的硬度高、脆性大。(   )

62. 机械零件和工具在使用时的应力只要限制在屈服点范围内,就能安全可靠。(   )

63. 金属材料的韧性大小一般是通过冲击试验来测定的。(   )

64. 对热作模具钢的力学性能要求有:具有良好的高温强度和冲击韧度。(   )

65. 合金调质钢的综合力学性能高于碳素调质钢。(   )

66. 因为珠光体和贝氏体都是铁素体和渗碳体的混合物,所以其相与性能没有多大差别。(   )

67. 钢的本质晶粒度是表示钢材实际晶粒大小的尺度。（　　　）

68. 理想的淬火介质的冷却速度应在 C 曲线"鼻尖"附近（450～650 ℃）要慢在 450 ℃以下要快。（　　　）

69. 临界冷却速度是指与 C 曲线"鼻尖"相切的冷却速度。（　　　）

70. 马氏体的转变没有碳原子的扩散，只有晶格的改组，没有形核和长大的过程。（　　　）

71. 合金钢因为含有合金元素，所以使 C 曲线向右移，马氏体转变温度也提高了。（　　　）

72. 实际使用的金属材料，大多数是以固溶体作为合金中的基本相。（　　　）

73. 晶粒粗大是由于在加热时温度过高，并且在该温度长时间保温的结果。（　　　）

74. 为了获得足够低的硬度合金钢退火时必须采用较碳钢更慢的冷却速度和更长的退火时间。（　　　）

75. 钢通过正火可以获得细的珠光体组织。（　　　）

76. 退火的目的就是要得到马氏体组织。（　　　）

77. 正火的加热温度在生产实际中常常略高一些，以促使奥氏体均匀化，增大过冷奥氏体的稳定性。（　　　）

78. 正火的加热速度、保温时间与完全退火相似。（　　　）

79. 高合金钢的正火可以用空气冷却。（　　　）

80. 形状简单的碳素结构钢和低合金钢可以随炉升温，不控制加热速度。（　　　）

81. 工件越大，装炉量越大，保温时间越短。（　　　）

82. 保温时间不用考虑钢的成分、工件尺寸和形状、装炉量等因素。（　　　）

83. 淬火加热介质有空气、熔盐、保护气氛、真空等。（　　　）

84. 淬火加热是要求变形量小，表面无（或少）氧化、脱碳。（　　　）

85. 实际生产中必须考虑各种因素来确定淬火加热温度。（　　　）

86. 回火时间应保证工件透烧、组织转变充分和应力消除。（　　　）

87. 冷处理的主要目的是提高硬度和稳定工件尺寸。（　　　）

88. 井式电阻炉虽然操作方便、但不适用于大批量生产。（　　　）

89. 井式电阻炉操作方便、适用于单一产品大批量生产。（　　　）

90. 井式电阻炉操作方便、适用于中小批量生产。（　　　）

91. RT2-90-10 电阻炉额定功率是 100 kW。（　　　）

92. 外热式电极盐浴炉的熔盐起导体的作用。（　　　）

93. 盐浴炉具有加热快、加热均匀的优点。（　　　）

94. 用盐浴炉加热的工件必须烘干后才能入炉。（　　　）

95. 埋入式电极盐浴炉的电极寿命长。（　　　）

96. 指示毫伏计只能测量指示温度。（　　　）

97. 调节式毫伏计只能测量指示温度。（　　　）

98. 毫伏计没有正负极之分。（　　　）

99. 电子电位差计仪表应有良好的接地。（　　　）

100. 光学高温计具有不破坏温度场、反应速度快的特点。（　　　）

101. 使用高温计进行测温时，物镜离被测物体约为 0.7～5 m。（　　　）

102. 高频感应加热淬火可用于处理淬硬层要求较薄的小模数齿轮、中小轴类零件

等。(　　)

103. 中频感应加热淬火主要是用于处理淬硬层较深、承受负载及磨损的零件。(　　)

104. 处理淬硬层要求较薄的小模数齿轮、中小轴类零件可以用中频感应加热淬火。(　　)

105. 要求淬硬层浅的工件可以用高频感应加热淬火处理。(　　)

106. 渗碳层的深度也不能过深、因为随着渗碳层深度的增加,表面碳浓度也会提高。(　　)

107. 提高渗碳温度、能增加碳原子活动能力,有利于加快渗碳速度,但可能增加工件变形,还可能使晶粒长大。(　　)

108. 碳氮共渗温度比渗碳高,晶粒会长大,不适宜直接淬火。(　　)

109. 在相同渗碳温度下,时间越长,渗层越深。(　　)

110. 当渗氮的温度低时,达到最高硬度所需时间较短。(　　)

111. 渗氮温度越高,渗氮速度越快,获得相同渗氮层深度所需时间就越短。(　　)

112. 渗氮层深度随着保温时间的延长而增加,开始增加的较慢,随后越来越快。(　　)

113. 埋入式电极盐浴炉和插入式电极盐浴炉的工作原理不相同。(　　)

114. 渗氮过程是由分解、吸收和扩散三部分组成。(　　)

115. 喷砂机比抛丸机的作用力大,效率高,工件表面清洁度高。(　　)

116. 洛氏硬度有许多不同的标尺,压头有金刚石、钢球多种。(　　)

117. 由于布氏硬度压痕大,对于具有粗大组织结构的材料其硬度值缺乏代表性。(　　)

118. 布氏硬度其硬度值代表性全面,数据稳定,测量精度较高。(　　)

119. 对硬度 450HB 以上或 650HBW 以上的材料布氏硬度试验也能测量。(　　)

120. 洛氏硬度是以压痕的深度来表示材料的硬度值。(　　)

121. 长形工件淬火多采用箱式炉加热。(　　)

122. 由于电极与盐面接触,使电极极易腐蚀烧损,需经常换电极。(　　)

123. 盐炉工作和脱氧时产生沉淀物,需经常捞渣。(　　)

124. 所有加热设备都应在额定负荷内工作。(　　)

125. 淬火油槽应设置槽盖、事故放油口及灭火装置,防止火灾。(　　)

126. 淬火水槽应有溢流放水口,用来保持液面高度。(　　)

127. 淬火槽应保持一定的液面,还要保证淬火介质的温度。(　　)

128. 淬火冷却盐水在必要时应检查浓度。(　　)

129. 必要时应将淬火冷却槽中的淬火介质排出,以清除槽内的杂质。(　　)

130. 毫伏计有正负极之分。(　　)

131. 应定期检查电子电位差计仪表的运行状态,清洗滑电阻及注油。(　　)

132. 应及时给电子电位差计更换记录纸,加注记录水。(　　)

133. 电子电位差计的环境温度应在 0~100 ℃。(　　)

134. 碳素工具钢经热处理后有良好的硬度和耐磨性,但红硬性不高,故只宜作手动工具等。(　　)

135. 工件在盐水及碱水中冷却后,应清洗干净,否则会造成工件腐蚀。(　　)

136. 钢加热时如果热度超过规定,就认为是一种加热缺陷,并称之为"过热"。(　　)

137. 感应加热淬火的温度,与钢的化学成分及原始组织状态有关,而与加热速度无关。（ ）

138. 工件质量越大,形状越复杂,完成相变所需时间长,故加热大型复杂件时,升温时间可以忽略。（ ）

139. 生产过程中产生的各种废液应倒入下水道和垃圾箱,不得随意在车间内倾倒。（ ）

140. 在电极式盐浴炉的电极上不得放置任何金属物品,以免变压器发生短路。（ ）

141. 有色眼镜主要是用来防止飞溅物伤害眼睛用的。（ ）

142. 遇到电器设备失火时,不能用水扑救,一般应采用四氯化碳灭火器或泡沫灭火器补救。（ ）

143. 氨气对呼吸系统和眼镜有强烈的刺激,易引起灼伤、肺炎、眼镜失明等伤害,接触后不得用水冲洗,应立即送医疗部门治疗。（ ）

144. 一般把密度小于 $5 \times 10^3 \, kg/m^3$ 的金属称为轻金属,而密度大于 $5 \times 10^3 \, kg/m^3$ 的金属称为重金属。（ ）

145. 所有金属材料或多或少都有磁性,都能被磁铁所吸引。（ ）

146. 随着载荷的存在而产生、随着载荷的去除而消失的这类变形称为塑性变形。（ ）

147. 材料的伸长率、断面收缩率数值越大表明其塑形越好。（ ）

148. 辐射传热是由电磁波来传播热量的过程,它与传导和对流传热没什么区别。（ ）

149. 金属的结晶过程实质上就是晶核的形成于长大的过程。（ ）

150. 温度越高,原子的活动能力越强,溶质原子也就越容易溶入溶剂中。故一般情况下,温度越高,固溶体的溶解度越大。（ ）

151. 在生产过程中,为防止硝盐自行分解和爆炸,应严禁将其带入至中、高温盐浴中。（ ）

152. 普通球化退火与等温球化退火相比,普通球化退火不仅可缩短周期,而且可使球化组织均匀,并能严格的控制退火后的硬度。（ ）

153. 在一定的条件下,可以运用球化退火来消除共析钢或过共析钢中的网状碳化物。（ ）

154. 先将工件在某一个中间温度进行预热,然后再放入已加热到要求温度的炉中加热,这种加热方法称为"分段预热"。（ ）

155. 一般工件回火出炉后,应在水或油中冷却。（ ）

156. 残留奥氏体是不稳定的组织,工件在存放和使用过程中会引起尺寸变化。（ ）

157. 感应器轴向高度与圆环直径之比值越小,环流效应越显著。故感应器截面最好做成圆形。（ ）

158. 感应淬火工件表面硬度高、耐磨性好,但表面存在压应力,使疲劳强度下降。（ ）

159. 与渗碳相比,渗氮的优点是工艺过程时间较短,成本较低。（ ）

160. 对于高精度或清洁度要求高的工件,不允许在表面残留清洗液,这时,可选用溶剂或蒸汽清洗。（ ）

161. 喷丸强化不但能去除工件表面的氧化物,还能使金属表面产生塑形变形、细化表面组织,形成表面残留压应力状态,从而提高工件的使用寿命。（ ）

162. 耐火材料的使用温度可以超过其荷重软化开始温度。（　　　）

163. 热电偶应安装在炉门旁或距离加热热源较近的地方。（　　　）

164. 热电偶的热端应尽可能远离被加热工件,这样才能保证装卸工件时不致损伤热电偶。（　　　）

165. 电子电位差计使用补偿导线,分度号不必与热电偶的一致。（　　　）

五、简 答 题

1. 试述耐火材料、保温材料的种类。

2. 什么叫热传递? 热传递的条件是什么?

3. 普通箱式电炉有什么优缺点?

4. 钢的淬硬性和淬透性有什么区别? 其影响因素是什么?

5. 简述钢的淬火工艺。

6. 如何选择和确定回火温度、时间和冷却方法?

7. 正火的目的是什么?

8. 感应加热的基本原理是什么?

9. 什么是集肤效应?

10. 什么是热处理?

11. 什么叫钢的球化退火? 它的优点是什么?

12. 什么是退火?

13. 什么是正火?

14. 什么是渗碳?

15. 什么是临界直径?

16. 淬火介质按物理特性分为哪两类? 并举例。

17. 常用的热电偶有哪三种? 它们的使用温度范围和分度号是怎样表示的?

18. 影响淬火变形的因素有哪些?

19. 热处理车间安全技术一般有哪些要求?

20. 全面质量管理的基础工作包括哪几个方面?

21. 我国安全色常用哪几种颜色? 分别代表什么意思?

22. 安全标志分为哪四类?

23. 简述纯金属的结晶过程。

24. 计算 T8A 在平衡状态下室温组织中,铁素体和渗碳体各占多少?

25. 含碳量为 0.77% 的共析钢,在室温时或正常加热到 650 ℃、850 ℃时各是什么组织形态?

26. 简述热电偶的工作原理。

27. 计算 20 钢在室温组织中,珠光体和先共析铁素体各占多少(其组织为平衡状态组织)?

28. 计算 T10 在平衡状态下室温组织中,先共析渗碳体与珠光体各占多少?

29. 无罐气体渗碳自动线都有哪几部分组成?

30. 试述可控气氛连续炉的优点。

31. 简述钢的火焰加热表面淬火的原理。

32. 高速钢成分和热处理有何特点？

33. 什么是合金钢？有哪些优越性？

34. 碳素工具钢的含碳量不同,对其力学性能有何影响？如何选用？

35. 淬火工件常出现的缺陷有哪些？

36. 铸铁的性能有什么优缺点？

37. 简述辉光离子炉的构造。

38. 硫、磷元素的含量,为什么在碳钢中要严格的控制？而在易切削钢中又要适当的提高？

39. 奥氏体晶粒大小对钢热处理后性能有何影响？

40. 叙述什么是钢的脱碳。

41. 什么是钢的淬火变形？

42. 简述防止氧化和脱碳的措施。

43. 简述高温盐浴炉脱氧操作。

44. 奥氏体等温转变时,按过冷度的不同,能得到哪几种组织？

45. 渗氮件质量检验项目有哪些？

46. 如何防止渗氮处理后表面硬度过低？

47. 简述渗氮处理后脆性大、出现网状、针状氮化物的预防措施。

48. 指出 RX3-75-9Q 是什么设备？各符号、数字的含义是什么？

49. 指出 RX3-115-12Q 是什么设备？各符号、数字的含义是什么？

50. 指出 RX2-25-13 是什么设备？各符号、数字的含义是什么？

51. 简述喷丸机的工作原理。

52. 指出 RJ2-75-6 是什么设备？各符号、数字的含义是什么？

53. 指出 RQ3-75-9 是什么设备？各符号、数字的含义是什么？

54. 简述热处理工艺规程制定的依据。

55. 指出 RJ2-105-12 是什么设备？各符号、数字的含义是什么？

56. 指出 RT2-105-9 是什么设备？各符号、数字的含义是什么？

57. 指出 RT2-90-10 是什么设备？各符号、数字的含义是什么？

58. 什么是化学热处理,其目的是什么？

59. 什么叫热应力？

60. 什么是布氏硬度试验？

61. 试述多用箱式电阻炉在热处理中应用特点。

62. 怎样对感应加热淬火零件进行回火处理？

63. 正火、退火件质量检验项目有哪些？

64. 淬火件质量检验内容有哪些？

65. 渗碳件质量检验项目有哪些？

66. 什么叫亚共析钢、共析钢和过共析钢？这 3 类钢经正火,在室温下的组织有什么不同？

67. 电接触加热表面淬火的原理是什么？

68. 什么叫低温形变淬火？

69. 试述球墨铸铁正火工艺规范。

70. 简述维氏硬度实验原理。

六、综 合 题

1. 如何进行热处理工序质量管理点的管理工作？

2. 含碳量为1%的过共析钢的平衡组织,在室温时及缓慢加热到700 ℃、770 ℃、880 ℃时各是什么组织形态？

3. 零件热处理后为什么要做硬度试验？

4. 简要分析 ZGMn13 钢水韧处理的工艺参数。

5. 指出下列每对名词的主要区别:(1)起始晶粒度与本质晶粒度。(2)过冷奥氏体与残余奥氏体。(3)A_1 与 Ac_1。(4)连续冷却与等温冷却。

6. 耐磨钢常用的钢号是哪一种？ 为什么它能耐磨？

7. 碳素工具钢的含碳量不同,对其力学性能有何影响？ 如何选用？

8. 简述铬在不锈钢中的耐蚀作用。

9. ZGMn13 钢耐磨的保证条件是什么？ 为什么具有高耐磨性？

10. 铸造生产中,常用的细化晶粒方法有几种？ 为什么要将晶粒细化？

11. 解释下列各对名词的意义:(1)晶格与晶胞。(2)晶粒与晶界。(3)单晶体与多晶体。

12. 奥氏体形成及均匀化速度主要受哪些因素影响？

13. 粒状珠光体是怎样形成的？

14. 贝氏体为什么具有高强度？

15. 简述箱式电阻炉的构造。

16. 简述盐浴炉加热的优点。

17. 试述埋入式电极盐浴炉的优点。

18. 简述钢淬火加热时间的计算公式。

19. 什么是同素异构转变？ 简述同素异构转变的特点。

20. 刀具的工作条件及性能要求是什么？

21. 什么是塑性？ 塑性好的材料有什么实用意义？

22. 什么是工艺性能？ 工艺性能包括哪些内容？

23. 指出下列各对名词的主要区别:(1)耐腐蚀性与抗氧化性。(2)内力与应力。(3)弹性变形与塑性变形。(4)疲劳强度与抗拉强度。(5)铸造性与锻压性。

24. 试说明渗氮层硬度低的形成原因,怎样预防和补救？

25. 在使用电子电位差计时应注意哪些事项？

26. 怎样使用高温计进行测温？

27. 论述洛氏硬度测定法。

28. 制备金相试样,取样时应注意些什么？

29. 简述布氏硬度的优缺点及适用范围。

30. 为什么过共析碳素钢淬火马氏体的实际含碳量不决定于钢的含碳量,而是决定于淬火冷却起始温度？

31. 一个理想的淬火介质应具有什么冷却特性？为什么？
32. 什么叫球墨铸铁？简述其性能和特点。
33. 在生产中如何选择正火和退火工艺？
34. 含碳量对钢的机械性能有什么影响？
35. 热锻模有哪些性能要求？

金属热处理工(初级工)答案

一、填 空 题

1. 平面图形
2. 1：2
3. 正投影
4. 表面粗糙度
5. 韧性
6. 导热性
7. 轴承钢
8. 模具钢
9. 淬透性
10. 固有属性
11. 辐射
12. 650 ℃
13. 加热装置
14. 油冷
15. 热处理炉
16. 淬火槽
17. 中温
18. 加热温度
19. 局部
20. 不完全
21. 齿面胶合
22. 调质
23. 蒸汽膜阶段
24. 传导和对流
25. 水
26. 小
27. 黄血盐及氯化钡
28. 台车式
29. 温差
30. 0～760
31. 自动平衡显示
32. 内外卡钳
33. 千分尺
34. 电力变压器
35. 感应电动机
36. $I=U/R$
37. $I=E/(R+r)$
38. 电源
39. $P=IU$
40. 12
41. 水基冷却液
42. 工序质量管理
43. 工艺规程
44. 工艺
45. 自觉遵守工艺纪律
46. 堆放平稳
47. 机器意外开动伤人
48. 接地或接零
49. 间隙固溶体
50. 规则
51. α-Fe
52. γ-Fe
53. 密排六方
54. 晶格
55. 晶胞
56. 最小几何
57. 重结晶
58. 晶核
59. 同素异构转变
60. 游离态
61. 晶面
62. α-Fe
63. γ-Fe
64. 2.11％
65. 渗碳体
66. φ(小写)
67. 珠光体
68. 莱氏体
69. Ld′
70. 过冷奥氏体
71. 可控气氛炉
72. 电阻炉
73. 火焰加热装置
74. 燃料炉
75. 搅拌装置
76. 淬火机床
77. 普通
78. 裂纹
79. 疲劳强度
80. 高速运动
81. 1 000～1 300 ℃
82. 650～1 000 ℃
83. 650 ℃
84. 化学成分
85. TTT
86. 等温温度
87. 珠光体转变
88. 下贝氏体
89. 贝氏体转变
90. 越好
91. α-Fe
92. 欠热
93. 强度
94. 化学成分
95. 高温回火
96. 火焰淬火
97. 普通
98. 临界点
99. 应力
100. 回火硬度
101. 正火
102. 稳定工件尺寸
103. 脱碳
104. 液氢
105. 清水
106. 组元
107. 辅助设备
108. 间歇作业
109. 工作温度
110. 中温
111. 中性盐
112. 内热式
113. 熔盐本身
114. 腐蚀
115. 捞渣
116. 电子电位差计
117. 激光淬火
118. 低温、中温、高温
119. 共析钢
120. 100～6 000
121. 0.5～10
122. 50～60
123. 高
124. 小模数

125. 电能　　　126. 组织应力　　　127. 900～950　　　128. 渗层深度

129. 氧-乙炔　　　130. 疲劳强度　　　131. 吸收　　　132. 心部

133. 氨气分解率　　134. 离心力　　　135. 重力式　　　136. 杠杆-砝码

137. 过热　　　138. 耐热钢罐　　　139. 防锈油漆　　　140. 校验

141. 保护管　　　142. 不锈钢　　　143. 调节温度　　　144. 书面劳动合同

145. 强令冒险作业　　146. 时效强化　　　147. 调质　　　148. 形核

149. 提高疲劳强度　　150. 提高硬度　　　151. 碳化物　　　152. 塑性变形

153. 疲劳断裂　　　154. 脱碳　　　155. 偏析　　　156. 活性氮原子

157. 吸收　　　158. 0.8%～1.5%　　　159. 银灰色　　　160. 碳素钢

161. 韧性　　　162. 回火　　　163. 二元合金　　　164. 模数 m

165. 合金

二、单项选择题

1. C	2. B	3. B	4. A	5. C	6. C	7. D	8. B	9. C
10. A	11. B	12. D	13. C	14. C	15. D	16. A	17. C	18. C
19. A	20. C	21. D	22. B	23. B	24. A	25. B	26. D	27. C
28. C	29. C	30. A	31. C	32. A	33. B	34. A	35. C	36. B
37. A	38. C	39. A	40. B	41. D	42. A	43. B	44. A	45. C
46. A	47. B	48. C	49. D	50. A	51. B	52. B	53. D	54. A
55. B	56. B	57. C	58. A	59. C	60. B	61. A	62. A	63. C
64. A	65. B	66. A	67. B	68. C	69. D	70. D	71. C	72. C
73. B	74. C	75. B	76. A	77. D	78. C	79. A	80. B	81. D
82. D	83. B	84. A	85. B	86. A	87. C	88. B	89. A	90. A
91. B	92. A	93. A	94. B	95. D	96. A	97. D	98. A	99. B
100. B	101. B	102. A	103. C	104. C	105. C	106. C	107. D	108. B
109. C	110. A	111. D	112. A	113. B	114. B	115. B	116. A	117. B
118. C	119. B	120. D	121. D	122. A	123. D	124. C	125. C	126. D
127. B	128. B	129. D	130. B	131. C	132. C	133. C	134. B	135. A
136. C	137. A	138. A	139. B	140. A	141. C	142. C	143. B	144. D
145. B	146. A	147. C	148. B	149. A	150. A	151. D	152. B	153. B
154. A	155. C	156. A	157. A	158. B	159. C	160. D	161. B	162. C
163. B	164. C	165. A						

三、多项选择题

1. ABCD	2. ABCD	3. ABD	4. ABC	5. BC	6. ABD
7. ABCD	8. ABCD	9. BCD	10. ABC	11. BCD	12. ABC
13. ABC	14. ABC	15. BCD	16. ACD	17. ACD	18. ABCD
19. BC	20. ABD	21. BCD	22. ABC	23. CD	24. BC
25. ABD	26. ABCD	27. ABCD	28. ABC	29. ABC	30. ABCD

31. ABD	32. AC	33. AB	34. ABCD	35. ABD	36. ABCD
37. ABC	38. BCD	39. ABCD	40. ACD	41. ABCD	42. ABCD
43. ABC	44. ABD	45. BCD	46. ABC	47. ABCD	48. CD
49. ABCD	50. ABCD	51. BCD	52. AB	53. ABC	54. ACD
55. AC	56. BD	57. AD	58. BCD	59. CD	60. ACD
61. ABCD	62. ABD	63. BC	64. ABCD	65. AC	66. BCD
67. AB	68. ABC	69. AB	70. AC	71. BD	72. ABD
73. AD	74. AD	75. AB	76. ABCD	77. BCD	78. ACD
79. BCD	80. ACD	81. BCD	82. ABCD	83. BCD	84. ABD
85. ABCD	86. ABCD	87. ACD	88. ACD	89. ABCD	90. BC
91. ACD	92. ABCD	93. ABCD	94. ABD	95. ABCD	96. BCD
97. ABD	98. ACD	99. ABCD	100. ABD		

四、判 断 题

1. √	2. √	3. √	4. ×	5. ×	6. ×	7. √	8. √
9. √	10. ×	11. ×	12. √	13. √	14. ×	15. √	16. √
17. √	18. √	19. √	20. √	21. √	22. ×	23. ×	24. √
25. √	26. √	27. √	28. √	29. √	30. √	31. ×	32. √
33. √	34. √	35. ×	36. ×	37. ×	38. ×	39. √	40. ×
41. √	42. ×	43. √	44. √	45. √	46. √	47. ×	48. √
49. √	50. √	51. √	52. √	53. √	54. √	55. √	56. √
57. ×	58. √	59. √	60. ×	61. √	62. √	63. √	64. √
65. √	66. ×	67. ×	68. ×	69. √	70. √	71. √	72. √
73. √	74. √	75. √	76. ×	77. √	78. √	79. ×	80. √
81. ×	82. ×	83. √	84. √	85. √	86. √	87. √	88. √
89. ×	90. √	91. ×	92. √	93. √	94. √	95. √	96. √
97. ×	98. ×	99. √	100. √	101. √	102. √	103. √	104. ×
105. √	106. ×	107. √	108. √	109. √	110. √	111. √	112. ×
113. ×	114. √	115. ×	116. √	117. ×	118. √	119. ×	120. √
121. √	122. √	123. √	124. √	125. √	126. √	127. √	128. √
129. √	130. √	131. √	132. √	133. √	134. √	135. √	136. ×
137. √	138. ×	139. √	140. √	141. √	142. √	143. √	144. √
145. ×	146. ×	147. √	148. √	149. √	150. √	151. √	152. ×
153. ×	154. √	155. ×	156. √	157. √	158. ×	159. ×	160. √
161. √	162. ×	163. ×	164. ×	165. √			

五、简 答 题

1. 答:耐热材料:黏土砖(0.5分)、轻质黏土砖(0.5分)、高铝砖(0.5分)、刚玉制品(0.5分)。保温材料:石棉(0.5分)、硅藻土(0.5分)、蛭石(0.5分)、矿渣棉(0.5分)、珍珠岩(0.5

分)、玻璃丝等(0.5分)。

2. 答:热传递是物体相互间或同一物体内部热能的传递(2分)。温度差是热传递的必要条件(2分)。物体间存在着温度差,必然产生热量的传递(1分)。

3. 答:箱式电炉的优点是通用性强(1分),缺点是升温慢(0.5分),热效率低(0.5分),炉温不均匀,温差大(0.5分),炉子密封性差(0.5分)。工件氧化脱碳严重(1分),装出炉劳动强度大(1分)。

4. 答:淬硬性和淬透性是不同的两个概念。淬硬性是指钢在理想条件下进行淬火硬化所能达到的最高硬度的能力,主要取决于钢的含碳量(2分),而钢的淬透性是指在规定条件下,决定钢材淬硬深度和硬度分布的特性(2分),其影响因素有钢的化学成分和淬火时的冷却介质(1分)。

5. 答:淬火是将钢加热到 Ac_3 或 Ac_1 以上某一温度(2分),保持一定的时间(0.5分),然后以适当速度冷却(0.5分),获得马氏体或奥氏体的非平衡组织的热处理过程(2分)。

6. 答:回火温度主要依据各种材料的回火温度与硬度的关系曲线,按工件的技术要求(硬度范围)来选择合适的回火温度(2分)。工件低温回火时间可按 25 mm/h 来计算。一般回火 1～2 h(1分)。中温及高温回火按公式 $T=aD+b$ 中来计算,其中:D——工件有效厚度;b——时间基数,一般取 10～20 min;a——回火系数(1分)。回火后冷却一般在空气中进行,有时为了减少铬钢、铬镍钢的第二类回火脆性,可用水冷或油冷。为了消除快冷时的应力,可补充一次低温回火(1分)。

7. 答:由于正火的冷却速度较退火快(2分),所以得到的珠光体组织较细(1分),强度和硬度都有提高(2分)。

8. 答:当感应器中通入高频电流时(1分),在感应器内部就同时产生一个高频磁场(1分),置于感应器中的工件被磁场所切割(1分),产生了涡流,便开始加热(2分)。

9. 答:当交流电通过导体时,导体表面处的电流密度较大(1分),导体内部的电流密度较小(1分)。当高频交流电流通过导体时,导体截面上的电流密度差更加增大(1分),电流主要集中在导体表面,这种现象称为集肤效应(1分),也称趋肤效应(1分)。

10. 答:将固态金属或合金采用适当的方式进行加热(1分)、保温(1分)和冷却(1分),以获得所需要的组织结构(1分)与性能(1分)的工艺称之为热处理。

11. 答:球化退火是通过加热到略高于 Ac_1 大约 20～30 ℃ 的温度(1分),保温足够时间后随炉缓冷,使钢获得球状组织的一种工艺(1分)。它是均匀分布在铁素体基体中的球状渗碳体(1分)。用这种方法,可以克服淬火加热时易产生的过热、淬火变形与开裂现象(1分),使工件容易切削,热处理也容易控制,改善了工件的机械性能,延长零件寿命(1分)。

12. 答:将工件加热到 Ac_1 或 Ac_3 以上(发生相变)(1分)或 A_1 以下(不发生相变)(1分)保温后(1分),缓冷下来(1分),从而得到近似平衡组织的热处理方法(1分)。

13. 答:将钢件加热到 Ac_3 或 Ac_m 以上 30～50 ℃(3分),保温适当的时间后(1分),在空气中冷却的热处理工艺(1分)。

14. 答:为了增加钢件表层的含碳量(1分)和一定的碳浓度梯度(1分),将钢件在渗碳介质中加热并保温(2分)使碳原子渗入钢件表层的化学热处理工艺(1分)。

15. 答:将同一钢种不同直径的圆柱试样(1分),加热奥氏体化后(1分),在某种冷却介质中淬火(1分),能够淬透(心部获得 50% 的马氏体)的最大直径,称为这种钢在这种介质中的临界直径(2分)。

16. 答:(1)发生物态变化的介质,如水质淬火剂,油质淬火剂,和水溶液等(2分)。(2)不发生物态变化的介质,如熔盐、熔碱、熔融金属等(3分)。

17. 答:常用热电偶有铂铑10-铂、镍铬-镍硅和铁-康铜三种(2分),它们的使用的温度范围和分度号如下:

铂铑10-铂热电偶的分度号 S,常用的温度范围是 $0\sim1\,450\,℃$(1分);

镍铬-镍硅热电偶的分度号 K,常用的温度范围是 $0\sim1\,250\,℃$(1分);

铁-康铜热电偶的分度号 J,常用的温度范围是 $0\sim760\,℃$(1分)。

18. 答:(1)热应力(0.5分);(2)组织应力(0.5分);(3)淬火应力(热应力十组织应力)(1分);(4)M_s 点马氏体形成点温度高低(0.5分);(5)钢的淬透性(0.5分);(6)含碳量(0.5分);(7)原始组织(0.5分);(8)冷却介质及冷却方法(1分)。

19. 答:要求防火、防爆、防触电、防烫伤(2分)。还要注意预防酸、碱、粉尘等对人体的伤害(2分),以及注意设备操作安全(1分)。

20. 答:推行全面质量管理必须做好一系列的基础工作,其中最主要的包括质量教育工作(1分)、标准化工作(1分)、计量工作(1分)、质量情报工作(1分)和质量责任制(1分)等。

21. 答:红、黄、蓝、绿(1分)。红色表示禁止、停止、消防和危险的意思(1分);黄色代表注意、警告的意思(1分);蓝色表示指令必须遵守的规定(1分);绿色表示通行、安全和提示信息的意思(1分)。

22. 答:禁止标志(2分)、警告标志(1分)、指令标志(1分)、提示标志(1分)。

23. 答:液态金属冷却到结晶温度以下(1分),液体内部出现一些稳定存在的具有晶体结构的微小原子团(1分),以此为核心吸引周围的原子(1分),按一定的空间几何形状有规则的排列(1分),并不断呈树枝状长大,直到液体金属全部凝固(1分)。

24. 解:室温时,铁素体含碳量可近似为零,珠光体含碳量为 0.77%根据杠杆定律可得(2分):

$C_{Fe_3C}=(0.77-0)/(6.69-0)\times100\%=11.5\%$(2分)

$C_F=1-C_{Fe_3C}=88.5\%$(1分)

答:铁素体占 88.5%,渗碳体占 11.5%。

25. 答:室温时的组织全部为珠光体(1分);正常加热到650 ℃时组织没有变化,仍为珠光体(1分);加热到 PSK 线(A_1 线)温度即 727 ℃时,珠光体发生向奥氏体转变(1分),因此正常加热到850 ℃时组织应全部为奥氏体(2分)。

26. 答:将两种不同的导体连接成闭合电路(1分),只要两端有温度差(1分)、回路中就有电流通过(1分),产生的相应电动势称为热电势,这种现象称为温差效应。热电偶就是根据这一效应测量温度的(2分)。

27. 答:解:珠光体的含碳量为 0.77%,铁素体在室温的含碳极少,可不计。根据杠杆定律(1分)

$C_F=(0.77-0.20)/(0.77-0)=74\%$(2分)

$C_P=1-C_F=26\%$(1分)

答:珠光体占 26%,先共析铁素体占 74%(1分)。

28. 答:解:室温下先共析渗碳体与珠光体各占的比例就是共析转变前奥氏作和先共析渗

碳体各占的比例(1分),可用杠杆定律求得:

$C_{Fe_3C}=(1.0-0.77)/(6.69-0.77)=7.3\%(2分)$

$C_P=1-C_{Fe_3C}=92.7\%(1分)$

答:先共析渗碳体占7.3%,珠光体占92.7%(1分)。

29. 答:主要部分构成有:无罐气体渗碳炉、淬火机构(1分)、清洗机(1分)、回火炉(1分)、可控气氛发生装置(1分)、控制系统和传动系统(1分)。

30. 答:产量大(1分)、效率高(1分)、质量稳定(1分)、适合大批量生产(1分),节能(1分)。

31. 答:火焰加热淬火是应用氧-乙炔(或其他可燃气)(1分)的火焰对零件表面进行加热随后淬火冷却的工艺(2分)。这种工艺优点是设备简单,操作灵活方便(1分)。

32. 答:高速钢具有良好的热处理性能(淬透性及热硬性)(1分)。它的成分:碳含量0.7%~1.5%(1分)、钨含量及钼含量、铬含量、钒含量等大于10%(1分)。热处理特点:淬火加热温度高(1200~1300 ℃)(1分),淬火后三次回火(1分)。

33. 答:在碳钢中有目的地加入一些合金元素所获得的钢种叫合金钢(2分)。与碳钢相比具有良好的热处理性能(1分)、优良的综合力学性能(1分)及某些特殊的物理化学性能(1分)。

34. 答:含碳量较高的碳素工具钢,其塑、韧性较差,强度也有所下降(2分)。凡是受冲击工具宜选用T7~T8钢(1分);高耐磨、锋利的工具可选T13~T14钢(1分);一般硬而耐磨的可选用T10~T12钢(1分)。

35. 答:主要有以下方面的缺陷:

(1)表面缺陷,主要有氧化脱碳,表面腐蚀等(1分)。

(2)性能缺陷,有软点,硬度不足等(1分)。

(3)组织缺陷,过热,过烧,萘状断口(2分)。

(4)形状缺陷,有变形,开裂等(1分)。

36. 答:优点:有优良的切削加工性能、铸造性能和吸振性能,减磨性好,抗压强度高(3分)。缺点:塑性差、韧性很低,无可锻性,可焊性差(2分)。

37. 答:辉光离子炉是利用稀薄氮化气体的辉光放电现象来进行氮化处理的设备(1分)。炉子的全套装置由(1)真空系统:主要钟罩形炉体、炉底盘和真空泵所组成(1分)。(2)供气系统:通常利用氨气瓶供给氨气(1分)。(3)供电系统:采用可控硅连续可调的直流电源供电,并装有可靠的灭弧装置(1分)。(4)测温系统热电偶的测温端通过炉底盘面直接与零件接触,一般采用铠装热电偶(1分)。

38. 答:硫、磷是有害元素(1分),含硫多了会使钢产生热脆(1分),含磷多了使钢产生冷脆(1分)。但在易切削钢中多加些硫、磷可改善切削加工性(1分),使铁屑易断(1分)。

39. 答:奥氏体晶粒大小对冷却后钢的性能有明显影响(2分),细小奥氏体冷却后组织的晶粒也细小(1分),则力学性能较好(1分),尤其冲击韧性好(1分)。

40. 答:脱碳是指钢的表面(2分)与介质中的氧化气氛作用(2分),使钢的表面含碳量降低的过程(1分)。

41. 答:钢的淬火变形有两种(1分):一种是尺寸变形、即伸长和收缩(1分),而另一种是形状的变化即弯曲和翘曲(1分),工件的实际变形是同时兼有这两种变形(1分),但随着具体情况的不同,两种变形所起到的作用也不相同的(1分)。

42. 答:(1)向炉内通入可控气氛(保护气)(2分)。(2)用盐浴加热(必须脱氧)(2分)。(3)装箱加热(0.5分)。(4)涂保护涂料(0.5分)。

43. 答:脱氧前先升温至 1 290~1 300 ℃(1分),挡住风口以免脱氧剂被抽去,然后向脱氧剂中加入同量的无水 $BaCl_2$(1分),混合均匀后徐徐加入,并用不锈钢棒不停的搅拌,以防止硅钙在液面燃烧(1分),保温 15 min 后即可进行淬火(1分),每隔 4 h 进行脱氧一次(1分)。

44. 答:从奥氏体等温转变曲线即 C 曲线中知道(1分),不同温度区域组织转变的产物是:

(1)高温转变时在 A_1 以下至 500 ℃都是珠光体,但等温转变温度越低,所得珠光体越细(1分)。其中 650 ℃等温转变获得的珠光体,又称索氏体,540 ℃等温转变获得的极细珠光体,又称屈氏体(1分)。

(2)中温转变时在 500 ℃以至 M_s 以上,其中 500~350 ℃得上贝氏体(1分),350~230 ℃得下贝氏体(1分)。

45. 答:渗氮层深度(1分);硬度(1分);渗氮层脆性检查(1分);渗氮层金相组织检验(1分);变形检验(1分)。

46. 答:(1)严格控制渗氮温度,保证不过高(1分)。(2)严格控制氨流量及分解率,保证氨流量不中断,保证氨分解率不过高(1分)。(3)清洗渗氮罐并定期退氮处理(1分)。(4)工件入炉前严格清洗,保证表面无氧化、无油污,有条件可进行预氧化处理(1分)。(5)定期更新干燥剂,防止干燥器内积水(1分)。

47. 答:(1)对供氨系统设有效的干燥装置(1分)。(2)控制氨分解率(1分)。(3)保证入炉件表面无脱氮层(1分)。(4)渗氮后期在 560 ℃,70%氨分解率下脱氮(1分)。(5)改进工件设计,避免工件有尖角锐边(1分)。

48. 答:该设备是箱式电阻炉(2分),R 表示电阻炉(0.5分),X 表示箱式(0.5分),3 表示设计改型序号(0.5分),75 表示额定功率为 75 kW(0.5分),9 表示最高温度为 950 ℃(0.5分),Q 表示炉内气氛可控(0.5分)。

49. 答:该设备是箱式电阻炉(2分),R 表示电阻炉(0.5分),X 表示箱式(0.5分),3 表示设计改型序号(0.5分),115 表示额定功率为 115 kW(0.5分),12 表示最高温度为 1200 ℃(0.5分),Q 表示炉内气氛可控(0.5分)。

50. 答:该设备是箱式电阻炉(2分),R 表示电阻炉(0.5分),X 表示箱式(0.5分),2 表示设计改型序号(0.5分),25 表示额定功率为 25 kW(0.5分),13 表示最高温度为 1350 ℃(1分)。

51. 答:工作原理是将钢丸(1分)装于快速转动的叶轮中(1分),借助叶轮旋转产生的离心力(1分)将钢丸抛射在工件表面(2分)。

52. 答:该设备是箱式电阻炉(2分),R 表示电阻炉(0.5分),J 表示井式(0.5分),2 表示设计改型序号(0.5分),75 表示额定功率为 75 kW(0.5分),6 表示最高温度为 650 ℃(1分)。

53. 答:该设备是箱式电阻炉(2分),R 表示电阻炉(0.5分),Q 表示井式气体渗碳炉(0.5分),3 表示设计改型序号(0.5分),75 表示额定功率为 75 kW(0.5分),9 表示最高温度为 950 ℃(1分)。

54. 答:(1)有关各项标准和规定(2分);(2)其他加工工序对热处理提出的要求(1分);

(3)本企业所具备的生产条件与零件的生产批量(2分)。

55. 答:该设备是箱式电阻炉(2分),R 表示电阻炉(0.5分),J 表示井式(0.5分),2 表示设计改型序号(0.5分),105 表示额定功率为 105 kW(0.5分),12 表示最高温度为 1200 ℃(1分)。

56. 答:该设备是箱式电阻炉(2分),R 表示电阻炉(0.5分),T 表示台车式(0.5分),2 表示设计改型序号(0.5分),105 表示额定功率为 105 kW(0.5分),9 表示最高温度为 950 ℃(1分)。

57. 答:该设备是箱式电阻炉(2分),R 表示电阻炉(0.5分),T 表示台车式(0.5分),2 表示设计改型序号(0.5分),90 表示额定功率为 90 kW(0.5分),10 表示最高温度为 1000 ℃(1分)。

58. 答:化学热处理是将金属或合金工件置于一定温度的活性介质中保温(1分),使一种或几种元素渗入它的表层(1分),以改变其化学成分、组织和性能的热处理工艺(1分)。化学热处理的目的是提高表面硬度、耐磨性、疲劳强度、等力学性能以及耐蚀性,(1分)而心部仍保持很好的塑性和韧性(1分)。

59. 答:工件在加热(1分)和(或)冷却时(1分),由于工件不同部位存在着温度差(1分)别而导致热胀(1分)和(或)冷缩的不一致(1分)所引起的应力。

60. 答:用一定直径的淬硬钢球(1分),在一定的载荷下(1分),压入试件表面,保留一定时间去除载荷后(1分),留下钢球压痕,用载荷(1分)和压痕面积的比值(1分)确定材料硬度值的一种试验方法。

61. 答:因为多用箱式电阻炉有良好的密封性,(1分)可使用多种气氛,(1分)炉内气氛能方便地调节与控制,(1分)因而可进行渗碳,(0.5分)碳氮共渗,(0.5分)光亮正火,(0.5分)光亮退火等多种热处理工艺,该炉型工艺灵活性好。(0.5分)

62. 答:感应加热表面淬火后的零件,一般均需在 180～200 ℃下进行回火处理,回火应在淬火后及时进行,如果淬火后搁置时间太长,往往会由于淬火应力而引起零件的开裂(2分)。回火一般可采用下列的操作。

(1)空气炉与油炉回火,将工件加热至 180～200 ℃,保温 1～2 h 的回火处理。(1分)

(2)自回火,对于采用同时加热法,形状简单的零件,在淬火后可进行自回火处理。即将感应加热好的零件迅速冷却一段时间后,将冷却中断,利用零件自身的余热散发到零件的表层淬火区,以达到回火的目的。(1分)

(3)感应加热回火,即继续通过回火感应器进行加热,其感应温度要高些,多为 200～250 ℃,回火加热速度要慢些,一般不大于 15～20 ℃/s。(1分)

63. 答:(1)工艺参数检查(1分);(2)硬度检查(1分);(3)变形检查(1分);(4)金相组织检验(2分)。

64. 答:(1)外观检查(1分);(2)硬度检查(1分);(3)变形与开裂检查(1分);(4)金相组织检查(1分);(5)有的还要求力学性能检查(1分)。

65. 答:(1)有效硬化层深度(或渗碳层深度)检查(1分);(2)渗层组织检验(1分);(3)表面硬度检查(1分);(4)淬火后金相组织检查(1分);(5)有的还要求心部力学性能检查(1分)。

66. 答:根据其含碳量和正常冷却时室温组织的不同(2分),可分为 3 类:

(1)亚共析钢,含碳量小于 0.77%,其室温组织为珠光体和铁素体(1分);

(2)共析钢,含碳量等于 0.77%,其室温组织为全部珠光体(1分);

(3)过共析钢,含碳量大于 0.77%,其室温组织为珠光体和二次渗碳体(1分)。

67. 答:强大的电流通过接触滚子传到工件表面(1分),同时因接触面的空气层电阻大而使表面产生高热而将工件表面加热至淬火温度(2分),冷却时对大件来说靠自身传导,使工件淬火,小件则要喷射冷却(2分)。

68. 答:低温形变淬火是将工件加热至奥氏体化温度后急冷至相变温度以下(2分),在低于再结晶温度高于 M_s 温度区间(2分)进行轧制、锻造、挤压和拉伸等形变,然后迅速淬火的过程(1分)。

69. 答:灰铸铁有优良的切削加工性能(1分)、铸造性能和吸振性能(1分),减磨性好,抗压强度高(1分)。缺点是塑性差,韧性很低(1分),无可锻性,可焊性差(1分)。

70. 答:维氏硬度是以金刚石正四棱锥体为压头(1分),在一定负荷作用下,压入被测试表面(1分),保持规定的时间后卸荷(1分),测量所得压痕的两对角线长度,取其平均值(1分),然后查表或代入公式计算求得硬度值(1分)。

六、综合题

1. 答:对热处理过程中必须重点控制的质量特性和薄弱环节,应设立质量管理点(2分)。管理点既可是产品的质量特性,又可是辅助材料的质量特性(2分)。确定了质量管理点后,应成立由技术人员、操作工人、检验人员及有关人员组成的质量管理小组,然后找出影响此质量特性的诸因素(2分)。在此基础上制定缺陷对策表、作业指导书、检验指导书,操作人员和操作工作严格按作业指导书和检验书操作(2分)。质量管理小组人员定期对特性曲线进行分析、讨论,不断完善管理,直至特性曲线稳定在应控制的范围内(2分)。

2. 答:室温时的组织为珠光体和二次渗碳体;正常加热到 700 ℃时,组织没有发生变化,加热到 A₁线温度即 727 ℃时,珠光体向奥氏体转变,因此正常加热到 770 ℃时,组织应为奥氏体和二次渗碳体(5分);继续加热到 ES 线上的 2 点(约 880 ℃)时二次渗碳体全部溶入奥氏体,故加热到 880 ℃时,组织应为单一的奥氏体(5分)。

3. 答:硬度是衡量金属材料软硬程度的一个重要指标。在工厂的生产实践中,零件热处理后的质量,通常都是首先经硬度试验的方法来确定的。这是因为,硬度试验的方法具有如下优点:(1)硬度与其他机械性能指标存在着一定的关系(2.5分)。(2)测定硬度时,不必破坏被检零件,只需在其局部表面上留一轻微的压痕,因而对生产零件可做 100% 的硬度检查(2.5分)。(3)硬度检验比其他机械性能试验方法简单的多,而且不需制作特殊的专用试棒,试验效率高(2.5分)。(4)对极薄的金属层或较小的金属体均可做硬度试验(2.5分)。

4. 答:(1)预热 ZGMn13 钢由于其导热性差,加热时应缓慢,特别是 700 ℃以下时,应控制在 <70 ℃/h 为好。因此,在箱式电阻炉或井式炉第一次预热温度为 600 ℃,保温时间采用 2 min/mm.之后转入中温盐浴炉第二次预热 800 ℃,保温时间采用 30~50 s/mm(3分)。

(2)加热要在高温盐浴炉中进行,加热温度应能保证所有的碳化物溶入奥氏体中,过高则晶粒长大,屈服强度降低过低韧性较差。温度一般为 1 050~1 100 ℃。由于高温加热需注意氧化与脱碳(4分)。

(3)冷却水韧处理的冷却速度要越快越好,一般用流动清水,水温不得超过 20 ℃。入水前的工件温度不应低于 950 ℃,以免碳化物重新析出。水韧处理后一般不回火,也不宜在 250 ℃

以上的环境中使用(3分)。

5. 答:(1)起始晶粒度指刚转变成奥氏体时的晶粒度。本质晶粒度指在规定加热条件下所测得的奥氏体晶粒度(2.5分)。

(2)过冷奥氏体指暂时存在于 A_1 线以下,处于不稳定状态的奥氏体。过冷到 M_f 温度以下仍未发生马氏体转变的奥氏体称残余奥氏体(2.5分)。

(3)A_1:在平衡状态下共析转变的温度。Ac_1:钢加热时,开始形成奥氏体的温度(2.5分)。

(4)将奥氏体自高温连续冷却到室温称为连续冷却。将奥氏体迅速冷却到临界点以下某一温度进行保温,然后再冷却到室温称为等温冷却(2.5分)。

6. 答:耐磨钢常用的钢号是 ZGMn13(5分)。当受到强烈的冲击、强大的压力和剧烈的摩擦时,表面因塑性变形会产生强烈的加工硬化,使表面硬高提高到 50HRC 以上,从而获得高的耐磨性(5分)。

7. 答:含碳量较高的碳素工具钢,其塑、韧性较差,强度也有所下降。凡是受冲击工具宜选用 T7~T8 钢;高耐磨、锋利的工具可选 T13~T14 钢;一般硬而耐磨的可选用 T10~T12 钢(10分)。

8. 答:铬是决定不锈钢抗腐蚀性能的主要元素。铬能使不锈钢在氧化介质中产生钝化现象,即在表面形成一层很薄的膜(约 10 nm),在这层膜内富集了铬,钢中含铬量越高,抗腐蚀性能越强(5分)。这是因为:(1)当铬质量分数超过 12.5% 时,即可使纯铁成为单一的铁素体组织(2.5分)。(2)铬能有效地提高电极电位,使原来纯铁的电极电位由负变正,腐蚀显著减弱(2.5分)。

9. 答:欲使 ZGMn13 钢发挥高耐磨性必须有两个保证条件。(1)经过正确的水韧处理(2.5分)。(2)选择正确的使用条件—高接触应力或冲击应力作用(2.5分)。ZGMn13 钢经水韧处理后,可获得单一的奥氏体组织。这种组织在受力产生塑性变形时将发生强烈的加工硬化现象,并且在冲击力或高接触应力作用下,表面很薄的一层发生马氏体转变,区在滑移面上有 ε 相析出,从而使表面层高度耐磨,而心部仍然保持奥氏作组织,具有良好的韧性(8分)。

10. 答:生产中常用细化晶粒的方法有三种:增加过冷度、变质处理、附加振动。因为细晶粒金属的力学性能好(10分)。

11. 答(1)用于描述原子在晶体中排列方式的空间格架称为晶格。能完整反映晶格特征的最小几何单元称为晶胞(4分)。

(2)外形不规则而内部晶格排列方向一致的小晶体称为晶粒。晶粒与晶粒之间的分界面称为晶界(3分)。

(3)所有晶胞都按相同方向排列的晶体称为单晶体。由许多结晶方位不同的小晶体集合而成的晶体称为多晶体(3分)。

12. 答:奥氏体形成速度主要受以下因素影响:

(1)原始组织。珠光体中铁素体与渗碳体的片间距越小,相界面越多,形核率增加,成长速度快。细片状珠光体比粗片状珠光体转变速度快,片状珠光体比球状体转变速度快(3分)。

(2)化学成分。钢的含碳量越高,渗碳体量越多,相界面越多,奥氏体形成速度快。钢中加入提高临界温度的合金元素,延长了奥氏体均匀化过程,合金钢转变速度要低于碳素钢(4分)。

(3)加热条件。加热温度高,形核率增加,奥氏体形核速度及成长速度快,所需转变的时间短,奥氏体形成长大速度也快(3分)。

13. 答:粒状珠光体是通过片状珠光体的球状化而获得的。在渗碳体片上,由于有位错而存在亚晶界,亚晶界处是一曲率半径的凹坑,凹坑处的碳浓度比平面处高,因而以渗碳体的形式向附近的平面处扩散堆积(5分)。凹坑处的不断溶解,平面处的不断堆积增厚,直至凹坑处断开,断开后渗碳体尖角处因碳浓度高而溶解,这样,便形成了球状碳化物(5分)。

14. 答:因为贝氏体中铁素体的尺寸小,碳化物以弥散状态析出,起"钉扎"作用且位错密度高而增加变形抗力而且具有相变强化作用,另外,铁素体中的碳仍处于过饱和状态而具有固溶强化的作用,因此贝氏体具有高强度(10分)。

15. 答:箱式电阻加热炉分中温与高温两种,中温电阻加热炉一般采用金属电阻丝或电阻带作为发热元件,最高工作温度为 950 ℃(5分)。高温箱式电阻炉则采用金属电阻丝、电阻带或碳化棒作为发热元件,最高加热温度可达 1 200 ℃或 1 350 ℃,其主要构造为炉壳、炉门、炉衬、启门机构、电热体、绝热填料、炉底板和热电偶等(5分)。

16. 答:盐浴炉是利用中性盐作为加热介质,具有以下优点:加热速度快;制造容易;工件在盐浴中加热,氧化脱碳少;温度范围宽,可从 150～1 300 ℃范围内使用;可以进行局部加热(10分)。

17. 答:埋入式电极盐浴炉的优点:(1)炉温均匀,加热质量好(2.5分)。(2)炉膛容积有效利用率高、产量大,耗电少(2.5分)。(3)电极寿命长(2.5分)。(4)操作方便(2.5分)。

18. 答:生产中常根据工件的有效厚度来确定加热时间、其经验公式如下

$$t = dKD(5分)$$

式中　　t——淬火加热时间(min);

　　　　d——加热系数(min/mm);

　　　　D——工件有效厚度(mm);

　　　　K——排料系数。(5分)

19. 答:金属在固态下,随着温度的变化由一种晶格转变为另一种晶格的现象称为同素异构转变。

特点:(1)有固定的转变温度(2.5分)。(2)在固态下进行(2.5分)。(3)遵循液体金属结晶的规律(2.5分)。(4)由于晶格的改变,转变时伴随体积的变化(2.5分)。

20. 答:刀具在切削时刀刃受到磨损,其余部分受摩擦磨损,当高速切削时刀头发热严重,甚至局部将金属熔化而成为刀瘤粘结于切削刃上,脱落时则呈崩刃(3分)。此外机床的精度,床身的震动经刀具一定的冲击力,因此,刀具的失效形式主要是磨损、崩刃及拆断(3分)。为此刀具要求有高的硬度,要耐磨,淬透性好,变形小,热硬性高,抗粘合性好以及有足够的强度,韧性及好的磨削性能等(4分)。

21. 答:金属材料在外力作用下产生塑性变形而不破裂的能力称为塑性(3分)。塑性好的材料,便于通过塑性变形(3分)。加工成复杂形状的零件;可以通过塑性变形强化材料;在受力过大时不致突然断裂(4分)。

22. 答:金属材料对某些加工工艺的适应性称为工艺性能。它包括铸造性能、锻压性能、焊接性能、热处理性能、切削加工性能等(10分)。

23. 答:(1)耐蚀性指室温下抵抗氧、水蒸气及化学介质腐蚀破坏作用的能力;抗氧化性能指加热时抵抗氧气氧化的能力(2分)。

(2)内力指材料内部产生的抵抗外力的力;应力指单位面积上所承受的内力大小(2分)。

(3)弹性变形:卸除载荷后,变形消失。塑性变形:不能随载荷去除而消失的变形,又称永久变形(2分)。

(4)疲劳强度:在无数次交变载荷作用下而不致断裂的最大应力。抗拉强度:在静载荷作用下,材料拉断前所能承受的最大应力(2分)。

(5)铸造性能:金属材料能否用铸造方法制成优良铸件的性能。锻压性能:金属材料在压力加工过程中能获得优良锻压件的性能(2分)。

24.答:(1)产生渗氮层硬度低的原因主要是:渗氮过程中渗氮温度偏高;氨分解率偏高或中断氨气供给的时间太长;使用新的渗氮罐或渗氮罐久用未退氮,从而影响了氨分解率;不合理的装炉造成气流不均匀。使部分零件渗氮不良;零件调质后心部硬度太低等(5分)。

(2)针对以上原因,可采用相应的措施来预防。如合理确定和控制渗氮工艺温度,加强对氨分解率的测定与控制,在使用新渗氮罐时适当加大氨气流量,渗氮罐使用10炉左右应进行一次退氮处理,预先热处理时适当降低调质回火温度,以提高零件心部硬度。除了因渗氮温度偏高及调质后心部硬度太低外,其他原因均可以通过补充渗氮来补救(5分)。

25.答:(1)安装地点应干燥、无腐蚀性气体、无强磁场,环境温度应在0~50 ℃范围内(2分)。

(2)配热电偶必须使用补偿导线,分度号应和电子电位差计、热电偶一致(2分)。

(3)仪表应有良好的接地。(2分)

(4)应定期检查仪表的运行状态,清洗滑电阻及注油(2分)。

(5)定期更换记录纸、加注记录水(2分)。

26.答:将高温计对准被测物体,移动目镜和物镜使光亮灯的灯丝和被测物体清晰可见,比较两者的亮度,然后调节滑丝电阻,改变灯丝电路的电流,从而改变灯丝的亮度,使其与被测物体亮度相同,这时毫伏计反映的温度就是被测物体的温度(10分)。

27.洛氏硬度试验是用一定角度的金刚石圆锥(或淬火钢球),在一定载荷下压入材料表面,然后根据压痕深度定出硬度值。压痕越深则材料越软,反之则硬。洛氏硬度共有十五种标尺,最常用的是HRA、HRB、HRC三种(10分)。

28.答:取样时应注意如下问题:(1)位置选取:截取金相试样的位置应能代表工件的状态、缺陷的部位、热处理工艺。对大型、关键工件要事先留好取样部位,随工件加工工艺的进展到达某一工序后取样检验(3.5分)。

(2)事前准备:切取前先把工件外形外貌用画图,最好用宏观照相方法记录下来(3分)。

(3)切割:分析质量的样品应从正常部位及缺陷部位分别截取,用来比较。一般可用金相砂轮切割机,操作时要在2~3 mm厚的砂轮片与试样切口处喷水,以防切口附近因受热而使组织发生变化。对于淬火后的工件,最好使用线切割机(3.5分)。

29.答:(1)布氏硬度的优点:其硬度值代表性全面,数据稳定,测量精度较高。由于压痕面积较大,能反映金属表面较大范围内各组成相综合平均的性能数值,特别适用于测定灰铸铁、轴承合金等具有粗大晶粒或粗大组成相的金属材料(5分)。

(2)缺点:操作时间较长,对不同材料要更换压头及载荷,压痕测量也较费时间。对硬度450 HB以上或650 HBW以上的材料不能测量。由于压痕大,成品检验和薄件检验有困难。布氏硬度通常用于测定铸铁、非铁金属、低合金结构钢等原材料及结构钢调质件的硬度(5分)。

30. 答:过共析碳素钢的淬火冷却起始温度位于 $A_1 \sim Ac_m$ 间温度区内,所形成的组织为奥氏体加未溶渗碳体,故加热后奥氏体的含碳量总是低于钢的含碳量,两者不相等(6分)。加热温度越高,奥氏体中溶渗碳体越多(4分)。

31. 答:理想的淬火介质应具有 M_s 点以上温度区冷却速度快,M_s 点以下温度区冷速缓慢的冷却特性。在 M_s 点以上温度区快冷,工件表层处于受压状态,可有效防止淬火裂纹产生,并能抑制珠光体或贝氏体转变进行(5分)。在 M_s 点以下温度区缓冷,可使马氏体转变引起的体积膨胀缓慢进行,有利于防止因巨大的组织应力而造成工件变形和开裂(5分)。

32. 答:球墨铸铁可以看作是一种特殊的灰口铸铁,它通过在液态灰口铸铁中加入一种墨化剂和球化剂,使片状游离石墨变成球状石墨铸铁。它的性能和特点是:(1)强度高,韧性好,接近钢的性能(2分);(2)成本较钢低的多(2分);(3)耐磨性、吸震性、抗氧化性都比钢好(2分);(4)铸造性能比铸钢好(2分);(5)和钢一样,通过各种热处理可进一步改善和提高机械性能(2分)。

33. 答:一般地说,低碳钢适合正火;中碳钢在大多数场合下也采用正火,特殊情况下用退火;高碳钢适合球化退火;中碳以上的合金钢则多采用退火(5分)。工件形状要求变形小,硬度偏低时,采用退火工艺较好。从生产周期短和节能方面考虑,在充分考虑工件形状和尺寸的情况下,采用正火可以得到较高的硬度和强度(5分)。

34. 答:随含碳量的增加,钢的硬度和强度增加,而塑性相应降低。当钢中含碳量大于0.9%时,钢的强度随含碳量的增加而下降(10分)。

35. 答:热锻模有以下性能要求:

(1)模具面硬度要求一般为 HRC35～45(2.5分)。

(2)具有良好的冲击韧性(2.5分)。

(3)具有好的淬透性、导热性(2.5分)。

(4)有良好的耐热疲劳性及抗氧化性(2.5分)。

金属热处理工(中级工)习题

一、填 空 题

1.《机械识图》是研究在平面上用(　　　)表达物体,由平面图形想象物体空间形状的一门学问。

2. 有一零件图样,图上的 1 mm 代表实物上的 2 mm,其采用的比例是(　　　)。

3. 金属材料在外力作用下显现出来的性能称为力学性能,主要包括强度、塑性、硬度、(　　　)和弹性。

4. 金属材料表现在物理范畴内的性质,主要有密度、熔点、膨胀性、(　　　)、导电性、磁性等。

5. 按用途可将结构用钢分为弹簧钢、电工钢、不锈耐酸钢、特殊钢、和(　　　)。

6. 工具钢按用途可分为刃具钢、量具钢和(　　　)三种。

7. 调质钢应有足够的(　　　),工件淬火后,其表面和中心的组织和性能均匀一致。

8. 淬透性是每种钢的(　　　)。

9. 热传递的基本方式有传导、对流和(　　　)。

10. 低温井式电阻炉的最高使用温度为(　　　)。

11. 加热设备分为加热炉及(　　　)两大类。

12. 热处理过程中常用的冷却方法有空冷、水冷、(　　　)和深冷处理等。

13. 球墨铸铁回火按温度分为低温回火、(　　　)回火和高温回火三种。

14. 按(　　　)不同回火可分为三种:低温回火、中温回火、高温回火。

15. 退火按加热温度不同,可分为以下几种不同的方法:扩散退火、完全退火、(　　　)退火、等温退火、再结晶、去应力退火。

16. 常见齿轮失效形式有齿面的点蚀、齿面磨损、(　　　)、塑性变形、轮齿折断。

17. 轴类零件在进行感应淬火之前一般都要经过(　　　)处理。

18. 以水作为冷却介质其冷却过程大致分为(　　　)、沸腾阶段和对流阶段。

19. 碱浴的传热方式是依靠周围介质的(　　　)将工件的热量带走。

20. 水作为淬火介质其温度越高,则其冷却能力越(　　　)。

21. 热电偶是根据(　　　)效应来测温度的。

22. 对加工精度要求高的零件尺寸要用(　　　)来测量。

23. (　　　)是检验结合面之间间隙大小的片状量规。

24. 部分电路欧姆定律的表达式(　　　)。

25. 全电路欧姆定律的表达式(　　　)。

26. 部分电路是指只有负载和导线,不含(　　　)。

27. 轴的标注尺寸 $\phi 112.68^{+0.015}_{-0.010}$,其最大尺寸为(　　　)。

28. 在工艺条件允许时,机加工应尽量选用(　　)作为冷却液,以减少环境污染。

29. 班组技术管理的主要内容是工艺管理和(　　)。

30. 工艺管理的主要内容是树立良好的职业道德、(　　)和严格按工艺规程进行生产操作。

31. 在热处理过程中,装炉、出炉时工件要(　　),以免撞伤、烫伤。

32. 在清理电动机械设备时必须关掉电源,以免(　　)。

33. 电气设备灰色外壳表示(　　)。

34. 箱式电阻炉主要靠电热元件的辐射传热来加热工件,这种炉子适用于(　　)小批量工件的热处理。

35. 回火炉的区别于加热炉的一个明显的结构特征是炉内有(　　)。

36. 看主视图,可以看到物体的长和高两个方向的大小尺寸,但看不出(　　)方向的尺寸。

37. 看俯视图,可以看到物体的长和宽两个方向的大小尺寸,但看不到(　　)方向的尺寸。

38. 看左视图,可以看到物体高和宽两个方向的大小尺寸,但看不到(　　)方向的尺寸。

39. 金属材料抵抗局部变形,特别是塑性变形、压痕或划痕的能力称为(　　)。

40. 在标注感应淬火技术要求时,要标注表面硬度和(　　)。

41. 零件图上标注氮化技术要求时,要求标注表面硬度、硬化层深度和(　　)。

42. 允许尺寸的变动量叫作尺寸的(　　)。

43. 切削用量的三个基本要素是切削深度、进给量、(　　)。

44. 开发利用自然资源,必须采取措施保护(　　)。

45. 从业人员发现直接危及人身安全的紧急情况时,有权(　　)或者在采取可能的应急措施后撤离作业场所。

46. W18Cr4V 是(　　)钢的一个牌号。

47. ZGMn13 是一种(　　)型钢。

48. 1Cr18Ni9 为(　　)不锈钢。

49. 不锈钢的导热性比碳钢(　　)。

50. 合金钢的导热性比铁(　　)。

51. 镍基合金的导热性比合金钢(　　)。

52. ZGMn13 是一种奥氏体型钢,其硬度虽然较低,但却具有高的(　　)性。

53. W18Cr4V 主要用来制造(　　)和工具。

54. 工具钢按用途可分为刃具钢、量具钢和(　　)三种。

55. 量具的热处理要保证获得高的硬度和(　　)。

56. 量具热处理后钢的组织要尽可能(　　)。

57. 典型的渗氮钢是(　　)。

58. 铸铁具有优良的铸造性、耐磨性、消震性和良好的(　　)性。

59. 铸铁的牌号是由表示铸铁特征的汉语拼音作为规定代号的,阿拉伯数字的第一组数字表示抗拉强度值,第二组数字表示(　　)值。

60. HT150 是(　　)铸铁的牌号,150 是表示抗拉强度值。

61. 铸铁按基体组织和石墨的存在形态分为白口铸铁、灰口铸铁、球墨铸铁、蠕墨铸铁和（　　）。

62. 黄铜是铜和（　　）组成的合金。

63. 黄铜分为普通黄铜和（　　）黄铜两大类。

64. Ac_m 临界点是指铁碳合金缓慢加热或冷却时渗碳体开始溶解于奥氏体中或开始从奥氏体中析出（　　）的相变温度。

65. 热处理炉一般属非标准设备,炉子的容积和（　　）视具体情况而定。

66. 过冷奥氏体等温转变图,综合反映了过冷奥氏体在不同过冷度下等温转变过程,由于等温转变曲线通常呈"（　　）"形状,学名 TTT 曲线。

67. 钢中除钴以外的合金元素使 C 曲线（　　）移。

68. 共析钢的珠光体转变区为 A_1～550 ℃,马氏体转变区为 225～80 ℃,贝氏体转变区为（　　）℃。

69. 建立相图时,测定理论相变温度最常用的方法是（　　）。

70. 杠杆定律用于研究（　　）状态下合金中相的组成和百分含量。

71. 感应加热时,感应电流几乎全部集中分布在工件的表层,因此只会使工件（　　）受到加热。

72. 青铜是（　　）合金,目前把含铝、硅、铍、锰和铅的铜基合金也称为青铜。

73. 盐浴炉的抽气装置是为了防止（　　）。

74. 钢中加入硅后,其屈服强度和（　　）能获得显著提高。

75. 钢淬火时为使其进行马氏体转变所需要的最小冷却速度称为（　　）。

76. 共析钢的珠光体转变区为（　　）℃。

77. 高速钢球化退火后的组织为（　　）＋粒状碳化物。

78. 等温淬火可以使工件获得的组织为（　　）。

79. 珠光体转变温度越低,所形成的珠光体晶粒越（　　）。

80. 立体形状为板条状的马氏体,显微镜下观察能看到边缘不规则的块状,故亦称为（　　）。

81. 马氏体的某一个晶体（片）在显微镜下观察呈一定角度的截面,呈针状,故亦称（　　）。

82. 在贝氏体转变温度区的下半部由过冷奥氏体转变而成的贝氏体,其结构为过饱和的 α-Fe 固溶体与 ε 碳化物构成的机械混合物称为（　　）。

83. 在光学金相显微镜下看到的（　　）呈羽毛状。

84. 工件在水中淬火冷却的过程中,会依次出现蒸汽膜、沸腾和（　　）阶段。

85. 感应加热淬火的冷却方式有喷射冷却、浸液冷却和（　　）。

86. 常用的淬火介质有清水、盐水、油、盐浴和（　　）。

87. 合金经过加热和冷却热处理后,可使其具有不同的性能,在这样的热处理中起决定性作用的因素是加热温度、保温时间和（　　）。

88. 等温球化退火工艺是在（　　）加热后,炉冷至略低于 Ar1 温度等温,然后炉冷至约 500 ℃出炉空冷。

89. 循环加热球化退火工艺,是以 A_1 点为界,在其上下（　　）℃间循环加热和冷却 2～3

次,然后炉冷至 500 ℃左右出炉空冷。

90. 常用的球化退火工艺有普通球化退火、周期球化退火和(　　)。

91. 一般正火温度为 Ac_3＋(30～50) ℃或(　　),冷却方式为空冷。

92. 等温淬火可以使工件获得良好的(　　),并具有较高的硬度和强度,组织为贝氏体。

93. 钢件淬硬后,再加热到 Ac_1 点以下某一温度,保温一定时间,然后冷却到室温的热处理工艺称为(　　)。

94. 元素铬之所以所能显著提高钢的淬透性,原因在于(　　),淬火加热时几乎可全部溶入奥氏体中。

95. 钢在正常淬火条件下所能达到的最高硬度,称为(　　)。

96. 钢的淬火硬度取决于淬火加热时固溶于奥氏体中的(　　)。

97. 钢件淬火冷却到室温后,继续在 0 ℃以下的介质中冷却的热处理工艺,称为(　　)。

98. 重大危险源的控制途径是建立职业安全健康目标和管理方案、运行(　　)、应急准备与响应程序。

99. 调质钢的淬火加热温度为(　　)＋(30～50) ℃。

100. 高速钢在淬火加热时,要经两次预热,淬火温度大多在(　　) ℃以上。

101. 真空炉是依靠(　　)传热加热工件的。

102. 真空热处理炉适合作为(　　)钢种的加热设备,这类钢经真空热处理后常表现出较高的强度和优良的耐磨性。

103. 就加热方式而言,气体炉为间接加热,盐浴炉为(　　)加热。

104. 低温井式炉的传热方式以(　　)为主,主要用于钢件的回火加热。

105. 工件自表面向心部加热和冷却是通过传导传热方式进行的,热量在工件内传递的速度用(　　)衡量。

106. 耐火材料的稳定性包括热稳定性、体积稳定性、(　　)性。

107. 热处理炉常用耐火砖有黏土砖、(　　)、刚玉砖,高氧化铝制品,碳化砖,抗渗碳砖等几种,用的最多的是黏土砖。

108. 灰铸铁牌号"HT250"中的数字是表示最小(　　)强度的最低要求值。

109. (　　)硬度值大约是洛氏硬度 HRC 硬度值的 9～10 倍。

110. 按工艺方法分类时,化学热处理可分为液体法、气体法和(　　)。

111. 化学热处理的目的是提高表面硬度、耐磨性、(　　)、等力学性能以及耐蚀性。

112. 较高温度下的气体碳氮共渗以(　　)为主,温度较低时以渗氮为主。

113. 在一定温度下同时将碳、氮渗入工件表层奥氏体中并以渗碳为主的化学热处理工艺称为(　　)。

114. 热处理辅助设备有清理设备、(　　)、校正设备,起重运输设备。

115. 黑色金属氧化膜制取方法主要有碱性氧化法、无碱氧化法和(　　)。

116. (　　)试验适用于正火、退火或调质处理的大件以及原材料的现场硬度检验。

117. 金相试样制备常用的镶嵌方法有机械夹持法、(　　)、冷镶嵌。

118. 珠光体中渗碳体以(　　)分布于铁素体基体上。

119. 将固态金属或合金采用适当的方式进行加热、保温和(　　),以获得所需要的组织结构与性能的工艺称之为热处理。

120. 工件表面有氧化皮时，淬火后会出现软点，有脱碳层时容易产生（　　）。

121. 淬火裂纹一般不会在冷速缓慢或很快时产生，而采用（　　）的冷却反倒容易产生裂纹。

122. 淬火态工件韧性差的原因，主要是在于内部存在（　　）。

123. 淬火裂纹是否发生取决于淬火冷却时热应力和组织应力相加后，在工件某一位置是形成拉应力还是压应力，如形成（　　）则可能在该位置发生裂纹。

124. 炉温自动控制方式大体分为位式控制和（　　）控制两类。

125. 建立劳动关系，应当订立（　　）。

126. 劳动者拒绝用人单位管理人员违章指挥、（　　），不视为违反劳动合同。

127. 安全生产管理，坚持安全第一、（　　）的方针。

128. 职业病危害因素包括：职业活动中存在的各种有害的（　　）、物理、生物因素以及在作业过程中产生的其他职业有害因素。

129. 铸锭中存在的缺陷主要有缩孔、气孔和（　　）三种。

130. 断后伸长率与断面收缩率表示断裂前金属（　　）的能力。

131. 在交变载荷作用下机器零件的断裂称为（　　）。

132. 除了感应圈的形状要与工件的形状相仿外，感应圈与工件之间的（　　）也是影响加热质量的一个重要因素。

133. 在热处理生产过程中，通常会使用同一个夹具进行工件的淬火加热和淬火冷却，因此在考虑工件的装夹方式时，应兼顾（　　）均匀和冷却均匀这两个方面的要求。

134. 感应器是将电流转化为磁场对工件进行（　　）的能量转换器。

135. （　　）鉴别法就是运用钢材在磨削过程中所出现火花（或火束）的爆裂形状、流线、色泽、发火点等特征来区别钢铁材料化学成分差异的一种方法。

136. 曲轴最终热处理的目的是（　　）和轴颈耐磨性，达到产品设计要求。

137. 螺纹的（　　）会导致螺栓在未达到力学性能要求的拉力时先发生脱丝，使螺纹紧固件失效。

138. 磷化处理是通过化学与电化学反应，形成（　　）化学转化膜的过程。

139. 将感应加热好的工件迅速冷却，但不过冷，利用心部余热对淬火表面"自行"加热，达到回火目的，此种回火方法称为（　　）。

140. 对于要求心部有一定强度和冲击韧度的重要渗氮工件，在渗氮前应进行（　　）工艺。

141. 在对于畸变工件进行校正后，必须应用（　　）消除其校正应力。

142. 对于受力复杂、截面尺寸较大、综合力学性能要求高的球墨铸铁件，一般应采用（　　）来满足性能要求。

143. 为消除灰铸铁中含量较高的自由渗碳体，以便切削加工，可采用（　　）。

144. 氨气对呼吸系统和眼睛有强烈的刺激，容易引起灼伤、肺炎、眼睛失明等上海，接触后应立即用（　　），再送医院治疗。

145. 废气、（　　）、废渣等热处理生产过程中产生的"三废"，它们的综合利用、净化回收及无害化处理是环境保护的重大技术措施。

146. 某种钢内 $\omega_{Cr}=13\%\sim19\%$，$\omega_C=0.1\%\sim0.45\%$，则该刚称为（　　）不锈钢。

147. 因为炉壳在靠近炉口处温度较（　　），所以箱式电阻炉的炉门框常用铸铁或铸钢铸钢制成，以防止因变形而影响炉子的密封性。

148. 热处理厂房的生产面积应占总面积的 70% 以上。生产面积包括有（　　）、辅助设备、附属设备、工卡具库和通道等面积总和。

149. 齿轮的主要参数有压力角 α，齿数 Z 和（　　）。

150. 正常的渗氮件出炉后表面颜色应呈（　　）。

151. 渗氮就是在一定温度下使（　　）渗入至工件表面，从而提高其硬度、耐磨性和疲劳强度的一种化学热处理方法。

152. 高频感应加热的常用频率为（　　）kHz。

153. 中频感应加热的常用频率为（　　）kHz。

154. 工频感应加热的使用频率为（　　）Hz。

155. 钢件感应淬火后的表面硬度比普通淬火（　　），这是钢感应淬火的特点，有时称之为超硬现象。

156. 热处理质量检验内容主要有外观检验、硬度检验、变形与开裂检验、金相组织检验、化学成分检验（　　）等。

157. 测量电流时，应把电流表（　　）联在电路中。

158. 测量电压时，电压表应与负载（　　）联。

159. 工件淬火时，（　　）使工件沿着大尺寸方向收缩，沿着小尺寸方向伸长。

160. 热处理（　　）规程内容包括：明确规定质量检验的项目、内容、方法及要求。

161. 金属的（　　）强度用蠕变极限和持久极限来表示。

162. 断裂韧性是表示材料中有一定长度的裂纹时，材料对（　　）的抗力。

163. 因为奥氏体的（　　）、屈服强度低，所以锻造时要加热至奥氏体化温度区间。

164. 感应器是将高频电流所供应的（　　）输至工件表面上的器具。

165. 感应加热中交流电的频率越高，则集肤效应就越（　　）。

166. 工件随着回火温度的提高，回火后的硬度（　　）。

167. 回火加热时，不同材料但具有相同加热温度和加热速度的工件（　　）装入同一炉中加热。

168. 氮气作为热处理用气体，在（　　）℃下是稳定的，属于中性气体。

169. 金属在加热或冷却过程中，发生相变的温度称为（　　）。

170. 从业人员在作业过程中，应当严格遵守本单位的安全生产规章制度和操作规程，服从管理，正确佩戴和使用（　　）。

171. 由于大型铸件常常有枝晶偏析出现，所以其预备热处理应采用（　　）。

172. 经抛光后金属试样中的（　　）只有在侵蚀的状态下，才能够在显微镜下被鉴别出来。

173. 通常把（　　）以下的低压叫安全电压。

174. 安全生产监督检查人员应当忠于职守，坚持原则，（　　）。

175. 机械图中用（　　）表示可见轮廓线。

二、单项选择题

1. 钢铁的理化检验项目中,不属于性能检测的是(　　)。
(A)抗拉强度　　　　(B)金相组织　　　　(C)表面硬度　　　　(D)延伸率

2. 有一台热处理炉的型号是 RYD－20－13,最高工作温度为(　　),额定功率为 20 kW。
(A)200 ℃　　　　(B)130 ℃　　　　(C)2 000 ℃　　　　(D)1 350 ℃

3. 毫伏计是测量(　　)的一种磁电式仪表。
(A)热电势　　　　(B)热电压　　　　(C)热电流　　　　(D)热电阻

4. 辐射高温计是(　　)式测温仪表。
(A)接触　　　　(B)非接触　　　　(C)电流　　　　(D)电压

5. 人体的安全电压为 36 V,绝对安全电压为(　　)。
(A)16 V　　　　(B)14 V　　　　(C)12 V　　　　(D)10 V

6. 直线与投影面倾斜,这时直线的投影比直线短,直线与投影面垂直,这时直线的投影面是(　　)。
(A)点　　　　(B)线　　　　(C)面　　　　(D)体

7. 铸铁的牌号是由表示铸铁特征的汉语拼音作为规定代号的,阿拉伯数字的第一组数字表示抗拉强度值,第二组数字表示(　　)值。
(A)延伸率　　　　(B)伸长率　　　　(C)屈服强度　　　　(D)硬度

8. 铁碳二元合金发生共析转变的温度为 727 ℃,叫做(　　)临界点。
(A)A_1　　　　(B)A_2　　　　(C)A_3　　　　(D)Ac_m

9. 弹簧通常采用中温回火,以获得(　　)组织。
(A)马氏体　　　　(B)贝氏体　　　　(C)回火索氏体　　　　(D)回火托氏体

10. 铁材料的抗拉强度(MPa)约等于布氏硬度值的(　　)。
(A)1 倍　　　　(B)2 倍　　　　(C)3 倍　　　　(D)4 倍

11. 较高温度下的气体碳氮共渗以渗碳为主,温度较低时以(　　)为主。
(A)渗碳　　　　(B)渗氮　　　　(C)同时　　　　(D)加热

12. 淬火裂纹是指在淬火过程中或淬火后的室温放置过程中产生的裂纹,后者又叫(　　)裂纹。
(A)时效　　　　(B)淬火　　　　(C)正火　　　　(D)退火

13. 下列不是影响淬火变形的是(　　)。
(A)热应力　　　　(B)组织应力　　　　(C)淬火应力　　　　(D)工件重量

14. 退火亚共析碳钢的金相组织照片上,先共析铁素体和珠光体的面积之比为 4∶1,这种钢的钢号是(　　)。
(A)15 钢　　　　(B)20 钢　　　　(C)45 钢　　　　(D)50 钢

15. 计算 T10 在平衡状态下室温组织中,先共析渗碳体占(　　)。
(A)92.7%　　　　(B)7.3%　　　　(C)10.8%　　　　(D)89.2%

16. 与钢相比,不属于铸铁热处理特点的是(　　)。
(A)奥氏体化温度高

(B)加热时间长

(C)热处理能改变基体组织的含碳量,不能改变石墨的形状和分布

(D)升温速度快

17. 淬透性是每种钢的( )。

(A)加热特性　　　　(B)冷却特性　　　　(C)固有属性　　　　(D)都一样

18. 在机械零件图公差标注 50H7,其中 H7 表示的是孔的( )。

(A)半径　　　　　　(B)直径　　　　　　(C)公差带　　　　　(D)深度

19. 疲劳强度是指金属在( )的作用下,在规定的周期内不发生疲劳破坏时所承受的最大应力。

(A)热应力　　　　　(B)拉应力　　　　　(C)压应力　　　　　(D)交变应力

20. 正火后硬度偏高的工件可在合理工艺下( )。

(A)重新时效　　　　(B)重新淬火　　　　(C)重新正火　　　　(D)重新退火

21. 工件表面的微观几何形状误差称为( )。

(A)形位公差　　　　(B)表面公差　　　　(C)表面误差　　　　(D)表面粗糙度

22. 齿顶圆和齿顶线用( )绘制。

(A)粗实线　　　　　(B)细实线　　　　　(C)点划线　　　　　(D)虚线

23. 碳溶于 α-Fe(铁的体心立方晶格)中的间隙固溶体称为( )。

(A)铁素体　　　　　(B)奥氏体　　　　　(C)珠光体　　　　　(D)渗碳体

24. Q345 是我国目前最常用的一种( )结构钢。

(A)高合金　　　　　(B)中合金　　　　　(C)低合金　　　　　(D)碳素

25. 工业用的金属材料可分为( )两大类。

(A)黑色金属和有色金属　　　　　　　　　(B)铁和铁合金

(C)钢和铸铁　　　　　　　　　　　　　　(D)纯金属和合金

26. 钢淬火后所形成的残余应力( )。

(A)使表层处于受压状态热　　　　　　　　(B)随钢种和冷却方法而变

(C)为表面拉应力　　　　　　　　　　　　(D)使表层处于受拉状态

27. 为防止返工感应淬火件裂纹,两次淬火之间应进行( )处理。

(A)时效　　　　　　(B)低温回火　　　　(C)再结晶退火　　　(D)高温回火

28. 选择合适的淬火介质也很重要,只要能满足工艺要求,淬火介质的( )越好。

(A)冷却能力越小　　(B)冷却能力越大　　(C)温度越低　　　　(D)温度越高

29. 电极烧损增加了盐浴中的氧化物,需经常( )。

(A)焚烧　　　　　　(B)捞渣　　　　　　(C)腐蚀　　　　　　(D)溶解

30. 淬火油一般采用 10 号、20 号、30 号机油,油的号数愈高,则( )。

(A)黏度愈大,冷却能力愈高　　　　　　　(B)黏度愈大,冷却能力愈低

(C)黏度愈小,冷却能力愈高　　　　　　　(D)黏度愈小,冷却能力愈低

31. 生产中所说的水淬油冷属于( )。

(A)双液淬火　　　　(B)分级淬火　　　　(C)延时淬火　　　　(D)局部淬火

32. 工厂中习惯将淬火加高温回火称为( )。

(A)调质处理　　　　(B)正火　　　　　　(C)退火　　　　　　(D)氮化

33. 某铸钢件因成分不均匀,影响其性能,这时可进行( )处理加以改善。
(A)完全退火 (B)扩散退火 (C)球化退火 (D)正火

34. 真空加热气体淬火常用的冷却气体是( )。
(A)氢 (B)氩 (C)氮 (D)氦

35. 强烈阻碍奥氏体晶粒长大的元素是( )。
(A)Nb、Ti、Zr、Ta、V、Al 等 (B)Cu、Ni 等
(C)W、Cr、Mo (D)Si、Co

36. 时效温度过高,强化效果反而较差的原因是在于( )。
(A)材料发生了再结晶
(B)合金元素沿晶界聚集
(C)所析出的弥散质点聚集长大,固溶体晶格畸变程度随之减小
(D)材料中的残余应力随时效温度升高而减小

37. 局部视图的断裂边界线用( )表示。
(A)直线 (B)斜线 (C)波浪线 (D)点划线

38. 调质钢应有足够的( ),工件淬火后,其表面和中心的组织和性能均匀一致。
(A)硬度 (B)强度 (C)淬硬性 (D)淬透性

39. 轴类零件在进行感应淬火之前一般都要经过( )处理。
(A)调质 (B)正火 (C)退火 (D)渗碳

40. 高频感应加热淬火是利用( )。
(A)辉光放电原理 (B)温差现象
(C)电磁感应原理 (D)热能原理

41. 某钢件要求淬硬层深度为 0.5 mm,应选用的感应加热设备是( )。
(A)高频设备 (B)低频设备 (C)中频设备 (D)工频设备

42. 喷丸机的喷射物一般是( )。
(A)铸铁制小圆球 (B)钢制小圆柱体
(C)钢制小六面体 (D)砂子

43. 黑色金属的氧化处理又称( )。
(A)发蓝 (B)磷化 (C)调质 (D)打砂

44. 工件感应加热淬火同整体淬火相比,感应加热淬火的疲劳强度( )。
(A)相同 (B)显著提高 (C)显著下降 (D)不能比较

45. 感应加热淬火后其组织最好为( )。
(A)针状马氏体 (B)条状马氏体 (C)隐晶马氏体 (D)贝氏体

46. 分级淬火分级的目的是( )。
(A)使工件在介质中停留期间完成组织转变
(B)使奥氏体成分趋于均匀
(C)节约能源
(D)使工件内外温差较为均匀,并减少工件与介质间的温差

47. 在实际生产中,冷处理应在淬火后( )进行。
(A)4h 内 (B)2h 内 (C)0.5h 内 (D)立即

48. 金属材料受外力作用产生变形而不破坏的能力称为( )。

(A)弹性   (B)韧性   (C)塑性   (D)硬度

49. 牌号 GCr15 钢的含铬量为( )。

(A)15%   (B)1.5%   (C)0.15%   (D)0.015%

50. 轻质黏土砖的化学成分同普通的黏土砖没有区别,但它有很高的气孔率、所以保温性能比较好,轻质黏土砖密度为( )。

(A)0.4~1.3 g/cm²   (B)2.1~2.2 g/cm²

(C)2.5~2.8 g/cm²   (D)1.3~2.1 g/cm²

51. 高铝砖最高使用温度为( )。

(A)1 100 ℃   (B)1 300 ℃   (C)1 500 ℃   (D)1 000 ℃

52. 热处理设备比较复杂,其升温、送气、停气都有严格的要求。因此,要求操作者严格遵守( )。

(A)工艺路线   (B)技术要求   (C)工艺规定   (D)工时定额

53. 水溶性聚合物型淬火介质大都具有( ),这使淬火介质能保持成分稳定。

(A)水溶性   (B)逆溶性   (C)速溶性   (D)不溶性

54. 当工件的表面温度高于淬火介质的( )时,聚合物从溶液中析出、沉积在工件表面上。

(A)逆溶点   (B)溶点   (C)沸点   (D)冰点

55. 测定渗氮工件的表面硬度,应采用( )。

(A)维氏硬度计   (B)布氏硬度计

(C)洛氏硬度计   (D)上述硬度计都可采用

56. 游标卡尺是一种( )精度的测量工具。

(A)低等   (B)中等   (C)高等   (D)特等

57. 电功率是( )通过负载,在单位时间内所作的功。

(A)电容   (B)电压   (C)电阻   (D)电流

58. 热处理工人劳保鞋一般为防砸皮鞋,高频热处理工应穿( )。

(A)耐油胶鞋   (B)防烫皮鞋   (C)绝缘胶鞋   (D)布鞋

59. 热处理常用的盐类中,毒性较大的盐是( )。

(A)氯化钠及氯化钾   (B)碳酸钠及碳酸钡

(C)黄血盐及氯化钡   (D)氯化钠及碳酸钡

60. ( )是加热时炉内被抽成真空的热处理炉。

(A)燃料炉   (B)可控气氛炉   (C)电阻炉   (D)真空炉

61. 箱式电阻炉靠近( )的部分温度高。

(A)电热元件   (B)热电偶   (C)炉门   (D)炉底

62. 箱式电阻炉靠近( )的部分温度低。

(A)电热元件   (B)热电偶   (C)炉门   (D)炉底

63. 井式电阻炉靠近( )的部分温度低。

(A)电热元件   (B)热电偶   (C)炉门   (D)炉底

64. 常用真空炉的极限真空度为( )。

(A)1.33×10^{-2} Pa　　　　　　　　　　(B)1.33×10^{-3} Pa

(C)1.33×10^{-4} Pa　　　　　　　　　　(D)1.33×10^{-5} Pa

65. 电子电位差计有 XW 和（　　）两大系列。

(A)FW　　　　　　(B)GW　　　　　　(C)EW　　　　　　(D)YW

66. 淬火介质水的蒸气膜阶段的温度是（　　）范围。

(A)200～100 ℃　　　(B)300～100 ℃　　　(C)540～300 ℃　　　(D)650～550 ℃

67. 质量分数为 10％～15％的氢氧化钠水溶液在 550～650 ℃的高温区冷却速度比盐水（　　）。

(A)低　　　　　　　(B)高　　　　　　　(C)相同　　　　　　(D)无法比较

68. 淬火介质中的水温 60 ℃时，在 650～550 ℃区域的平均冷却速度为（　　）。

(A)110 ℃/s　　　　(B)80 ℃/s　　　　　(C)50 ℃/s　　　　　(D)135 ℃/s

69. 测定钢的本质晶粒度的方法是把钢加热到（　　），保温 3～8 h，然后缓慢冷却至室温时，在显镜下放大 100 倍测定晶粒度大小。

(A)930 ℃±10 ℃　　(B)860 ℃　　　　　(C)A_{c_3}＋20 ℃　　　(D)840±10 ℃

70. 临界冷却速度是指（　　）。

(A)淬火时获得最高硬度的冷却速度　　　(B)与 C 曲线"鼻尖"相切的冷却速度

(C)中心获得 50％马氏体组织的冷却速度　(D)获得贝氏体组织的冷却速度

71. 有一个 35 钢零件，当从 A_{c_1} 与 A_{c_3} 之间的温度淬火时，它的淬火组织是（　　）。

(A)马氏体和索氏体　　　　　　　　　　(B)马氏体和奥氏体

(C)马氏体和珠光体　　　　　　　　　　(D)马氏体和铁素体

72. 普通优质和高级优质碳钢是按（　　）进行区分的。

(A)力学性能的高低　　　　　　　　　　(B)杂质 S、P 含量的多少

(C)杂质 Mn、Si 含量的多少　　　　　　(D)含碳量的高低

73. 在下列三种钢中，（　　）钢的弹性最好。

(A)T10 钢　　　　　(B)20 钢　　　　　(C)65Mn　　　　　(D)45 钢

74. 晶体和非晶体的根本区别在于（　　）。

(A)外形是否规则　　　　　　　　　　　(B)是否透明

(C)内部原子聚集状态是否规则排列　　　(D)无区别

75. 冷却时，金属的实际结晶温度总是（　　）。

(A)低于理论结晶温度　　　　　　　　　(B)高于理论结晶温度

(C)等于理论结晶温度　　　　　　　　　(D)无法比较

76. 铁碳合金相图上的共析线是（　　）。

(A)ECF 线　　　　　(B)ACD 线　　　　(C)PSK 线　　　　(D)ES 线

77. 金属的塑性变形是通过（　　）实现的。

(A)位错运动　　　(B)原子的扩散运动　(C)众多原子的变形　(D)相变

78. 材料的（　　）越好，则可锻性越好。

(A)强度　　　　　　(B)塑性　　　　　　(C)硬度　　　　　　(D)表面硬度

79. 布氏硬度值等于试验力 F 与钢球表面积所得的（　　）。

(A)商值　　　　　　(B)积值　　　　　　(C)差值　　　　　　(D)和值

80. 理论结晶温度与实际结晶温度之差称为(　　　)。
(A)临界冷却速度　　　(B)过热度　　　(C)过冷度　　　(D)过烧度

81. 马氏体的硬度随着含碳量的(　　　)而增高。
(A)减少　　　(B)增加　　　(C)不变　　　(D)无关

82. 等温淬火时,硝盐槽内用木棍搅拌可能发生(　　　)现象。
(A)触电　　　(B)降温　　　(C)爆炸　　　(D)过烧

83. 钢材中某些冶金缺陷,如结构钢中的带状组织、高碳合金钢中的碳化物偏析等,会加剧淬火变形并降低钢的性能,需通过(　　　)来改善此类冶金缺陷。
(A)退火　　　(B)正火　　　(C)锻造　　　(D)调质

84. 在氮的制取设备中,用空气液化分馏法制氮。即利用深冷方法使空气成为液体状态,在(　　　)温度的分馏塔内进行精馏,即可获得氧气和氮气。
(A)−112 ℃以下　　　　　　　(B)−150 ℃以下
(C)−196 ℃以下　　　　　　　(D)−73 ℃以下

85. 滴注式气氛常用于(　　　)的光亮淬火,渗碳和碳氮共渗等。
(A)大批量零件　　　(B)中小批零件　　　(C)冷作模具　　　(D)热作模具

86. 氮基气氛是空气与燃料气混合燃烧生成气氛,经过去除二氧化碳,水蒸气等(　　　)制取的。
(A)气化方法　　　(B)分解方法　　　(C)净化方法　　　(D)混合方法

87. 20CrMnMo 渗碳后应(　　　)冷却,防止表面剥离。
(A)在空气中　　　(B)缓慢冷却　　　(C)在保护气氛中　　　(D)分阶段

88. 正常的渗氮件出炉后外观颜色呈(　　　),美观而具防锈能力。
(A)银白色　　　(B)蓝色　　　(C)灰色　　　(D)蓝黄相间

89. 滴注式气体渗碳炉在炉温低于(　　　)时,不得向炉内滴入渗剂。
(A)700 ℃　　　(B)650 ℃　　　(C)850 ℃　　　(D)750 ℃

90. 氮碳共渗是以渗(　　　)为主,能改善工件耐磨性。
(A)碳氮　　　(B)碳　　　(C)氮　　　(D)铝

91. 渗碳淬火件变形量应不大于单面留量的(　　　)。
(A)1/2　　　(B)2/3　　　(C)1/3　　　(D)5/6

92. 常用的气体渗碳剂组成物中(　　　)是稀释剂。
(A)甲醇　　　(B)丙酮　　　(C)苯　　　(D)煤油

93. 弹簧经淬火回火后,为了提高质量,增加表面压应力,可采用(　　　)方法提高使用寿命。
(A)表面淬火　　　(B)渗碳处理　　　(C)渗氮处理　　　(D)喷丸处理

94. 用 20CrMnTi 钢制造齿轮,要求芯部有较好的韧性,表面抗磨能力强,应采用的热处理工艺是(　　　)。
(A)表面淬火　　　　　　　　　(B)淬火
(C)淬火和低温回火　　　　　　(D)渗碳、淬火和低温回火

95. 轴类零件在进行感应淬火之前一般都要经过(　　　)处理。
(A)淬火　　　(B)调质　　　(C)渗氮　　　(D)喷丸

96. 魏氏组织只是在(　　)的钢中出现。

(A)一定成分　　　　(B)含铬、钼　　　　(C)低碳　　　　(D)高碳

97. 灰口铸铁正火后获得的基体组织为(　　)。

(A)铁素体　　　　(B)珠光体　　　　(C)珠光体＋渗碳体　　(D)贝氏体

98. 铸铁的牌号是由表示铸铁特征的汉语拼音作为规定代号的,阿拉伯数字的第一组数字表示(　　)值,第二组数字表示伸长率值。

(A)抗拉强度　　　(B)屈服强度　　　(C)比例极限　　　(D)抗压强度

99. 无损检测是在不破坏工件的前提下利用(　　)的方法,对材料,内外缺陷等指标用超声波探伤法,磁力探伤法、渗透探伤法进行检测。

(A)化学　　　　(B)机械　　　　(C)物理　　　　(D)放射性

100. 维氏硬度在热处理工艺质量的检验中,常用来测定(　　)和化学热处理的薄形工件或小工件的表面硬度。

(A)厚淬硬层　　　(B)薄淬硬层　　　(C)红硬层　　　(D)球铁件

101. 表面损伤是在热处理工序前后的装卸、运输过程中,工件发生碰撞、冲击、摩擦挤压造成的表面损伤,对精密工件或精加工后的工件可能造成不可挽回的(　　)。

(A)废品　　　　(B)退修品　　　　(C)不合格品　　　(D)返工品

102. 游标卡尺尺身上刻线的每格间距为(　　)。

(A)1 mm　　　(B)0.05 mm　　　(C)0.02 mm　　　(D)0.01 mm

103. 对偶发性问题的改进是(　　)。

(A)质量改进　　　(B)质量控制　　　(C)质量突破　　　(D)质量审查

104. 对系统性问题的改进是(　　)。

(A)质量改进　　　(B)质量控制　　　(C)质量突破　　　(D)质量审查

105. 工件加热时温度过高,奥氏体晶粒粗大,淬火后马氏体粗大,工件断口很粗,这种缺陷称为(　　)。

(A)过热　　　　(B)过烧　　　　(C)腐蚀　　　　(D)萘状断口

106. 维氏硬度试验可测量较薄材料的硬度,它的符号用(　　)表示。

(A)HB　　　　(B)HV　　　　(C)HR　　　　(D)HRC

107. 热处理高温电阻炉热传递的主要方式是(　　)。

(A)传导　　　　(B)传递　　　　(C)对流　　　　(D)辐射

108. 多用箱式可控气氛热处理炉,它将加热炉与淬火槽联接并密封在一起,是(　　)式作业炉。

(A)连续　　　　(B)周期　　　　(C)油淬　　　　(D)水淬

109. 热电偶是(　　)次仪表。

(A)一　　　　(B)二　　　　(C)三　　　　(D)四

110. 熔断器属于(　　)。

(A)控制电器　　　(B)保护电器　　　(C)手动控制电器　　(D)自动控制电器

111. 热处理车间所用的易燃气体及(　　)都可能发生爆炸。

(A)铅浴　　　　(B)盐浴　　　　(C)油槽　　　　(D)水槽

112. 测量电流时,应把电流表(　　)电路中。

(A)并联在　　　　　(B)串联在　　　　　(C)串并联在　　　　　(D)混联

113. 仪表记录曲线波纹密集,指针在作往复移动,说明仪表灵敏度( )。

(A)过高　　　　　(B)过低　　　　　(C)正好　　　　　(D)低

114. 下列名词中,( )不是钢材在磨削过程中所出现的火花(或火束)组成部分。

(A)火束　　　　　(B)流线　　　　　(C)花蕊　　　　　(D)芒线

115. 碳含量为 1.2% 的钢,当加热到 $A_1 \sim Ac_m$ 时,其组织应为( )。

(A)奥氏体

(B)铁素体和奥氏体

(C)奥氏体和二次渗碳体

(D)珠光体和奥氏体

116. 晶界是一种常见的晶体缺陷,它是典型的( )缺陷。

(A)点　　　　　(B)线　　　　　(C)面　　　　　(D)特殊

117. 所谓线缺陷,就是在晶体的某一平面上,沿着某一方向伸展的线状分布的缺陷。( )就是一种典型的线缺陷。

(A)间隙原子　　　　　(B)空位　　　　　(C)位错　　　　　(D)晶界

118. 不能热处理强化的铝合金是( )。

(A)硬铝　　　　　(B)超硬铝　　　　　(C)锻铝　　　　　(D)防锈铝

119. 一般( )淬火后采用自然时效,时间不少于 4 天。

(A)硬铝　　　　　(B)超硬铝　　　　　(C)锻铝　　　　　(D)铸造铝合金

120. 以( )为主要合金元素的通合金称为白铜。

(A)锌　　　　　(B)锰　　　　　(C)镍　　　　　(D)锡

121. 以( )为主要合金元素的通合金称为黄铜。

(A)锌　　　　　(B)锰　　　　　(C)镍　　　　　(D)锡

122. 过冷奥氏体的大小是用( )来衡量的。

(A)M_s 点高低

(B)M_f 点高低

(C)等温转变图中"鼻尖"温度高低

(D)孕育期的长短

123. 工装夹具上的氧化皮会降低箱式电阻炉、井式电阻炉电热元件以及盐浴炉电极的使用寿命。因此,工装夹具每次用完之后要经过( ),以除掉表面上的铁锈和杂物,并分类整齐放在干燥通风的地方。

(A)喷砂或酸洗及中和处理

(B)汽油清洗

(C)真空清洗

(D)热水清洗

124. 在淬火加热时,工装夹具要同时承受高温和工件重量的作用,而且往往还要随工件一道进入淬火冷却介质中急冷,使用条件恶劣,容易产生氧化、腐蚀、变形或开裂,故工装夹具必须结实耐用,在选材时一般考虑( )。

(A)铸铁

(B)低碳钢和耐热钢

(C)不锈钢

(D)钛合金

125. 在砌筑热处理设备时,把常温下热导率小于 0.23 W/(m·K)的材料称为( )。

(A)耐火材料　　　　　(B)隔热材料　　　　　(C)保温材料　　　　　(D)绝热材料

126. 在设计热处理电阻炉时,炉门上一般还需开设一个小孔洞,其作用是( )。

(A)装料、卸料

(B)观察炉内的工作情况

(C)必要时向炉内通入空气

(D)必要时释放炉压

127. 因为(　　),所以箱式电阻炉的炉门框及井式炉的炉门面板常用铸铁或铸钢制成,厚度应较大,通常为 12～18 mm,以防止因变形而影响炉子的密封性。

(A)炉壳在靠近炉口处温度较高 　　　　(B)炉壳在靠近炉口处温度较低

(C)炉壳在靠近炉口处温差较大 　　　　(D)炉壳在靠近炉口处温度较均匀

128. 导致渗碳件渗碳层深度不足的原因可能是(　　)。

(A)炉温偏高 　　　　　　　　　　　　(B)工件表面中有氧化皮或积碳

(C)渗碳剂的通入量偏高 　　　　　　　(D)炉压过高

129. 当渗碳层淬火后出现托氏体组织(黑色组织)时,(　　)是错误的补救措施。

(A)喷丸 　　　　　　　　　　　　　　(B)降低炉气中介质的氧含量

(C)提高炉气中介质的氧含量 　　　　　(D)提高淬火冷却介质冷却能力

130. 造成渗碳层出现网状碳化物缺陷的原因可能是工件(　　)。

(A)表面碳含量过低 　　　　　　　　　(B)表面碳含量过高

(C)渗碳层出炉后冷却速度太快 　　　　(D)滴注式渗碳,滴量过小

131. 渗碳件渗层出现大量残留奥氏体缺陷的产生原因可能是(　　)。

(A)奥氏体不稳定,奥氏体中碳含量较低

(B)奥氏体不稳定,奥氏体中合金元素的含量较低

(C)回火后冷却速度太快

(D)回火不及时,奥氏体热稳定化

132. 在检验钢材或产品的损坏情况时,取样应(　　)。

(A)避开损坏 　　　　　　　　　　　　(B)包括损坏

(C)可包括损坏也可不包括损坏 　　　　(D)随机

133. 与气体渗氮相比,氮碳共渗时活性碳原子的存在对氮碳共渗速度的影响是(　　)。

(A)大大加快 　　(B)大大减缓 　　(C)无影响 　　(D)无规律可循

134. 感应淬火后的工件也需要进行(　　)处理,这是减少内应力、防止开裂和变形的重要工序。

(A)正火 　　　(B)退火 　　　(C)回火 　　　(D)冷处理

135. 感应淬火件的自回火是利用淬火冷却后工件内部尚存的(　　),待其返回淬火层,使淬火层得到的回火。

(A)电磁场 　　　(B)能量 　　　(C)热量 　　　(D)温度

136. 感应加热后淬火冷却介质通过在感应圈或冷却器上许多喷射小孔,喷射到工件加热面上进行冷却的方法称为(　　)。

(A)单液冷却 　　(B)浸液冷却 　　(C)埋油冷却 　　(D)喷射冷却

137. 感应淬火时工件在加热和淬火冷却时应该旋转,其目的是增加工件的加热和冷却的(　　)

(A)效率 　　　(B)均匀性 　　　(C)速度 　　　(D)能量

138. 量具热处理时要尽量减少残留奥氏体量。在不影响(　　)的前提下,要采用淬火温度下限,尽量降低马氏体中碳的含量,最大限度地减少残留应力。

(A)强度 　　　(B)硬度 　　　(C)塑性 　　　(D)韧性

139. 热处理过程中要求弹簧钢具有良好的淬透性,并不易(　　)。

(A)脱氧　　　　　(B)氧化　　　　　(C)增碳　　　　　(D)脱碳

140. 有些淬透性较差的弹簧钢可采用水淬油冷,但要注意严格控制水冷时间,防止(　　)。

(A)变形　　　　　(B)淬裂　　　　　(C)脱碳　　　　　(D)氧化

141. 在(　　)中,由于 M_s 点较低,残留奥氏体较多,故淬火变形主要是热应力变形。

(A)低碳钢　　　　(B)中碳钢　　　　(C)高碳钢　　　　(D)中、低碳钢

142. 由于大型铸件常常有枝晶偏析出现,所以其预备热处理应采用(　　)。

(A)正火

(B)完全退火或球化退火

(C)高温回火

(D)均匀化退火

143. 在圆盘形工件淬火时,应使其轴向与淬火冷却介质液面保持(　　)淬入。

(A)倾斜　　　　　(B)垂直　　　　　(C)水平　　　　　(D)随意

144. 实际淬火操作中,对有凹面或不通孔的工件,应使凹面和孔(　　)淬入,以利排除孔内的气泡。

(A)朝下　　　　　(B)朝上　　　　　(C)朝向侧面　　　(D)随意

145. 淬火时,对长轴类(包括丝锥、钻头、铰刀等长形工具)、圆筒类工件,应轴向垂直淬入。淬入后,工件可(　　)。

(A)上、下垂直运动

(B)前后、左右搅动

(C)伸入水中静止不动

(D)伸入水中、拉出水面来回晃动

146. 根据(　　)和工件尺寸及工件在某一介质中冷却时截面上各部分的冷却速度,可以估计冷却后工件界面上各部分所得到的组织和性能。

(A)Fe-FeC₃相图

(B)Fe-C 相图

(C)奥氏体连续冷却转变图

(D)奥氏体等温转变图

147. 设备危险区(如电炉的电源引线、汇流排、导电杆传动机构及高压电器设备区等),应设(　　)加以防护。

(A)挡板　　　　　(B)警示标志　　　(C)专人值守　　　(D)灯光照明

148. 打开可控气氛炉炉门时,应该站在炉门(　　)。

(A)侧面　　　　　(B)正面　　　　　(C)下方　　　　　(D)上方

149. 硝盐槽失火,主要是因仪表失控,温度过高而造成的,只能用(　　)。

(A)泡沫灭火器　　(B)干砂　　　　　(C)湿砂　　　　　(D)高压水枪

150. 氨气对呼吸系统和眼睛有强烈的刺激,易引起灼伤、肺炎、眼睛失明等伤害,接触后应立即用(　　),再送医院治疗。

(A)大量清水冲洗　(B)干布擦净　　　(C)纱布裹牢　　　(D)酒精消毒

151. (　　)是无色、有强烈刺激性的气体,它会使人的呼吸器官受损。

(A)CO　　　　　(B)CO₂　　　　　(C)SO₂　　　　　(D)NO₂

152. 一般情况下,多以(　　)作为判断金属材料强度高低的判据。

(A)疲劳强度　　　(B)抗弯强度　　　(C)抗拉强度　　　(D)屈服强度

153. 因为(　　)是一种非接触传递热能的方式,所以即使在真空中,它也照常能进行。

(A)传导　　　　　(B)对流　　　　　(C)辐射　　　　　(D)混合

154. 在中、高温热处理炉的热交换中,(　　)起主要作用。

(A)混合 (B)传导 (C)对流 (D)辐射

155. 固溶强化的基本原因是( )。

(A)晶格类型发生了变化 (B)晶格发生了畸变

(C)晶粒变细 (D)晶粒变粗

156. 氮气作为热处理用气体,在( )下是稳定的,属于中性气体。

(A)1 000 ℃ (B)1 100 ℃ (C)1 200 ℃ (D)1 300 ℃

157. ( )具有较强烈刺激性,对人体的器官,如眼、鼻、喉等都有伤害。

(A)H_2 (B)N_2 (C)NH_3 (D)CO

158. 回火加热时,( )不同材料但具有相同加热温度和加热速度的工件装入同一炉中加热。

(A)不允许 (B)允许

(C)仅调质时允许 (D)除调质外允许

159. 工件进入盐浴前要( )。

(A)清洗干净 (B)预热或烘干 (C)涂料保护 (D)吹干

160. 箱式炉的装炉一般为单层排列,工件之间距离以 10～30 mm 为宜。( )允许堆放,加热时间需酌量增加,每炉工件数应基本一致。

(A)小件 (B)大件 (C)不 (D)相同材质

161. 工件淬火加热时,工件尺寸越大,装炉量越多,则所需加热时间( )。

(A)越少 (B)适中 (C)越不确定 (D)越长

162. 工件用( )这种方式进行加热,所需时间最长,速度最慢,但加热过程中工件表面与心部的温差最小。

(A)随炉升温 (B)到温加热 (C)分段预热 (D)超温加热

163. 工件回火温度越高,则回火后的硬度( )。

(A)越高 (B)越低 (C)没什么影响 (D)不确定

164. 聚乙烯醇作为淬火介质的缺点是,使用过程中有泡沫,易老化,特别是夏季容易变质发臭。一般( )需更换一次。

(A)1～3 个月 (B)6～9 个月

(C)12～15 个月 (D)20～24 个月

165. 目前热处理生产中应用最广泛的表面淬火是( )表面淬火。

(A)火焰加热 (B)电接触加热

(C)感应加热 (D)激光

166. 感应加热中交流电的频率越高,则集肤效应就越( )。

(A)强 (B)弱 (C)没变化 (D)不确定

167. 对承受重载及尺寸较大的工件(如大型轧钢机减速器齿轮、大型锥齿轮、坦克齿轮等),可选用的渗碳钢为( )。

(A)18Cr2Ni4WA (B)20CrMnTi (C)20 钢 (D)15 钢

168. 洛氏硬度中 C 标尺所用的压头是( )。

(A)硬质合金球 (B)120°金刚石圆锥体

(C)淬火钢球 (D)金刚石正四棱锥体

169. 与普通淬火相比,低温形变淬火具有( )的特点。
(A)强度高、塑性高
(B)硬度高、冲击韧度高
(C)强度提高、塑性不变
(D)强度不变、塑性明显改善

170. 在整个奥氏体形成过程中,( )所需的时间最长。
(A)奥氏体的形核
(B)奥氏体的长大
(C)残留奥氏体的溶解
(D)奥氏体成分的均匀化

171. 下列物理方法中,不能提高淬火油冷却速度的是( )。
(A)搅拌
(B)升温
(C)喷淋
(D)超声波

172. 通常有"水淬开裂,油淬不硬"的说法,水和油作为传统的淬火冷却介质均不属于理想的淬火冷却介质,其原因之一是( )。
(A)油冷却能力强,但冷却特性不好
(B)水的冷却特性好,但冷却能力弱
(C)油的冷却特性好,但冷却能力弱
(D)水的冷却能力及冷却特性都不好

173. 工件在淬入前,淬火冷却介质的温度对 PAG 淬火冷却介质冷却特性有较大影响,生产中宜将其控制在( )或更窄的范围。
(A)0～20 ℃
(B)20～40 ℃
(C)40～60 ℃
(D)60～80 ℃

174. 表面淬火工件的硬度,应大于或等于图样规定硬度值的下限加( )。
(A)1HRC
(B)2HRC
(C)3HRC
(D)4HRC

175. 工件在感应淬火后,为实现表面高硬度、高耐磨性能,要及时进行( )。
(A)低温回火
(B)中温回火
(C)高温回火
(D)调质处理

三、多项选择题

1. 热处理生产中使用的化学物质很多都带有毒性,生产过程中产生的废水,废气和废渣对人体健康也有危害。操作者应该( )。
(A)进行现场通风和设备抽风
(B)禁止不按规定排放有毒废水
(C)禁止随意处置有毒废渣
(D)正确穿戴劳保用品

2. 有下列情形之一的,劳动合同终止:( )。
(A)劳动合同期满
(B)用人单位被依法宣告破产的
(C)劳动者受伤导致不能工作
(D)劳动者死亡

3. 碳在钢铁中可以有四种形式存在,下列哪种形式属于:( )。
(A)碳
(B)渗碳体
(C)奥氏体
(D) 铁素体

4. 下列钢属于合金结构钢的有( )。
(A)42CrMn
(B)40Cr
(C)GCr15
(D)Q345A

5. 细化奥氏体晶粒的措施有( )。
(A)合理选择加热温度和保温时间
(B)合理选择钢的原始组织
(C)加入一定量的合金元素
(D)采用重结晶处理

6. 在生产实践中将片状珠光体分为( )。
(A)铁素体
(B)珠光体
(C)索氏体
(D)屈氏体

7. 能否产生细小弥散相间沉淀碳化物取决于( )。

(A)钢的化学成分 (B)奥氏体化温度 (C)等温温度 (D)保温时间

8. 常用细化晶粒的方法有( )。

(A)提高转变温度 (B)增加过冷度 (C)变质处理 (D)振动处理

9. 铜合金按化学成分分为( )。

(A)黄铜 (B)青铜 (C)紫铜 (D)白铜

10. 安全标志分有( )。

(A)允许标志 (B)警告标志 (C)指令标志 (D)提示标志

11. 对于 M12×80-8.8 描述正确的是( )。

(A)M 表示公制螺纹 (B)8.8 表示螺纹公称直径

(C)80 表示螺柱长度 (D)12 表示螺纹公称直径

12. 下列属于奥氏体晶粒长大的阶段的是( )。

(A)奥氏体晶粒形成 (B)孕育期

(C)不均匀长大期 (D)均匀长大期

13. 造成过热的原因有( )。

(A)加热温度过高 (B)保温时间过长

(C)炉温不均匀 (D)升温过快

14. 下列能导致马氏体强化的主要原因是( )。

(A)增加合金元素 (B)晶界强化

(C)相变强化 (D)时效强化

15. 高碳马氏体形成显微裂纹的因素有( )。

(A)奥氏体晶大小 (B)合金元素

(C)碳含量 (D)淬火冷却温度

16. 下列方法可以测 TTT 曲线的有( )。

(A)电磁法 (B)金相法 (C)磁性法 (D)电流法

17. 下列属于真空气体渗碳优点的是( )。

(A)渗碳工艺重现性好,渗层性能均匀

(B)渗碳后工件表面光洁,炉内不积碳黑

(C)渗碳气消耗量极少

(D)渗碳工艺时间短

18. 与钢相比,铸铁热处理的特点有( )。

(A)奥氏体化温度高 (B)升温速度慢

(C)加热时间长 (D)升温速度快

19. 表面淬火件质量检验内容有( )。

(A)硬度及均匀性 (B)有效硬化层深度

(C)硬化层分布 (D)力学性能

20. 下列关于热电偶使用叙述正确的是( )。

(A)热电偶使用不受磁场和电场的影响

(B)热电偶插入炉膛的深度一般不小于热电偶保护管外径的 8 倍

(C)热电偶的接线盒不应靠到炉壁上,以免冷端温度高

(D)热电偶可以在火焰喷射的地方使用

21.渗碳方法中表面碳含量过高的原因是(   )。

(A)滴注式渗碳时,滴量过大 　　(B)渗碳件出炉空冷,冷速太慢

(C)控制气氛渗碳时,富化气体少 　　(D)固体渗碳时,催化剂加入量过多

22.渗氮层深度过浅的原因有(   )。

(A)炉温偏高 　　(B)炉温偏低

(C)渗氮时间不足 　　(D)装炉不当,工件之间相距太近

23.感应淬火时淬火裂纹产生的原因是(   )。

(A)加热温度过快 　　(B)冷却过急 　　(C)加热温度低 　　(D)冷却不均匀

24.钢件淬火变形的影响因素包括(   )。

(A)钢的淬透性 　　(B)钢的含碳量

(C)淬火冷却条件 　　(D)碳化物带状偏析

25.通过(   )可以改善钢件淬火变形的倾向。

(A)合理降低淬火加热温度

(B)合理捆扎和吊挂工件

(C)根据工件变性规律,对工件进行预变形

(D)采用分级淬火或等温淬火

26.通过(   )可以改善钢件淬火开裂的倾向。

(A)改进工件结构 　　(B)提高淬火冷却速度

(C)合理选择淬火介质 　　(D)易开裂工件淬火后及时进行回火

27.钢件常见的回火质量缺陷包括(   )。

(A)硬度不足 　　(B)回火脆性 　　(C)网状裂纹 　　(D)粗大夹杂

28.钢件感应加热表面淬火时,常见的质量缺陷包括(   )。

(A)硬度不足 　　(B)软点及软带 　　(C)淬火裂纹 　　(D)剥落腐蚀

29.钢件感应表面淬火时,硬化层过厚的主要原因有(   )。

(A)材料较高的淬透性 　　(B)感应器与工件短路

(C)加热时间过长 　　(D)加热设备频率较低

30.钢件渗碳时,常见的质量缺陷包括(   )。

(A)渗层厚度不合格 　　(B)渗层残余奥氏体量过多

(C)表面脱碳严重 　　(D)形成网状碳化物

31.钢件渗碳时,可通过(   )等措施防止表面黑色组织形成。

(A)降低淬火冷却速度 　　(B)减少炉内氧化性气体含量

(C)防止空气进入炉内 　　(D)充分排气,尽快使炉气呈还原性

32.钢件氮化处理时,渗氮层浅的主要原因有(   )。

(A)渗氮温度低 　　(B)气氛循环不良

(C)渗氮时间不足 　　(D)渗氮罐久用未退氮

33.钢件氮化处理时,渗氮层出现网状氮化物的原因有(   )。

(A)渗氮温度过高 　　(B)氨中含水量少

(C)气氛氮势过高　　　　　　　　　　　(D)工件有尖角、锐边

34. 通过热酸蚀检验,可以显示钢件(　　　)等宏观组织缺陷。

(A)偏析　　　　　(B)疏松　　　　　　　(C)缩孔　　　　　(D)白点

35. 下列特征是描述延性断裂纤维区的是(　　　)。

(A)断口呈暗灰色　　　　　　　　　　　(B)放射状花样

(C)断口平面与拉力轴线垂直　　　　　　(D)断口表面凹凸不平

36. 下列关于疲劳断裂的描述正确的有(　　　)。

(A)裂纹萌生于心部　　　　　　　　　　(B)断裂具有突发性

(C)裂纹扩展区呈贝壳花样　　　　　　　(D)疲劳断口通常只有一个裂纹源

37. 工具钢中存在带状碳化物时,可导致(　　　)。

(A)塑韧性恶化　　　　　　　　　　　　(B)引起淬火开裂

(C)改善接触疲劳性能　　　　　　　　　(D)降低耐磨性能

38. 下列描述铝合金过烧组织性能特征正确的有(　　　)。

(A)出现三角晶界相　　　　　　　　　　(B)出现织构组织

(C)形成网状晶界组织　　　　　　　　　(D)晶界变粗

39. 对于碳钢,可采用(　　　)等方法测定脱碳层深度。

(A)金相法　　　　(B)硬度法　　　　　　(C)等温淬火法　　　(D)化学分析法

40. 硬度测量法中,根据压痕面积计算硬度的方法有(　　　)。

(A)布氏硬度　　　(B)洛氏硬度　　　　　(C)维氏硬度　　　　(D)肖氏硬度

41. 工业生产中曲轴常采用的热处理工艺包括(　　　)。

(A)渗碳处理　　　　　　　　　　　　　(B)渗氮处理

(C)镀铬　　　　　　　　　　　　　　　(D)感应加热表面淬火

42. 曲轴制造常选用的材料有(　　　)。

(A)45 钢　　　　　(B)40Cr　　　　　　　(C)W18Cr4V　　　　(D)球墨铸铁

43. 齿轮服役过程中所受应力主要有(　　　)。

(A)摩擦力　　　　(B)接触应力　　　　　(C)拉力　　　　　　(D)弯曲应力

44. 工业生产中齿轮常采用的热处理工艺包括(　　　)。

(A)渗碳处理　　　(B)碳氮共渗　　　　　(C)调质处理　　　　(D)表面淬火

45. 大型锻件的锻后热处理的目的有(　　　)。

(A)防止白点和氢脆　　　　　　　　　　(B)改善锻件内部组织

(C)提高锻件的可加工性　　　　　　　　(D)消除锻造应力

46. 刃具钢用材料主要分为(　　　)。

(A)碳素工具钢　　　　　　　　　　　　(B)合金工具钢

(C)高速钢　　　　　　　　　　　　　　(D)马氏体热强钢

47. 依照渗碳原理,可将渗碳分为(　　　)几个过程。

(A)分解　　　　　(B)强渗　　　　　　　(C)吸收　　　　　　(D)扩散

48. 工艺参数对渗碳速度有很大的影响,下列描述正确的有(　　　)。

(A)渗碳温度越高,渗碳速度越快

(B)渗碳时间越短,能耗越低,但渗层深度难以精确控制

(C)介质碳势越高,渗碳速度越快

(D)碳势过高会导致渗层碳浓度梯度陡峭,甚至表面积碳

49. 滴注式气体渗碳常选的渗碳气氛有( )。

(A)甲醇—乙酸乙酯 (B)甲醇—丙酮

(C)甲醇—煤油 (D)甲醇—氮气

50. 常用的渗碳用钢有( )。

(A)W18Cr4V (B)20CrMnTi

(C)20Cr2Ni4 (D)Q235

51. 常用的渗氮用钢有( )。

(A)38CrMoAl (B)40Cr (C)20CrMnTi (D)Q235

52. 感应加热热处理的理论依据是( )。

(A)电磁感应 (B)集肤效应 (C)基尔霍夫定律 (D)热传导

53. 火焰加热热处理的优点有( )。

(A)简便易行,设备投资少

(B)适用于薄壁零件,对处理大型零件具有优势

(C)只适用于喷射方便的表面

(D)操作中须使用有爆炸危险的混合气体

54. 激光热处理的特点有( )。

(A)能够实现快速加热及快速冷却 (B)可控制精确的局部表面加热

(C)输入的热量少,工件处理后畸变小 (D)能精确控制加工条件,实现自动化

55. 下列关于淬火过程的操作,正确的有( )。

(A)细长形、圆筒形工件应轴向垂直浸入

(B)有凹面或不通孔的工件,浸入时凹面及孔的开口端向下

(C)圆盘形工件浸入时应使轴向与介质液面保持水平

(D)薄刃工件应使整个刀口先行同时并垂直浸入

56. 若淬火工件发生了变形,须进行矫正,常用的矫正方法有( )。

(A)热压矫正 (B)反击矫正 (C)回火矫正 (D)热点矫正

57. 钢件淬火后须进行回火,回火的主要目的是( )。

(A)消除淬火应力 (B)提高材料的塑韧性

(C)获得良好的综合性能 (D)稳定工件尺寸

58. 淬火钢回火过程中,组织发生一系列转变,包括( )。

(A)碳原子偏聚 (B)马氏体及残余奥氏体的分解

(C)碳化物转变 (D)渗碳体的聚集长大及 α 相的再结晶

59. 下列关于钢件回火脆性的描述正确的有( )。

(A)第一类回火脆为低温回火脆,为不可逆的

(B)第二类回火脆为高温回火脆,是可逆的

(C)第一类回火脆的断口主要为穿晶断裂,第二类回火脆断口为晶间断裂

(D)第二类回火脆的形成机制主要有脆性相析出理论和杂质元素偏聚理论

60. 在灰口铸铁中,根据石墨的形态不同,可将铸铁分为( )。

(A)灰口铸铁　　　　　(B)蠕墨铸铁　　　　　(C)可锻铸铁　　　　　(D)球墨铸铁

61. 下列关于灰口铸铁热处理的描述正确的有(　　　)。

(A)灰铸铁的热处理主要用来消除铸件内应力,稳定尺寸和消除有害的白口组织

(B)石墨化退火时渗碳体分解,有效的消除白口组织,改善铸铁的切削性能

(C)灰铸铁正火的目的是提高铸件的强度、硬度和耐磨性,改善基体组织

(D)热处理不能显著改变灰铸铁的力学性能

62. 生产中常用的球墨铸铁的热处理方法有(　　　)。

(A)再结晶退火　　　　(B)正火　　　　　　(C)调质处理　　　　　(D)等温淬火

63. 珠光体机械性能的影响因素有(　　　)。

(A)铁素体晶粒尺寸　　　　　　　　　　　(B)珠光体体积百分数

(C)珠光体片层间距　　　　　　　　　　　(D)合金元素种类及含量

64. 按组织形态,可将贝氏体分为(　　　)。

(A)上贝氏体　　　　　(B)无碳贝氏体　　　(C)下贝氏体　　　　　(D)粒状贝氏体

65. 马氏体转变的主要特征有(　　　)。

(A)马氏体转变时,无成分变化,为非扩散形相变

(B)马氏体转变以切变共格方式进行,表面存在浮凸

(C)马氏体转变所需驱动力小,转变速度很快

(D)马氏体转变具有可逆性

66. 按组织形态,可将马氏体分为(　　　)。

(A)板条马氏体　　　　(B)片状马氏体　　　(C)隐晶马氏体　　　　(D)ε'马氏体

67. 影响马氏体开始温度 M_s 点的因素有(　　　)。

(A)随着钢种碳含量的增加,马氏体转变温度下降

(B)奥氏体化时,升高加热温度和延长保温时间,使得 M_s 点降低

(C)低温和高温淬火时,冷却速度对 M_s 点影响不大,中温淬火时,随着淬火速度的增大, M_s 点升高

(D)多向压缩应力阻止马氏体的形成,降低 M_s 点;拉应力或单向压应力促进马氏体相变,使 M_s 点升高

68. 下列对淬火裂纹的描述正确的有(　　　)。

(A)纵向或轴向裂纹主要是由热应力引起的

(B)横向或弧状常萌生于一定深度的表层或工件内部

(C)钢件淬火时表面脱碳后易形成网状裂纹

(D)工件尖角、缺口以及截面尺寸急剧变化等处淬火时应力集中,易产生裂纹

69. 下列对淬火畸变的描述正确的有(　　　)。

(A)以热应力为主时,其畸变特点为表面凸起,棱角变圆

(B)以组织应力为主时,其畸变特点为表面凹陷,内孔呈喇叭形

(C)淬火加热时,工件自身的重力也会引起塑性变形,导致淬火后的畸变

(D)材料发生相变时可能会引起体积的变化,导致淬火后的畸变

70. 工件在介质中冷却时,包括(　　　)等冷却阶段。

(A)变质阶段　　　　　　　　　　　　　(B)膜态沸腾阶段

(C)泡状沸腾阶段　　　　　　　　　　　(D)对流阶段

71. 为减少畸变与开裂,材料选择时应考虑(　　)等几个方面。

(A)对要求淬透性好的零件应选用具有一定淬透性的合金钢,以便用较缓冷却则可取得应有的淬硬深度,从而减少畸变与开裂

(B)对心部要求有足够强度及韧性,而表面要求耐磨性的工件,可用淬透性好的钢,再采用调质,最后用表面淬火来满足

(C)尽量采用优质钢、硫、磷含量要少,材料的宏观及微观缺陷要少,以使热处理时减少畸变与开裂

(D)在高温下工作的零件,应选择高温下耐热裂的钢

72. 使用洛氏硬度计应注意的问题有(　　)。

(A)HRC 测量范围应在 40～85HRC 之间

(B)测定时两平面要平行,保证压头垂直压入试样表面

(C)检测曲面或球面时,必须测试其最高点,使压头受力均匀压入试样表面

(D)被测定工件或样品表面粗糙度值 R_a 不得高于 $3.2\ \mu m$,仲裁试样的表面粗糙度 R_a 值一般不得高于 $1.6\ \mu m$

73. 制备金相试样,取样时应注意的问题有(　　)。

(A)截取金相试样的位置应能代表工件的状态、缺陷的部位、热处理工艺

(B)对大型、关键工件要事先留好取样部位,随工件加工工艺的进展到达某一工序后取样检验

(C)切取前先把工件外形外貌用画图,最好用宏观照相方法记录下来

(D)分析质量的样品应从正常部位及缺陷部位分别截取,用来比较

74. 钢中的非金属夹杂物的危害有(　　)。

(A)破坏了金属基体的连续性,剥落后成为凹坑和裂纹

(B)夹杂物还会引起渗氮工件表面起泡

(C)对精密量具来说,夹杂物会造成应力集中,淬火时易开裂,降低使用寿命

(D)锻压和轧制时,夹杂物可能被延展成长而薄的流线状,形成带状组织,使金属产生各向异性,大大增加了淬火开裂的倾向

75. 按几何维数分类,可将晶体缺陷分为(　　)。

(A)点缺陷　　　　(B)线缺陷　　　　(C)面缺陷　　　　(D)体缺陷

76. 热处理后工件变形的检查要点有(　　)。

(A)薄板类工件在检验平板上由塞尺检验平面度,检验时工件和工具要清洁

(B)一般轴类工件用顶尖或 V 形架支撑两端,用百分表测其径向圆跳动量

(C)细小轴类零件可在检验平板上用塞尺检验弯曲度

(D)孔类工件用游标卡尺、内径百分表、塞规等检验其圆度

77. 下列对于热处理夹具的选择描述正确的有(　　)。

(A)保证零件热处理加热、冷却、炉气成分均匀度,不致使零件变形

(B)夹具应具有重量轻、吸热量少、热强度高及使用寿命长等特点

(C)保证拆卸零件方便和操作安全

(D)价格合理,符合经济要求

78. 常用热处理夹具和料盘用钢有(　　　)。

(A)不锈钢　　　　　(B)高速钢　　　　(C)高镍合金钢　　　　(D) NiCr 合金钢

79. 关于低温回火叙述正确的是(　　　)。

(A)回火温度在 150～250 ℃　　　　　　(B)回火温度在 250～500 ℃

(C)得到组织为回火马氏体　　　　　　　(D)得到组织为回火屈氏体

80. 关于中温回火叙述正确的是(　　　)。

(A)回火温度在 150～250 ℃　　　　　　(B)回火温度在 250～500 ℃

(C)得到组织为回火马氏体　　　　　　　(D)得到组织为回火屈氏体

81. 关于高温回火叙述正确的是(　　　)。

(A)回火温度在 500～650 ℃　　　　　　(B)回火温度在 250～500 ℃

(C)得到组织为回火马氏体　　　　　　　(D)得到组织为回火索氏体

82. 下列原因可能导致工件高脆性的原因的是(　　　)。

(A)回火温度过低　　　　　　　　　　　(B)回火时间长

(C)回火温度选择不当　　　　　　　　　(D)对于脆性敏感的工件,没有及时回火

83. 关于钢的淬透性叙述正确的是(　　　)。

(A)指钢件能够被淬透的能力

(B)表征钢材淬火时获得马氏体能力的特性

(C)冷却速度越大,越容易淬透

(D)它和钢的过冷奥氏体的稳定性有关

84. 关于钢的淬硬性叙述正确的是(　　　)。

(A)表示钢材淬火时获得马氏体能力的特性

(B)表示钢淬火时获得硬度高低的能力

(C)决定淬硬性高低的主要因素是钢的含碳量

(D)决定淬硬性高低的主要因素是钢的合金元素的碳量

85. 关于下列工艺选择正确的是(　　　)。

(A)大型锻件消除白点选用脱氢退火

(B)不完全退火消除 T12A 钢中的网状碳化物

(C)扩散退火可以避免焊接件的变形开裂

(D)再结晶退火可以消除 45 钢热轧后 P+F 带状偏析

86. 关于贝氏体相变的基本特征叙述正确的是(　　　)。

(A)贝氏体是由铁素体和碳化物两相组成

(B)贝氏体相变称为中温转变

(C)贝氏体的相变的扩散性是铁原子的扩散

(D)贝氏体是层片状组织

87. 下列热电偶尺寸符合标准尺寸的是(　　　)。

(A)5 m　　　　(B)5.5 m　　　　(C)6 m　　　　(D)6.5 m

88. 下列钢铁牌号中错误的是(　　　)。

(A)Q235EMS　　　(B)38CrMoAl　　　(C)GCr15　　　(D)150 钢

89. 塑性材料拉伸变形过程中,其应力－应变曲线会出现(　　　)等阶段。

(A)弹性变形阶段　　　(B)屈服阶段　　　　(C)强化阶段　　　　(D)颈缩阶段

90. 下列金属材料属于面心立方晶体结构的有( )。

(A) α-Fe　　　　　　(B) γ-Fe　　　　　(C) Al　　　　　　　(D) Cu

91. 下列对于铁碳相图描述正确的有( )。

(A)碳在 α-Fe 中形成的间隙固溶体称为铁素体,其最大溶解度为 0.0218%

(B)碳在 γ-Fe 中形成的间隙固溶体称为铁素体,其最低溶解度为 0.77%

(C)共析钢在 727 ℃发生珠光体转变,为铁素体与渗碳体的机械混合物

(D)当含碳量为 4.30%时,在 1 148 ℃时发生共晶转变,形成莱氏体组织

92. 下列对于铁碳相图特征温度描述正确的有( )。

(A) A_1——共晶温度 　　　　　　　　(B) A_3——奥氏体—铁素体临界转变温度

(C) A_2——磁性转变温度 　　　　　　(D) Ac_m——奥氏体中碳的临界析出温度

93. 下列对于工件有效厚度描述正确的有( )。

(A)圆柱体以其直径为有效厚度 　　　　(B)筒类工件以其壁厚为有效厚度

(C)矩形截面工件以其长边为有效厚度 　(D)板件以其厚度为有效厚度

94. 深冷处理的目的是( )。

(A)提高工件硬度 　　　　　　　　　　(B)稳定尺寸

(C)提高钢的磁性 　　　　　　　　　　(D)消除残余奥氏体

95. 水作为淬火冷却介质的主要缺点有( )。

(A)在 500～600 ℃左右,水处于蒸汽膜阶段,冷却速度较慢导致工件出现软点

(B)在 100～300 ℃左右,水处于沸腾阶段,冷速过快易于使工件变形及开裂

(C)水温对冷却能力影响很大,因此对环境温度的变化敏感

(D)水中含有较多气体或混入不溶杂质时,会显著降低冷却能力

96. 下列对感应淬火加热顺序的描述正确的有( )。

(A)阶梯轴应先淬大直径部分,后淬小直径部分

(B)齿轮轴应先淬齿轮部分,后淬轴部分

(C)多联齿轮应先淬小直径齿轮,后淬大直径齿轮

(D)内外齿轮应先淬外齿,后淬内齿

97. 热应力引起的淬火变形规律为( )。

(A)冷却后热应力表现为心部受拉应力,表面受压应力

(B)工件沿轴向及最大尺寸方向缩短,沿径向及最小尺寸方向伸长

(C)平面凹陷,棱角变尖锐

(D)圆孔工件外径胀大,内径缩小

98. 下列属于火花鉴别时流线组成的有( )。

(A)火束　　　　　(B)节点　　　　(C)爆花　　　　　(D)芒线

99. 零缺陷管理的组织机构可分为三个层次,即( )。

(A)执行层　　　　(B)操作层　　　　(C)规划层　　　　(D)管理层

100. 加强职业纪律修养,( )。

(A)必须提高对遵守职业纪律重要性的认识,从而提高自我锻炼的自觉性

(B)要提高职业道德品质

(C)培养道德意志,增强自我克制能力

(D)要求对服务对象要谦虚和蔼

101. 下列属于耐火材料的有(　　　)。

(A)黏土砖　　　　　(B)轻质黏土砖　　　　(C)高铝砖　　　　(D)刚玉制品

102. 箱式电炉的缺点有(　　　)。

(A)升温慢,热效率低　　　　　　　　(B)炉温不均匀,温差大

(C)炉子密封性差工件氧化脱碳严重　　(D)装出炉劳动强度大

103. 球化退火的优点有(　　　)。

(A)使工件容易切削

(B)热处理容易控制

(C)可以克服淬火加热时易产生的过热、淬火变形与开裂现象

(D)改善工件的机械性能,延长零件寿命

104. 常用的热电偶有(　　　)。

(A)铂铑—铂　　　　　　　　　　　(B)镍铬—镍硅

(C)铂铑—铂铑　　　　　　　　　　(D)镍铬—康铜

105. 热处理车间安全技术一般有(　　　)。

(A)防火　　　　　(B)防爆　　　　　(C)防触电　　　　(D)防烫伤

106. 全面质量管理的基础工作包括(　　　)。

(A)教育工作　　　　　　　　　　　(B)标准化工作

(C)计量工作　　　　　　　　　　　(D)质量情报工作和质量责任制

107. 滚动轴承钢的性能要求包括(　　　)。

(A)高的淬硬性和淬透性　　　　　　(B)高的接触疲劳性能

(C)低的弹性极限及一定的冲击韧性　　(D)足够的尺寸稳定性

108. 球墨铸铁的性能及特点有(　　　)。

(A)强度高,韧性好　　　　　　　　(B)成本比钢高

(C)铸造性能比铸钢好　　　　　　　(D)耐磨性、吸震性、抗氧化性优异

109. 过冷奥氏体形成的索氏体和回火形成的索氏体的不同点有(　　　)。

(A)索氏体是奥氏体缓慢冷速连续冷却或在屈氏体形成区上部等温过程中形成的

(B)回火索氏体是马氏体在 350~500 ℃回火时的产物

(C)索氏体组织呈细层片状铁素体和渗碳体交替排列,回火索氏体组织为铁素体基体中
均匀分布着细粒状渗碳体

(D)索氏体具有较良好的综合机械性能,回火索氏体具有较高强度和一定的塑性

110. 淬火加热时可采用(　　　)等措施来防止氧化脱碳。

(A)在保证工件淬火硬度和组织的前提下,尽量降低加热温度和缩短加热时间

(B)采用保护气氛加热、可控气氛或盐浴炉加热

(C)即用木炭或铸铁屑、氧化铝粉等填充剂进行装箱加热

(D)工件表面涂保护涂料后加热

111. 对于大尺寸工件的调质处理,其特点有(　　　)。

(A)大件的质量效应显著

(B)大件淬火后必须立即回火,回火加热速度以快速加热为宜

(C)大件的淬火加热保温时间,应在炉温达到加热温度后计算

(D)在确保不淬裂的前提下尽可能快冷

112. 渗碳处理时若工件发生了过渗碳,可通过( )等方法来进行补救。

(A)高温加热扩散

(B)提高淬火加热温度,延长保温时间重新淬火

(C)深冷循环处理

(D)高温回火

113. 钢的 C 曲线在热处理过程中的作用包括( )。

(A)制定合理的热处理工艺,选择等温热处理温度与时间

(B)分析钢热处理后的组织和性能,以便合理选用钢种

(C)估计钢的淬透性大小和选择适当的淬火介质

(D)比较各合金元素对钢的淬透层深度和 M_s 点的影响

114. 电路送电后不升温或电阻丝不通电,其可能原因有( )。

(A)主电路熔断器烧断或掉落   (B)控制柜内主触头烧坏

(C)电阻丝引出棒不正常   (D)电阻丝是否烧断

115. 下列对于常用温度显示调节仪表描述正确的有( )。

(A)毫伏计控温仪表精度较高,能记录炉温,可用于要求不高的控温炉

(B)电子电位差计精确可靠,显示和记录并茂,生产中广泛应用

(C) PID 温度显示调节仪能获得快速稳定的自动控温过程,能保持较高的控温质量

(D)计算机自动控温仪表具有智能化,可以实现热处理过程的程序控温

116. 等温转变图在热处理中的作用有( )。

(A)依据等温转变图确定等温退火和等温淬火的等温温度和等温时间

(B)依据等温转变图确定分级淬火的停留温度和停留时间

(C)依据等温转变图确定马氏体临界冷却速度,是选择淬火介质的主要依据

(D)依据等温转变图比较不同材料的淬透性,是选择材料的主要依据

117. 等温转变图与连续冷却转变图的主要区别有( )。

(A)连续冷却时,转变在一个温区内完成,得到混合组织

(B)连续冷却时,贝氏体转变温度较高

(C)连续冷却转变图位于等温转变曲线右下方

(D)连续冷却时,转变温度较低,孕育期较大,所确定出的临界冷却速度较小

118. 零件渗氮表面出现氧化色的预防措施有( )。

(A)加强渗氮罐的密封性,经常检查炉压,保持正常稳定的压力

(B)注意控制氮气的含水量和进行严格的干燥处理,以防罐内水分过多

(C)停炉前确保停止通氨

(D)保证炉温降至 200 ℃以下出炉

119. 洛氏硬度试验的优点有( )。

(A)洛氏硬度标尺及压头有多种,可测材料范围广,不存在压头变形的问题

(B)压痕小,对一般工件不造成损伤

(C)采用不同的硬度级测得的硬度值可进行换算比较

(D)操作简单迅速,得出数据快,效率高

120. 布氏硬度试验的优点有(　　)。

(A)硬度值代表性全面,数据稳定,测量精度较高

(B)硬度可测量范围广,达 250～750 HBW

(C)压痕面积较大,其硬度值具有代表性

(D)适用于成品检验和薄件检验

121. 金相试样打磨和抛光需要注意的事项有(　　)。

(A)每一道工序必须去掉前一道工序的变形层,因此更换砂纸时试样应旋转180°

(B)打磨抛光时用力均匀适度并保持试样水平,不能用力过大或过小

(C)从第一道砂纸起宜采用湿磨,湿磨可以使变形层减至最小

(D)选用切削力较高的 SiC 砂纸

122. 盐浴炉的安全操作注意事项表述正确的有(　　)。

(A)为防止盐蒸气的有害作用,炉子应有抽气装置,操作人员要注意个人防护

(B)添加新盐及盐浴校正剂时,必须事先烘干并以少量分批加入

(C)工件及工卡具必须在干燥的状态下进炉,避免熔盐遇水飞溅伤人

(D)废弃不用的溶剂、炉渣、报废的工卡具等应妥善处理,以防污染环境

123. 电极盐浴炉安全操作注意事项表述正确的有(　　)。

(A)工作时应开动排风装置,停炉时应加盖

(B)液面应保持一定高度,以保证工件能均匀、快速加热

(C)电极盐浴炉使用过程中应及时脱氧、捞渣、加够新盐

(D)电极盐炉启动困难,短时停炉可不必断电,加盖在低档供电下保温

124. 设备主电路正常但送不上电的可能原因有(　　)。

(A)控制电路中仪表故障　　　　　(B)自动控制失效

(C)主触头熔断丝熔断或松动失效　　　(D)炉门限位开关接触不良

125. 电子电位差计使用时应注意的事项有(　　)。

(A)安装地点应干燥、无腐蚀性气体、无强磁场,环境温度应在 0～50 ℃范围内

(B)配热电偶必须使用补偿导线,分度号应和电子电位差计、热电偶一致

(C)检查仪表连接情况,仪表不可接地

(D)应定期检查仪表的运行状态,清洗滑电阻及注油

126. 按照化学成分不同,可将弹簧钢丝分为(　　)。

(A)碳素弹簧钢丝　　　　　　　(B)低合金弹簧钢丝

(C)不锈弹簧钢丝　　　　　　　(D)冷拔弹簧钢丝

127. 钢件渗碳后常用的热处理工艺有(　　)。

(A)直接淬火-低温回火　　　　　(B)一次加热淬火-低温回火

(C)二次加热淬火-低温回火　　　　(D)感应淬火-低温回火

128. 激光热处理时,为了降低反射能量,增加材料表面对激光的吸收率,通常激光处理前需进行黑化处理。常用的预处理方法有(　　)。

(A)磷化法　　　　(B)烧结法　　　　(C)油漆法　　　(D)碳素法

129. 下列关于可锻铸铁的描述正确的有( )。

(A)可锻铸铁不可锻造

(B)铁素体可锻铸铁为白口可锻铸铁,而珠光体可锻铸铁为黑心可锻铸铁

(C)白心可锻铸铁为白口铁经加热退火,使得铸坯脱碳后形成的

(D)黑心可锻铸铁为白口铁经石墨化退火后形成的

130. 下列对于M_s的物理意义叙述正确的是( )。

(A)奥氏体与马氏体两相自由能相等的平衡温度点

(B)生产中制定等温淬火工艺的参照点

(C)M_s点的高低直接影响到淬火钢中残余奥氏体量以及淬火变形和开裂倾向

(D)M_s的高低影响马氏体的形态和亚结构

131. 关于软点叙述正确的是( )。

(A)成品件上可以有个别软点

(B)原始组织不均匀可以造成软点

(C)淬火剂中混入杂质也可以造成软点

(D)工件表面局部有氧化皮或污垢可以造成软点

132. 关于灰铸铁件的结构特点描述正确的是( )。

(A)流动性好   (B)抗压强度比抗拉强度约高 3～4 倍

(C)缺口敏感性大   (D)吸振性比钢约大 2 倍

133. 劳动合同应该具备以下条款:( )。

(A)工作内容和工作地点   (B)工作时间和休息休假

(C)劳动报酬   (D)社会保险

134. 下列关于硬铝合金时效析出相的描述正确的有( )。

(A)对于硬铝合金来说,G. P. 区是铜原子聚集区

(B)θ''相即可独立形核也可由 G. P. 区转化,其强化作用大于 G. P. 区

(C)θ'相由θ''相转化而来,强化效果进一步下降,开始进入过时效阶段

(D)平衡相θ与基体共格,应力场显著减弱,强化效果大幅度下降

135. 相比于钢铁材料,铝合金的性能特点有( )。

(A)具有很大的比强度和比刚度   (B)耐蚀性优异

(C)无低温脆性   (D)塑性成形性能优异

136. 相比于钢铁材料,铜及其合金的性能特点有( )。

(A)导电导热性极其优异   (B)耐蚀性优异

(C)低温下塑性较差   (D)具有良好的超塑性能

137. 相比于钢铁材料,钛合金的性能特点有( )。

(A)比强度极高   (B)线膨胀系数很大

(C)低温塑性优异   (D)耐蚀性优异

138. 相比于其他铝合金,铝锂合金的性能特点有( )。

(A)密度更低,比强度更高   (B)弹性模量可调控空间大

(C)低温性能良好   (D)耐蚀性优异

139. 关于二元合金相图,描述正确的是( )。

(A)相邻的相区之间相数差必定为 1

(B)相邻的相区之间相数差必定为 2

(C)三相共存时必定是一条水平线

(D)三相共存时必定是一条曲线

140. 关于 Fe-Fe$_3$相图描述正确的是( )。

(A)C 点为共析点   (B)C 点为共晶点

(C)ACD 为液相线   (D)水平线 ECF 为共晶反应线

141. 关于简化的 Fe-Fe$_3$相图中相区描述正确的是( )。

(A)共有 12 个相区   (B)6 个单相区

(C)5 个两相区   (D)2 个三相区

142. 关于铁碳合金叙述正确的是( )。

(A)亚共析钢的含碳量在 0.021 8%~0.77%之间

(B)共析钢的含碳量为 0.77%

(C)过共析钢的含碳量在 0.77%~2.11%之间

(D)过共析钢的含碳量在 0.021 8%~0.77%之间

143. 下列属于金属晶体缺陷的是( )。

(A)裂纹   (B)点缺陷   (C)线缺陷   (D)面缺陷

144. 下列属于晶界处的特征的是( )。

(A)原子排列不规则   (B)晶界处原子具有较高的能量

(C)晶界处电阻较高   (D)晶界处有较多空位

145. 关于我国合金钢的牌号叙述正确的是( )。

(A)我国合金钢牌号包括碳的质量分数

(B)我国合金钢牌号包括合金种类

(C)我国合金钢牌号包括合金含量及质量

(D)我国合金钢牌号包括所有元素

146. 编制热处理工艺的原则( )。

(A)无污染性   (B)可靠性   (C)先进性   (D)经济性

147. 编制热处理工艺步骤包括( )。

(A)收集资料及调研分析   (B)确定热处理工艺方案

(C)制定热处理工艺流程   (D)热处理的工艺会签,批准

148. 关于冷却介质水缺点叙述正确的是( )。

(A)低温冷却速度快,容易造成工件开裂

(B)高温冷却速度快,容易造成工件开裂

(C)冷却特性对水温变化太敏感

(D)冷却特性对水温变化不敏感

149. 关于钢材的花火鉴别叙述正确的是( )。

(A)钢铁中的碳是产生火花的基本元素

(B)火花鉴别中每条流线有节点,爆花组成

(C)火花组成包括火束,流线

(D)火束主要有根部火花,中部火花,尾部火花三部分组成

150. 火花鉴别中关于45钢特征描述正确的是(　　)。

(A)流线多而粗　　　　　　　　　　(B)火束长

(C)发光大　　　　　　　　　　　　(D)爆裂为多根分岔

151. 关于奥氏体等温转变图的意义叙述正确的是(　　)。

(A)在等温过程中,过冷奥氏体是一瞬间发生转变的

(B)孕育期和转变终了所需时间随着转变温度而变化

(C)根据温度和转变产物的不同,可将奥氏体等温转变图分为三个区域

(D)当温度低于 M_s 时,过冷奥氏体将发生马氏体转变

152. 关于淬火的方式方法叙述正确的是(　　)。

(A)淬火时保证工件得到最均匀的冷却

(B)保证工件以最大的阻力方向淬入

(C)考虑工件重心的稳定

(D)厚薄不均的工件,应使厚的部分先淬入

153. 下列因素对淬透性有影响的是(　　)。

(A)化学成分　　　　　　　　　　　(B)奥氏体晶粒大小

(C)奥氏体均匀程度　　　　　　　　(D)钢的原始组织

154. 调质钢中合金元素的作用是(　　)。

(A)降低淬透性　　　　　　　　　　(B)提高耐回火

(C)细化奥氏体晶粒　　　　　　　　(D)抑制第一类回火脆性

155. 高速钢热处理过热、过烧产生的原因是(　　)。

(A)淬火温度低,时间长,控温不准

(B)碳化物偏析严重,局部区域碳含量过高

(C)刀具在盐炉中加热时靠近或接触电极

(D)淬火前或加热时产生脱碳

156. 高速钢热处理变形、开裂产生的原因是(　　)。

(A)淬火加热速度太快,加热不均匀,冷却速度太快

(B)加热温度过高,过长

(C)淬火后未及时回火或回火不均匀

(D)淬火后清洗过晚

157. 奥氏体成分对淬火钢中内应力引起的变化有(　　)。

(A)改变钢的淬透性　　　　　　　　(B)改变 M_f 点

(C)改变马氏体相变塑性　　　　　　(D)增加工件内的温差

158. 关于淬火裂纹中纵向裂纹描述正确的是(　　)。

(A)由组织应力引发的裂纹　　　　　(B)有表面向内开裂

(C)裂纹深而长　　　　　　　　　　(D)常发生于淬透的工件

159. 淬火介质应具有(　　)特性。

(A)良好的稳定性　　　　　　　　　(B)冷却的均匀性

(C)能使工件淬火后保持清洁,不腐蚀工件　(D)易燃,易爆

160. 淬火油的特点包括(　　)。
(A)低的闪点和燃点
(B)较低的黏度
(C)不易氧化,老化缓慢
(D)在珠光体转变温度区间有足够的冷却速度

161. 关于去应力退火叙述正确的是(　　)。
(A)为了消除焊接造成内应力
(B)去应力退火一般低于再结晶温度下进行
(C)去应力退火时间与退火温度有关
(D)对于大截面工件需要缓冷到 300 ℃以下出炉空冷

162. 关于魏氏组织描述正确的是(　　)。
(A)魏氏组织是一种沿母相特定晶面析出的针状组织
(B)魏氏组织铁素体的形成与原奥氏体晶粒大小有关
(C)钢中加入钼会促进魏氏组织的形成
(D)魏氏组织是一种复相组织

163. 感应加热用到的基本原理有(　　)。
(A)集肤效应　　　(B)近邻效应　　　(C)环流效应　　　(D)尖角效应

164. 感应加热设备按输出电流频率不同可分为(　　)。
(A)低频　　　(B)高频　　　(C)中频　　　(D)超音频

165. 关于感应加热表面淬火工艺叙述正确的是(　　)。
(A)电流频率主要根据硬化层深度合理选择
(B)频率确定以后,感应加热速度取决于工件被加热面积上的比功率
(C)在频率一定时,比功率越大,加热速度越快
(D)在频率一定时,比功率越小,加热速度越快

四、判断题

1. 所谓共晶转变,是指一定成分的液态合金,在一定的温度下同时结晶出两种不同固相的转变。(　　)

2. 随着碳质量分数由小到大,钢种的渗碳体量逐渐增多,铁素体量逐渐减少,铁碳合金的硬度越来越高,而塑形、韧性越来越低。(　　)

3. 由于奥氏体组织具有强度低、塑形好,便于塑形变形加工的特点,因此,钢材轧制和锻造多选用在单一奥氏体组织温度范围内。(　　)

4. Q235AF 表示抗拉强度为 235 MPa 的 A 级沸腾钢。(　　)

5. 除 Fe 和 C 外还含有其他元素的钢就是合金钢。(　　)

6. 耐磨钢 ZGMn13,经"水韧处理"后即可获得高耐磨性,而心部仍保持高的塑性和韧性。(　　)

7. 球墨铸铁的疲劳极限接近中碳钢,而小能量多次冲击抗力则高于中碳钢。(　　)

8. 过冷奥氏体在低于 M_s 时,将发生马氏体转变。这种转变虽然有孕育期,但是转变速度极快。转变量随着温度降低而增加,直到 M_f 点才停止转变。(　　)

9. 对长轴类(包括丝锥、钻头、铰刀等长形工具)、圆筒类工件,应轴向垂直淬入,淬入后,工件应左右摆动加速冷却。( )

10. 对有凹面和不通孔的工件,应使凹面和孔朝下淬入,以利排除孔内的气泡。( )

11. 回火温度越高,淬火内应力消除得越彻底,当回火温度高于 500 ℃,并保持足够的回火时间时,淬火内应力就可以基本消除。( )

12. 第一类回火脆性是可逆回火脆性,即已经消除了这类回火脆性的钢,再在此温区回火并慢冷,其脆性又会重复出现。( )

13. 淬火后硬度高的钢不一定淬透性就高,而硬度低的钢也可能具有很高的淬透性。( )

14. 等温球化退火是主要适用于共析钢和过共析钢的退火工艺。( )

15. 对于过烧的工件,可用正火或退火的返修方法来消除过烧组织。( )

16. 淬火时在 M_s 点以下的快冷是造成淬火裂纹的最主要原因。( )

17. 钢中的碳含量越低,焊接性能越好。在相同碳含量的情况下,合金元素含量越高,钢的焊接性能也越好。( )

18. 碳是不利于调质钢冲击韧度的元素,故在保证硬度的前提下,应该把钢中的碳含量限制在较低的范围内。( )

19. 高速钢在淬火时只有加热到接近溶化的温度才能使足够的合金碳化物溶入到奥氏体中,从而保证淬火质量。( )

20. 油作为感应淬火的淬火冷却介质,不但可用于埋油冷却,而且可用于喷射冷却。( )

21. 碳氮共渗时,在同样的温度下,元素的渗入速度比渗碳和渗氮时慢。( )

22. 氮碳共渗又称为软氮化,它不受被处理材料的限制,可广泛用于钢铁材料及粉末冶金材料。( )

23. 要求心部有一定强度和冲击韧度的重要渗氮工件,渗氮前应进行正火处理,一般渗氮工件只做调质处理。( )

24. 磷化处理要求工件表面应是洁净的金属表面,所以工件在磷化前必须进行除油脂、锈蚀物、氧化皮以及进行表面调整等预处理以确保磷化质量。( )

25. 铬一镍合金材料电热元件的突出特点是电阻率高、电阻温度系数小、价格便宜。( )

26. 热胀冷缩是金属材料的一个重要的物理性能,铸锻焊接、切削加工、测量工件等都要考虑坯件或工件的热胀冷缩的特点。( )

27. 耐火材料应能承受高温并能抵抗高温下的物理和化学作用。( )

28. 承受接触疲劳产生浅层剥落的渗碳齿轮等类零件,其产生的疲劳源多数在渗层表面。( )

29. 淬火介质按物理特性分为发生物态变化的介质和不发生物态变化的介质。( )

30. 发生物态变化的淬火介质包括熔盐、熔碱、熔融金属等。( )

31. 以水作为淬火冷却介质其冷却过程大致分为蒸汽膜阶段、沸腾阶段和对流阶段。( )

32. 碱浴的冷却速度要比硝盐浴的冷却速度大些。( )

33. 淬火介质必须无毒无味无污染。（　　　）

34. 易燃易爆的淬火介质必须有安全可靠的防护措施。（　　　）

35. 超声波清洗是在清洗液中附加超声振动,以加速和加强洗涤作用,具有效率高、速度快、清洗质量好等优点。（　　　）

36. 当热电偶材料一定时,工作端与自由端温差越大,产生的热电势就越大。（　　　）

37. 电子电位差计使用的补偿导线,分度号不必与热电偶的一致。（　　　）

38. 光学高温计是非接触式测温仪表。（　　　）

39. 退火工件常用 HRC 标尺标出其硬度。（　　　）

40. 液压校直机是利用液体压力加压于工件来校正工件的变形。（　　　）

41. 导热性能差的金属工件或坯料,加热或冷却时会产生内外温度差,导致内外不同的膨胀或收缩,产生应力,变形或破裂。（　　　）

42. 游标卡尺测量零件尺寸时,要持正,两量爪平面要和被测平面贴合。（　　　）

43. 绕组是变压器的电路部分。（　　　）

44. 定子是三相异步电动机的转动部分。（　　　）

45. 电功率的表达式可以写成 $P = I^2 R$。（　　　）

46. 手电钻、电风扇等电气设备的金属外壳都必须有专用的接零导线。（　　　）

47. 机床照明灯应使用 36 V 及以下的安全电压。在特别潮湿的场所应使用不高于 36 V 的电压。（　　　）

48. 砸伤是因为热处理有些工件比较重,装卸时不小心或由于工件较热在脱手时容易砸伤,应穿好防护鞋。（　　　）

49. 间隙固溶体是有限固溶体。（　　　）

50. 在三种常见的金属晶格类型中,体心立方晶格中原子排列最密。（　　　）

51. 回火炉区别于中、高温淬火加热炉的一个明显的结构特征是炉内有风扇。（　　　）

52. 滴注式气体渗碳炉需要有良好的密封性。（　　　）

53. 氮化的表面硬度通常用洛氏硬度表示。（　　　）

54. 平板形工件淬回火后的形状畸变量应不大于单面留量的 2/3,渗碳淬火件淬回火后的形状畸变量应不大于单面留量 1/2,轴类淬火件淬回火后的形状畸变量应不大于直径留量的 1/2。（　　　）

55. 调质处理的主要目的在于提高结构零件的韧性。（　　　）

56. 渗氮前的调质处理,主要是为获得均匀而致密的索氏体组织。（　　　）

57. 灰口铸铁中石墨是以片状形态存在的。（　　　）

58. 依据连续冷却转变图可以粗略地估计等温转变图。（　　　）

59. 连续冷却转变图位于等温转变曲线右下方,即转变温度低,孕育期较大,所确定出的临界冷却速度较小。（　　　）

60. 奥氏体在连续冷却中途不发生分解,而全部过冷到 M_s 点以下,这个向马氏体转变的最小冷却速度,称为临界冷却速度。（　　　）

61. 只要将奥氏体冷却到 0 ℃ 以下,奥氏体便至少会部分转变为马氏体。（　　　）

62. 热处理测温仪表一般称测温元件为一次仪表。（　　　）

63. 光电高温计因为信号和温度显示在一体,所以是一、二次仪表的混合仪表。（　　　）

64. 在确定加热时间时,应考虑零件材料与结构、热处理工艺特性、加热方式和设备的结构。(　　)

65. 热处理工艺文件是指导热处理生产和工艺工作的。(　　)

66. 不同生产组织类型有相同的工艺管理制度。(　　)

67. 添加新盐或盐浴校正剂时,必须事先烘干并以少量分批加入。(　　)

68. 工具及形状复杂的工件也可以进行喷丸处理。(　　)

69. 可控气氛炉设有风扇和排气孔,目的是使炉内气氛均匀并能顺利排除废气。(　　)

70. 指示毫伏计的主要缺点是控温精度不高,不能记录炉温,且容易出现故障。(　　)

71. 合金碳化物溶于奥氏体的速度很慢,为获得均匀的奥氏体,合金钢的保温时间要比碳钢长。(　　)

72. 低合金工具钢的含碳量与碳素工具钢含碳量相近似,因此,它们的淬火冷却起始温度很接近。(　　)

73. 在钢中加入多种合金元素比加入单一元素效果常常要好些,因而合金钢将向合金元素少量多元素的方向发展。(　　)

74. 为了使锻造的齿轮毛坯(20Cr,20CrMnTi)变得容易切削加工,在 930 ℃进行退火比在 930 ℃进行正火要好。(　　)

75. 依据等温转变图可以大致确定马氏体临界冷却速度,也是选择淬火介质的主要依据,并可估计钢在不同冷却速度下的组织和性能。(　　)

76. 各种钢在连续冷却时,都没有贝氏体转变区。(　　)

77. 贝氏体转变与马氏体转变过程都有共格切变。(　　)

78. 只有把亚共析钢和过共析钢加热到 A_3 以上温度才能获得单相奥氏体。(　　)

79. 无法用光学金相显微镜分辨的马氏体叫做隐晶马氏体。(　　)

80. 在钢的各种组织中,奥氏体的比容最大,马氏体的比容最小。(　　)

81. 把钢处理成粒状珠光体的目的之一,是改善其切削加工性。(　　)

82. 下贝氏体和板条马氏体都具有较高的综合机械性能,而且下贝氏体更好些,所以发展了许多下贝氏体钢。(　　)

83. 油作为淬火介质的主要缺点,是低温区冷却缓慢,不易使钢发生马氏体转变。(　　)

84. 马氏体型不锈钢必须通过水冷淬火才能获得马氏体。(　　)

85. 水的淬火冷却特性正好与我们所期望的理想冷却性能相同。(　　)

86. 回火对钢的性能影响,一般是随着回火温度的升高,强度、硬度降低,而塑性、韧性提高。(　　)

87. 弹簧钢一般都采用高温回火,因为高温回火后其弹性极限最高。(　　)

88. 由于正火较退火冷却速度快,过冷度大,获得组织较细,因此正火的强度和硬度比退火高。(　　)

89. 石墨化现象只发生在铸铁中。(　　)

90. 工件在盐水及碱水中冷却后,应清洗干净,否则会造成工件腐蚀。(　　)

91. 厚薄不均匀的工件浸入淬火介质冷却时,薄的部分先浸入淬火介质,带凹槽的工件,凹面应朝下浸入淬火介质。(　　)

92. 导热性能差的金属工件或坯料,加热或冷却时会产生内外温差,导致内外不同的膨胀

或收缩,产生应力、变形或破坏。(　　)

93. 一定范围内随过冷度减小,所形成的晶粒越细小,故生产中可通过适当减小过冷度的办法获得细小的新粗晶粒。(　　)

94. 提高化学热处理介质的分解速度,可使渗入过程加快。(　　)

95. 一些形状复杂、截面不大、变形要求严的工件,用分级淬火比双液淬火能更有效地减少变形及开裂。(　　)

96. 等温淬火与普通淬火比较,可以在获得相同的高硬度情况下得到更好的韧性。(　　)

97. 回火是对淬火的调整和补充,两工序紧密联系在一起,构成最终热处理。(　　)

98. 质量效应愈大的钢,其淬透程度愈差。(　　)

99. 淬硬性高的钢,淬透性也一定高。(　　)

100. 低合金工具钢的含碳量与碳素工具钢含碳量相近似,然而它们的淬火冷却起始温度不一定接近。(　　)

101. 真空热处理指在低于一个大气压的环境中,进行加热的热处理工艺。(　　)

102. 操作盐浴炉时,不觉得触电,是因为电极电流强度很小的缘故。(　　)

103. 高温盐浴炉脱氧时,必须把盐浴校正剂烘干,并均匀混合一定量干燥的 $BaCl_2$。(　　)

104. 使用埋入式电极盐浴炉的目的,主要是因为电极埋在炉底,炉子的使用寿命长。(　　)

105. 操作盐浴炉时,不觉得触电,是因为电极电压很小,且有接地零线的缘故。(　　)

106. 每种热处理炉的最佳使用温度,是根据筑炉耐火材料的耐火度来规定的。(　　)

107. 化学稳定性好的耐火材料,不容易与介质发生反应,而且耐火材料工作寿命长。(　　)

108. 热稳定性好的耐火材料,不容易与介质发生化学反应。(　　)

109. 对硬度 450 HB 以上或 650 HBW 以上的材料布氏硬度试验也能测量。(　　)

110. 布氏硬度其硬度值代表性全面,数据稳定,测量精度较高。(　　)

111. 用网带式连续作业炉进行热处理生产,工艺周期长、生产效率低不适合大批量生产。(　　)

112. 钢的感应加热使相变温度大大低于临界点。(　　)

113. 高频感应加热淬火主要是用于处理淬硬层要求较薄的小模数齿轮、中小轴类零件等。(　　)

114. 有些化学热处理工艺不要求将工件加热,处理过程可在室温下进行。(　　)

115. 提高氨分解率,可使渗氮过程加快。(　　)

116. 生产上常采用提高温度的办法来缩短化学热处理周期,以提高生产率。(　　)

117. 本质粗晶粒钢渗碳后,应采用直接淬火进行热处理。(　　)

118. 钢的化学成分是影响渗碳的重要因素,钢中原始含碳量较高,渗层的碳浓度梯度较小,渗碳速度较快。(　　)

119. 碳钢渗碳层深度的测定,一般是由表面测至过渡区的 1/2 处。合金钢渗碳层深度的测定,一般是由表面测至原始组织处。(　　)

120. 碳氮共渗是以渗氮为主，以碳促进渗氮。（　　　）

121. 就磷化的温度分为高温磷化和常温磷化。（　　　）

122. 常温磷化又称冷磷化，主要是指磷化液的温度恒定。（　　　）

123. 弹簧工作时，最大内应力往往出现在它的心部。（　　　）

124. 造成热处理变形的主要原因是淬火时，工件内部产生的应力所致。（　　　）

125. 回火的主要目的在于消除淬火造成的残余应力，故回火与去应力退火无本质区别。（　　　）

126. 热锻模在淬火状态下将具有很大的内应力，因此为了防止模具开裂，要及时回火。（　　　）

127. 时效可消除残余应力，因此这种工艺实际就是去应力退火。（　　　）

128. 锉刀测试钢铁表面硬度值误差很小。（　　　）

129. 即使是电解抛光也不能完全消除金相试样表面变形层。（　　　）

130. 由于加热不足或两相区亚临界淬火所形成的未溶铁素体，其形态与由于冷速不够而产生的少量先共析铁素体的形态相同。（　　　）

131. 珠光体中铁素体以交错的片状分布于渗碳体基体上。（　　　）

132. 中碳钢经高温加热淬火后得到针状马氏体。（　　　）

133. 当工件冷速很高时，容易产生淬火裂纹。（　　　）

134. 工件淬火后硬度偏低时，最好通过降低回火温度的办法来保证硬度。（　　　）

135. 可以说调质是以获得回火索氏体组织为目的的热处理工艺。（　　　）

136. 炉温自动控制方式大体分为位式控制和连续控制两类。（　　　）

137. 隔热屏是真空热处理炉加热室的主要组成部分。（　　　）

138. 有效加热区空间大小和位置相同的炉子，其炉温均匀性也相同。（　　　）

139. 毒性大、易爆炸、腐蚀性强或易吸潮的盐，应由专人保管，可以混杂堆放。（　　　）

140. 盐炉浴面应保持一定高度，以保证工件能均匀、快速加热，盐浴炉还应及时脱氧、捞渣、加够新盐。（　　　）

141. 盐炉工作时应开动鼓风装置，停炉时不必加盖。（　　　）

142. 凡需通冷却水的设备，应保持正常的水流量，水流进出口的温度及温差应在规定范围内。（　　　）

143. 在正常情况下，加热炉升温时间（从室温升到工艺规定的温度）基本不变。（　　　）

144. 在设备运行过程中，应经常从窥视孔观察炉膛内各处温度火色是否均匀，根据火色估计炉温与仪表指示是否正常。（　　　）

145. 主电路正常而送不上电的故障与控制电路中仪表是否正常没有关系。（　　　）

146. 高速钢淬火后发现在碳化物偏析带中有碳化物造成网状的小区域，应判为淬火过热。（　　　）

147. 金属材料的合金元素及碳化物的带状偏析严重，在热处理后力学性能可能降低。（　　　）

148. 钛及其合金具有一系列优良的物理性能、化学性能和力学性能。（　　　）

149. 形变铝合金淬火温度的选择，应能保证过剩相能充分地溶入固溶体，又不至于产生过热或其他不利的影响。一般淬火温度比过热温度低几度或十几度。（　　　）

150. 锡青铜铸性能好,耐蚀性良好,有较高的机械性能和耐磨性能,内燃机车上常用来作各种耐磨件,如铜套。（　　）

151. 经过淬火的形变铝合金,时效时有孕育期,在孕育期内强度变化很小。工件可以在孕育期内进行矫正、铆接、冲压和其他冷加工,排除淬火变形不易矫正的困难。（　　）

152. 经过淬火与时效的铝合金,当迅速加热到 $200\sim250\ ^{\circ}\mathrm{C}$,并在此温度范围内停留较长时间时,其力学性能即恢复到重新淬火状态。（　　）

153. 金属由冷变形导致的晶粒破碎,晶格畸变、使组织处于稳定状态（　　）

154. 虽然钢的一定内部组织对应着一定的性能,但热处理过程中的组织转变不一定能带来钢的性能变化。（　　）

155. 珠光体转变时随着钢的成分、转变温度的不同,所析出的先共析相的数量和形态将极不相同。（　　）

156. 低碳钢淬火时的比容变化较小,特别是淬透性较差,故要急冷淬火,因此常是以组织应力为主引起的变形。（　　）

157. 淬火纵向开裂产生于工件表面最大拉应力处,开裂向心部有较大深度的裂痕,开裂的走向一般平行于轴向。（　　）

158. 镍对不锈钢的影响,只有在与铬配合时才能充分表现出来。（　　）

159. 在不锈钢中加钛和铌是为了防止晶间腐蚀。（　　）

160. 提高不锈钢抗腐蚀性能的途径,主要是降低含碳量和添加稳定化元素。（　　）

161. 高锰钢铸件的性质硬而脆,耐磨性也差,不能实际应用。经水韧处理后才能具有良好的耐磨性。（　　）

162. 马氏体型不锈钢退火的目的是为了降低硬度或消除冷作硬化,以便于切削加工与冷变形加工;或者是为了消除锻压与焊接后快速冷却产生的应力,防止产生裂纹。（　　）

163. 热处理炉保温精度是指实际保温温度相对于工艺规定温度的精确程度,以相对于工艺规定温度的最大温度偏差表示。（　　）

164. 感应加热表面淬火,在生产中往往是通过调整电参数来控制热参数,工件要根据不同设备、工装等,通过试验方法找出合理的工艺参数。（　　）

165. 黏土砖不宜作铁－铬－铝电阻丝的搁砖和可控气氛炉衬。（　　）

166. 用露点仪、CO_2 红外仪或氧探头之一作为检测元件可组成单参数碳势控制系统。（　　）

167. 亚共析钢在加热到 Ac_1 以上温度、完成珠光体向奥氏体转变后,继续升高温度,在铁素体晶界处形成奥氏体晶格,同时进行长大,当加热温度达 Ac_3 以上时,铁素体全部消失得到单相奥氏体。（　　）

168. 钢在相同成分和组织条件下,细晶粒不仅强度高,更重要的是韧度好,因此严格控制奥氏体的晶粒大小,在热处理生产中是一个重要的环节。（　　）

169. 钢的过冷奥氏体向珠光体转变必须进行碳的重新分布和铁的晶格重组,需要碳原子和铁原子的扩散来完成。（　　）

170. 过共析钢正火加热时必须保证网状碳化物全部溶入奥氏体中,为了抑制自由碳化物的析出,使其获得伪共析组织,必须采用较大的冷却速度冷却。（　　）

171. 钢的球化珠光体的切削加工性能、冷变形性能以及淬火工艺性能都比片状珠光体

好。(　　)

172. 贝氏体的形貌,上贝氏体像板条马氏体,下贝氏体极像回火针状马氏体。(　　)

173. 片状马氏体内部存在着许多显微裂纹,这是由于片状马氏体在高速长大时相互撞击的结果。(　　)

174. 板条状马氏体的形成温度较高,它形成之后,过饱和固溶体中碳能够进行短距离的扩散,发生偏聚或析出,即发生自回火。(　　)

175. 较高精度的磨床主轴由于与滑动轴承配合,表面硬度和显微组织要求高,可用GCr15钢制造。(　　)

176. 凸轮轴感应淬火时,凸轮尖部过热、冷却过于激烈、钢的含碳量及淬透性过高、感应器与凸轮间隙过小,都是引起尖部和边角淬硬层崩落的原因。(　　)

177. 1Cr13 和 2Cr13 钢多采用高温回火,获得回火索氏体组织。这类钢在 $400\sim500\ ^{\circ}\mathrm{C}$ 回火时有回火脆性,因此,除不采用此温度回火外,在高温回火后应以较慢的冷却速度通过这个温度区,故常采用油冷。(　　)

178. 马氏体型耐热钢常在调质状态下使用。经调质处理后具有良好的综合力学性能,较高的抗氧化性能和热强度,一般回火温度要高于使用温度 $100\ ^{\circ}\mathrm{C}$。(　　)

179. 所有形变铝合金,它们的再结晶温度都在 $250\ ^{\circ}\mathrm{C}$ 左右,过烧温度都在 $500\ ^{\circ}\mathrm{C}$ 以上;而过剩相强烈溶解温度(热处理可强化的形变铝合金)在 $400\ ^{\circ}\mathrm{C}$ 以上,因此,形变铝合金的快速退火温度,一般为 $350\sim400\ ^{\circ}\mathrm{C}$ 或者略高一些。(　　)

180. 淬火钢由于淬火冷却不均匀而容易产生软点,从而引起钢的开裂,其形式是包围着软点的开裂。(　　)

五、简 答 题

1. 试述耐火材料,保温材料的种类。
2. 什么叫热传递? 热传递的条件?
3. 箱式电炉有什么优缺点?
4. 什么叫钢的淬火?
5. 钢的淬硬性和淬透性有什么区别?
6. 如何选择和确定回火温度和冷却方法?
7. 什么叫正火? 正火的目的是什么?
8. 感应加热的基本原理是什么?
9. 产生集肤效应的原因是什么?
10. 什么是热处理?
11. 什么叫钢的球化退火? 它的优点是什么?
12. 什么是退火?
13. 简述球墨铸铁的性能和特点?
14. 什么是渗碳?
15. 什么是临界直径?
16. 淬火介质按物理特性分为哪两类? 并举例。
17. 常用的热电偶有哪三种? 它们的使用温度范围和分度号是怎样表示的?

18. 影响淬火变形的因素有哪些？

19. 热处理车间安全技术一般有哪些要求？

20. 全面质量管理的基础工作包括哪几个方面？

21. 我国安全色常用哪几种颜色？分别代表什么意思？

22. 安全标志分为哪四类？

23. 真空气体渗碳有何优点？

24. 分别解释 M12，Z3/4″，ZG1/2″ 的含义？

25. 解释齿轮 $\alpha=20°$、$m=7$、$Z=27$ 的含义？

26. M12×80-8.8 的含义？

27. 滚动轴承钢的性能要求有哪些？

28. 纯铝和形变铝合金的主要用途是什么？

29. 什么叫球墨铸铁？

30. 点缺陷与热处理有什么关系？

31. 图 1 是铁-渗碳体相图左下部的局部图，现回答下列问题：

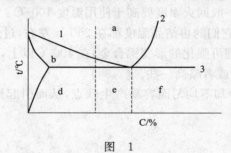

图　1

(1)指出 1～3 临界温度线的代号；

(2)指出 a～f 相区或相界的平衡相；

(3)虚线所示合金属于哪种钢？简述该合金由 a 相区缓冷至室温时的组织转变过程。

32. 退火亚共析碳钢的金相组织照片上，先共析铁素体和珠光体的面积之比为 4∶1，试估这种钢的钢号。

33. 退火亚共析钢室温组织中的珠光体量为 40%，试估算该钢的含碳量，并写出其大致钢号。

34. 根据 $Fe-Fe_3C$ 状态图，分析共析碳钢(0.77%C)自液相区缓冷至室温时的相变过程。

35. 计算 T10 在平衡状态下室温组织中，先共析渗碳体与珠光体各占多少？

36. 试计算 Fe-C 合金在共析转变刚结束时，珠光体中铁素体和渗碳体的相对量。

37. 简述毫伏计控温仪表的特点。

38. 热处理常用的测温仪表有哪些？

39. 球墨铸铁有哪些热处理方法？

40. 与钢相比，铸铁热处理有什么特点？

41. 灰铸铁常用的热处理方法有哪些？

42. 黄铜的主要用途是什么？

43. 如何排除主电路正常而送不上电的故障？

44. 简述热处理工艺的编制程序。

45. 简述热处理工艺规程制定的依据。

46. 简述确定热处理工艺参数的一般依据。

47. 马氏体的降温形成机理是什么？

48. 简述下贝氏体的形成过程。

49. 试说明奥氏体本质晶粒度和实际晶粒度的关系。

50. 简述奥氏体的性能。

51. 马氏体强化机理是什么？

52. 一个理想的淬火介质应具有什么冷却特性？为什么？

53. 过冷奥氏体形成的索氏体和回火形成的索氏体在形成条件、组织形态和机械性能方面有何不同？

54. 如何消除轴承钢锻造后的网状碳化物？

55. 高速钢刃具淬火后为何要及时回火？

56. 试述洛氏硬度测定法。

57. 什么是布氏硬度试验？

58. 感应加热淬火的淬硬层如何确定？

59. 机床的铸铁导轨高频感应加热淬火后应检验什么？

60. 钢的感应加热特点是什么？

61. 试述化学热处理基本过程的内容。

62. 钢的表面化学热处理按使用性能可分哪几类？

63. 化学热处理目的是什么？

64. 已知某工件需进行渗碳，其渗碳温度为 925 ℃，渗层要求为 2.21 mm，试估算达到渗层要求所需渗碳时间。

65. 碳和合金元素对渗氮有何影响？

66. 工件渗氮后，从哪几个方面检验渗氮质量。

67. 校正淬火变形的方法有哪些？

68. 退火后硬度偏高的常见原因是什么？如何防止和补救？

69. 淬火加热时防止氧化脱碳可采用哪些措施？

70. 简述大件调质的工艺特点。

71. 什么叫亚共析钢、共析钢和过共析钢？这 3 类钢经正火，在室温下的组织有什么不同？

72. 何谓过渗碳？产生的原因是什么？怎样预防与补救？

73. 什么是磷化？磷化膜的组成？

74. 简述动圈式仪表测温原理。

75. 钢的 C 曲线在热处理过程中有什么作用？

六、综 合 题

1. Cr12 型模具钢有哪两种热处理工艺？各自的性能和适用情况怎样？

2. 奥氏体是怎样形成的？（以共析钢为例）

3. 常用温度显示调节仪表有哪些？各有何特点？

4. 简述铝合金的固溶时效规范。

5. 简述工艺规程的基本内容。

6. 试述铝合金的热处理强化原理和方法。

7. 什么是索氏体？怎样获得索氏体？

8. 热处理加热炉如何分类？

9. 等温转变图对热处理有何指导意义？

10. 与等温转变图相比较连续冷却转变图的主要特点是什么？

11. 试述第一类回火脆性产生的原因及防止办法。

12. 何谓松弛？如何进行松弛处理？

13. 什么叫蠕变强度？影响蠕变强度高低的主要因素是什么？

14. 零件渗氮表面为什么会出现氧化色？怎样预防？

15. 淬透性在设计和生产中有何实际意义？

16. 简述精密轴承的尺寸稳定处理。

17. 简述常见回火缺陷的产生原因和补救方法。

18. 试述高频感应加热淬火时快冷和缓冷过程应力的形成过程和残余应力类型。

19. 高频感应加热表面淬火时可能出现哪些废品？怎样防止？

20. 常用耐火砖有哪些种类？其用途怎样？

21. 简述洛氏硬度试验的优缺点。

22. 简述布氏硬度的优缺点及适用范围。

23. 感应加热淬火的组织和性能有什么特点？

24. 简述碱性氧化法生成氧化膜的机理。

25. 渗碳工件出现淬火裂纹的主要原因有哪些？

26. 简述磷化膜的生成机理。

27. 简述布氏硬度计的操作。

28. 简述洛氏硬度计的操作。

29. 简述金相试样机械磨光和抛光时的注意事项。

30. 简述外热式真空热处理炉的优缺点。

31. 零件渗碳后为什么要进行热处理？

32. 简述盐浴炉的安全操作注意事项。

33. 青铜有哪些热处理类型？其目的如何？

34. 怎样使用高温计进行测温？

35. 在使用电子电位差计时应注意哪些事项？

金属热处理工(中级工)答案

一、填 空 题

1. 平面图形	2. 1:2	3. 韧性	4. 导热性
5. 轴承钢	6. 模具钢	7. 淬透性	8. 固有属性
9. 辐射	10. 650 ℃	11. 加热装置	12. 油冷
13. 中温	14. 加热温度	15. 不完全	16. 齿面胶合
17. 调质	18. 蒸汽膜阶段	19. 传导和对流	20. 小
21. 温差	22. 千分尺	23. 塞尺	24. $I=U/R$
25. $I=E/(R+r)$	26. 电源	27. ϕ112.695	28. 水基冷却液
29. 工序质量管理	30. 自觉遵守工艺纪律	31. 堆放平稳	32. 机器意外开动伤人
33. 接地或接零	34. 单件	35. 风扇	36. 宽
37. 高	38. 长	39. 硬度	40. 硬化层深度
41. 脆性等级	42. 公差	43. 切削速度	44. 生态环境
45. 停止作业	46. 高速	47. 奥氏体	48. 奥氏体型
49. 差	50. 差	51. 差	52. 耐磨
53. 切削刀具	54. 模具钢	55. 耐磨性	56. 稳定
57. 38CrMoAlA	58. 切削加工	59. 伸长率	60. 灰
61. 可锻铸铁	62. 锌	63. 特殊	64. 渗碳体
65. 工艺要求	66. C	67. 右	68. 550～250
69. 热分析法	70. 平衡	71. 表层	72. 铜锡
73. 盐蒸气的有害作用	74. 回火稳定性	75. 临界冷却速度	76. A_1～550
77. 索氏体	78. 贝氏体	79. 细小	80. 块状马氏体
81. 针状马氏体	82. 下贝氏体	83. 上贝氏体	84. 对流
85. 埋油冷却	86. 碱浴	87. 冷却速度	88. $Ac_1+(20～30)$ ℃
89. 20～125	90. 等温球化退火	91. $Acc_m+(30～50)$ ℃	92. 韧性
93. 回火	94. 碳化铬熔点较低	95. 淬硬性	96. 碳含量
97. 深冷处理	98. 控制程序	99. Ac_3	100. 1 200
101. 辐射	102. 缓冷淬硬	103. 直接	104. 对流
105. 热导率	106. 化学稳定	107. 高铝砖	108. 抗拉
109. 布氏和维氏	110. 固体法	111. 疲劳强度	112. 渗碳
113. 碳氮共渗	114. 清洗设备	115. 电解氧化法	116. 锤击式布氏硬度
117. 热压法	118. 平行的片状	119. 冷却	120. 淬火裂纹
121. 冷速不均匀	122. 残余应力	123. 拉应力	124. 连续

125. 书面劳动合同	126. 强令冒险作业	127. 预防为主	128. 化学
129. 偏析	130. 塑性变形	131. 疲劳断裂	132. 间隙
133. 加热	134. 感应加热	135. 火花	136. 提高疲劳强度
137. 脱碳	138. 磷酸盐	139. 自回火	140. 调质
141. 回火	142. 调质处理	143. 高温石墨化退火	
144. 大量清水清洗	145. 废水	146. 马氏体型	147. 高
148. 主设备	149. 模数 M	150. 银灰色	151. 活性氮原子
152. 100～6 000	153. 0.5～10	154. 50～60	155. 高
156. 力学性能检验	157. 串	158. 并	159. 热应力
160. 质量检验	161. 高温	162. 裂纹扩展	163. 塑性好
164. 电能	165. 强	166. 降低	167. 允许
168. 1 000	169. 临界点	170. 劳动防护用品	171. 均匀化退火
172. 组织结构	173. 36 V	174. 秉公执法	175. 粗实线

二、单项选择题

1. B	2. D	3. A	4. B	5. C	6. A	7. B	8. A	9. D
10. C	11. B	12. A	13. D	14. A	15. B	16. D	17. C	18. C
19. D	20. C	21. D	22. A	23. A	24. C	25. A	26. B	27. D
28. A	29. B	30. B	31. A	32. A	33. B	34. C	35. A	36. C
37. C	38. D	39. A	40. C	41. A	42. B	43. A	44. B	45. C
46. D	47. D	48. C	49. B	50. A	51. C	52. C	53. B	54. A
55. A	56. B	57. D	58. C	59. C	60. D	61. A	62. C	63. C
64. A	65. C	66. D	67. B	68. B	69. A	70. B	71. D	72. B
73. C	74. C	75. A	76. C	77. A	78. B	79. A	80. C	81. D
82. C	83. D	84. C	85. B	86. C	87. B	88. A	89. D	90. C
91. A	92. A	93. D	94. D	95. B	96. A	97. B	98. A	99. C
100. B	101. A	102. A	103. B	104. A	105. A	106. B	107. D	108. B
109. A	110. B	111. B	112. B	113. A	114. C	115. C	116. C	117. C
118. D	119. A	120. C	121. A	122. D	123. A	124. B	125. B	126. B
127. A	128. B	129. C	130. B	131. D	132. C	133. D	134. B	135. C
136. D	137. B	138. B	139. D	140. B	141. C	142. D	143. C	144. C
145. A	146. C	147. A	148. B	149. B	150. C	151. C	152. C	153. C
154. D	155. B	156. A	157. C	158. B	159. B	160. A	161. D	162. A
163. B	164. A	165. C	166. C	167. A	168. B	169. C	170. D	171. B
172. C	173. B	174. C	175. A					

三、多项选择题

1. ABCD	2. ABD	3. BCD	4. AB	5. ABCD	6. BCD
7. ABC	8. BCD	9. ABD	10. BCD	11. ACD	12. BCD

13. BCD	14. BCD	15. ACD	16. BC	17. ABCD	18. ABC
19. ABC	20. BC	21. ABD	22. BCD	23. ABD	24. ABCD
25. ABCD	26. ACD	27. ABC	28. ABC	29. ACD	30. ABCD
31. BCD	32. ABCD	33. ACD	34. ABCD	35. ACD	36. BCD
37. ABD	38. ACD	39. ABD	40. AC	41. BD	42. ABD
43. ABD	44. ABCD	45. ABCD	46. ABC	47. ACD	48. ABCD
49. ABC	50. BCD	51. ABCD	52. ABD	53. ACD	54. ABCD
55. ACD	56. ABCD	57. ABCD	58. ABCD	59. ABD	60. ABCD
61. ABCD	62. BCD	63. ABCD	64. ABCD	65. ABCD	66. ABCD
67. ACD	68. BCD	69. ACD	70. BCD	71. ABCD	72. BCD
73. ABCD	74. ABCD	75. ABCD	76. ABCD	77. ABCD	78. ACD
79. AC	80. BD	81. AD	82. ACD	83. ABD	84. BC
85. AB	86. AB	87. BD	88. AD	89. ABCD	90. BCD
91. ACD	92. BCD	93. ABD	94. ABCD	95. ACD	96. BC
97. ABD	98. BCD	99. ABD	100. ABC	101. ABCD	102. ABCD
103. ABCD	104. ABD	105. ABCD	106. ABCD	107. ABD	108. ACD
109. AC	110. ABCD	111. ACD	112. AB	113. ABCD	114. ABCD
115. BCD	116. ABCD	117. ACD	118. ABD	119. ABD	120. AC
121. BCD	122. ABCD	123. ABCD	124. ABCD	125. ABD	126. ABC
127. ABCD	128. ABD	129. ACD	130. BCD	131. BCD	132. AB
133. ABCD	134. ABC	135. ABCD	136. ABD	137. ACD	138. ABCD
139. AC	140. BCD	141. ACD	142. ABC	143. BCD	144. ABCD
145. ABC	146. BCD	147. ABCD	148. AC	149. ACD	150. CD
151. BCD	152. ACD	153. ABCD	154. BC	155. BCD	156. ABC
157. ACD	158. ABCD	159. ABC	160. BCD	161. ACD	162. ABD
163. ABCD	164. BCD	165. ABC			

四、判 断 题

1. √	2. √	3. √	4. ×	5. ×	6. ×	7. ×	8. ×
9. ×	10. ×	11. √	12. ×	13. √	14. √	15. ×	16. √
17. ×	18. √	19. √	20. ×	21. ×	22. √	23. ×	24. √
25. ×	26. √	27. √	28. ×	29. √	30. √	31. √	32. √
33. ×	34. √	35. √	36. √	37. ×	38. √	39. ×	40. √
41. √	42. √	43. √	44. ×	45. √	46. √	47. √	48. √
49. √	50. ×	51. √	52. √	53. ×	54. √	55. ×	56. √
57. √	58. ×	59. √	60. √	61. ×	62. √	63. √	64. √
65. √	66. ×	67. √	68. ×	69. √	70. √	71. √	72. ×
73. √	74. ×	75. √	76. ×	77. √	78. ×	79. √	80. ×
81. √	82. √	83. ×	84. ×	85. ×	86. √	87. ×	88. √

89. ×	90. √	91. ×	92. √	93. ×	94. ×	95. √	96. √
97. √	98. √	99. ×	100. √	101. √	102. ×	103. √	104. ×
105. √	106. ×	107. √	108. ×	109. √	110. √	111. √	112. √
113. √	114. ×	115. √	116. √	117. √	118. √	119. √	120. √
121. √	122. √	123. √	124. √	125. √	126. √	127. √	128. √
129. ×	130. √	131. √	132. √	133. √	134. √	135. √	136. √
137. √	138. √	139. √	140. √	141. √	142. √	143. √	144. √
145. ×	146. √	147. √	148. √	149. √	150. √	151. √	152. √
153. ×	154. √	155. √	156. √	157. √	158. √	159. √	160. √
161. √	162. √	163. √	164. √	165. √	166. √	167. √	168. √
169. √	170. √	171. √	172. √	173. √	174. √	175. √	176. √
177. ×	178. √	179. √	180. √				

五、简 答 题

1. 答:耐热材料:黏土砖、轻质黏土砖、高铝砖、刚玉制品。保温材料:石棉、硅藻土、蛭石、矿渣棉、珍珠岩、玻璃丝等。(每写对一种得 0.5 分)

2. 答:热传递是物体相互间或同一物体内部热能的传递。(2 分)温度是热传递的必要条件。(1 分)物体间存在着温度差,必然产生热量的传递。(2 分)

3. 答:箱式电炉的优点是通用性强,缺点是升温慢,热效率低,炉温不均匀,温差大,炉子密封性差。(3 分)工件氧化脱碳严重,装出炉劳动强度大(2 分)

4. 答:将钢件加热到 Ac_3 或 Ac_1 以上某一温度,保持一定时间,然后以适当速度冷却获得马氏体和(或)贝氏体组织的热处理工艺称为钢的淬火。(5 分)

5. 答:淬硬性和淬透性是不同的两个概念。(1 分)淬硬性是指钢在理想条件下进行淬火硬化所能达到的最高硬度的能力。(2 分)淬硬性主要取决于钢的含碳量,而钢的淬透性是指在规定条件下,决定钢材淬硬深度和硬度分布的特性。(2 分)

6. 答:回火温度主要依据各种材料的回火温度与硬度的关系曲线,按工件的技术要求(硬度范围)来选择合适的回火温度。(2 分)回火后冷却一般在空气中进行,有时为了减少铬钢、铬镍钢的第二类回火脆性,可用水冷或油冷。(1 分)为了消除快冷时的应力,可补充一次低温回火。(2 分)

7. 答:将钢加热到 A_3 或 Ac_m 以上 30～50 ℃,保留一定时间后从炉中取出在空气中冷却的方法称为正火。(3 分)由于正火的冷却速度较退火快,所以得到的珠光体组织较细,强度和硬度都有提高。(2 分)

8. 答:当感应器中通人高频电流时,在感应器内部就同时产生一个高频磁场,(3 分)置于感应器中的工件被磁场所切割,产生了涡流,便开始加热。(2 分)

9. 答:高频电流通过圆柱导体时,同时产生了环绕导体的磁场,于导体上被感应产生自感电动势,(2 分)自感电动势与原电动势方向相反,(1 分)而且在导体中心最强、表面最弱,(1 分)由于自感电动势对原电势的抵消结果,便高频电流在表面最大,中心最小,形成了集肤效应。(1 分)

10. 答:将固态金属或合金采用适当的方式进行加热(1 分)、保温(1 分)和冷却(1 分),以

获得所需要的组织结构与性能的工艺称之为热处理。(2分)

11. 答:球化退火是通过加热到略高于 Ac_1 大约 $20\sim30$ ℃的温度,保温足够时间后随炉缓冷,使钢获得球状组织的一种工艺。(2分)它是均匀分布在铁素体基体中的球状渗碳体。(1分)用这种方法,可以克服淬火加热时易产生的过热、淬火变形与开裂现象,使工件容易切削,热处理也容易控制,改善了工件的机械性能,延长零件寿命。(2分)

12. 答:将工件加热到 Ac_1 或 Ac_3 以上(发生相变)或 A_1 以下(不发生相变)保温后,(3分)缓冷下来,(1分)从而得到近似平衡组织的热处理方法。(1分)

13. 答:它的性能和特点是:(1)强度高,韧性好,接近钢的性能;(1分)(2)成本较钢低的多;(1分)(3)耐磨性、吸震性、抗氧化性都比钢好;(1分)(4)铸造性能比铸钢好;(1分)(5)和钢一样,通过各种热处理可进一步改善和提高机械性能。(1分)

14. 答:为了增加钢件表层的含碳量和一定的碳浓度梯度,(2分)将钢件在渗碳介质中加热并保温使碳原子渗入钢件表层的化学热处理工艺。(3分)

15. 答:将同一钢种不同直径的圆柱式样,(1分)加热奥氏体化后,(1分)在某种冷却介质中淬火,(1分)能够淬透(心部获得50%的马氏体)的最大直径,(1分)称为这种钢在这种介质中的临界直径。(1分)

16. 答:(1)发生物态变化的介质,如水质淬火剂,油质淬火剂,和水溶液等。(3分)

(2)不发生物态变化的介质,如熔盐、熔碱、熔融金属等。(2分)

17. 答:常用热电偶有铂铑 10-铂、镍铬-镍硅和铁-康铜三种,它们使用的温度范围和分度号如下:(2分)

铂铑 10-铂热电偶的分度号 S,常用的温度范围是 $0\sim1\,450$ ℃;(1分)

镍铬-镍硅热电偶的分度号 K,常用的温度范围是 $0\sim1\,250$ ℃;(1分)

铁-康铜热电偶的分度号 J,常用的温度范围是 $0\sim760$ ℃。(1分)

18. 答:(1)热应力;(2)组织应力;(3)淬火应力(热应力+组织应力);(4)M_s 点马氏体形成点温度高低;(5)钢的淬透性;(6)含碳量;(7)原始组织;(8)冷却介质及冷却方法。(每答对一点得0.5分,8种全部答对得5分)

19. 答:要求防火、防爆、防触电、防烫伤。(2分)还要注意预防酸、碱、粉尘等对人体的伤害,(2分)以及注意设备操作安全。(1分)

20. 答:推行全面质量管理必须做好一系列的基础工作,其中最主要的包括质量教育工作(1分)、标准化工作(1分)、计量工作(1分)、质量情报工作(1分)和质量责任制(1分)等。

21. 答:红、黄、蓝、绿。红色表示禁止、停止、消防和危险的意思;黄色代表注意、警告的意思;蓝色表示指令必须遵守的规定;绿色表示通行、安全和提示信息的意思。(每答对一种得1分,4种全部答对得5分)

22. 答:禁止标志、警告标志、指令标志、提示标志。(每答对一种得1分,4种全部答对得5分)

23. 答:真空气体渗碳有如下优点:

(1)渗碳工艺重现性好,渗层性能均匀。(1分)

(2)渗碳后工件表面光洁,炉内不积碳黑。(1分)

(3)渗碳气消耗量极少。(1分)

(4)渗碳工艺时间短。(1分)

(5)节能。(1分)

24. 答:M 表示公制螺纹,12 表示螺纹公称直径。(1分)Z 表示英制锥螺纹,3/4″表示螺纹公称直径。(2分)ZG 表示英制锥管螺纹,1/2″表示螺纹公称尺寸。(2分)

25. 答:齿轮 $\alpha=20°$表示齿轮压力角 $20°$(2分),$m=7$ 表示齿轮模数为 7,(2分)$Z=27$ 表示齿轮齿数为 7。(1分)

26. 答:M 表示公制螺纹,(1分)12 表示螺纹公称直径,(1分)80 表示螺柱长度,(1分)8 表示螺柱材料的屈服强度 $8\times100\ N/mm^2$,(1分)8 表示螺柱材料的屈强比为 0.8。(1分)

27. 答:(1)高的淬硬性和淬透性;(1分)(2)高的接触疲劳性能;(1分)(3)高的弹性极限及一定的冲击韧性;(1分)(4)足够的尺寸稳定性;(1分)(5)一定的抗蚀能力;(0.5分)(6)良好的工艺性能.(0.5分)

28. 答:纯铝主要用来制造导电体、电线、电缆以及耐腐蚀器具,生产用品和配制铝合金。(2分)形变铝合金可制成板、棒、线、管等各种型材。(2分)根据不同成分和性能可用来制造容器、油箱、结构件、叶轮、导电轮等零件。(1分)

29. 答:球墨铸铁可以看作是一种特殊的灰口铸铁,它通过在液态灰口铸铁中加入一种墨化剂和球化剂,使片状游离石墨变成球状石墨铸铁。(5分)

30. 答:点缺陷主要是空位,高温时空位增多,淬火急冷时,空位被"冻结",时效时,空位起加速时效过程的作用。(3分)另外,点缺陷给金属的原子扩散提供了可能。(2分)

31. 答:(1)1——A_3、2——Ac_m、3——A_1(1.5分)

(2)a 相区:奥氏体 ;b 相区:奥氏体+铁素体;c 相区:奥氏体+渗碳体;d 相区:铁素体+珠光体;e 相界:珠光体;f 相区:珠光体+渗碳体。(2分)

(3)属于亚共析钢。当其缓冷到 A_3 温度线时,开始从奥氏体中析出铁素体,缓冷到 A_1 温度时,未转变的那部分奥氏体按共析转变形成珠光体,A_1 以下至室温,钢的组织基本不再变化,仍为珠光体+铁素体。(1.5分)

32. 解:因 F:P=4:1

则 $C_F=4/(1+4)=80\%$(1分)

$C_P=1-C_F=20\%$(1分)

铁素体中含碳量极少,可忽略,则钢的碳含量可认为在珠光体中,珠光体的碳含量为0.77%,故该钢碳含量为

$0.77\%\times20\%=0.154\%$(2分)

答:估算钢号为 15 号钢。(1分)

33. 答:该钢的珠光体量为 40%,珠光体中在碳含量为 0.77%,故该钢的碳含量为(2分)

$C_C=C_P\times0.77\%=40\%\times0.77\%=0.308\%$(2分)

该钢的大致钢号为 30。(1分)

34. 答:钢水温度降低到 γ 相液相线时,在钢水中结晶出奥氏体,随着温度的降低,γ 相的量逐渐增加,液相的量逐渐减少,同时 γ 相中碳浓度逐渐增加,液相中碳浓度逐渐减少;(2分)当温度降到 γ 相固相线时,液相全部转变为均匀的 γ 相;(1分)温度降到共析点时,γ 相奥氏体在共析点发生共析转变,全部转变为珠光体;(1分)温度继续降低,由铁素体中析出三次渗碳体;室温为珠光体+极少量的三次渗碳体。(1分)

35. 解:室温下先共析渗 C 体与珠光体各占的比例就是共析转变前奥氏作和先共析渗 C

体各占的比例,可用杠杆定律求得:(2分)

$C_{Fe_3C} = (1.0-0.77)/(6.69-0.77) = 7.3\%$(1分)

$C_P = 1 - C_{Fe_3C} = 92.7\%$(1分)

答:先共析渗C体占7.3%,珠光体占92.7%。(1分)

36. 解: $C_F = (6.69-0.77)/(6.69-0) = 88.5\%$(2分)

$C_{Fe_3C} = 1 - C_F = 11.5\%$(2分)

答:铁素体含量为88.5%,渗碳体为11.5%。(1分)

37. 答:毫伏计控温仪表有XCT101、XCT102等类型。(1分)这些仪表带有位式调节,可实现炉温位式控制。(1分)XCT型带有PID调节器,与晶闸管配用可以实现连续控制。(1分)由于它们精度较低,不能记录炉温和易出故障,只用于要求不高的控温炉。(2分)

38. 答:热处理测温仪表一般称测温元件为一次仪表,显示装置为二次仪表。(2分)一次仪表有热电偶、辐射高温计等,二次仪表有毫伏计、电子电位差计、数字式电子仪表等。(2分)光电高温计因为信号和温度显示在一体,所以是一、二次仪表的混合仪表。(1分)

39. 答:有以下常用方法:

(1)消除内应力的低温退火;(0.5分)

(2)高温石墨退火;(0.5分)

(3)低温石墨退火;(0.5分)

(4)正火;(0.5分)

(5)普通淬火和回火;(0.5分)

(6)等温淬火。(0.5分)

除以上热处理方法外,球墨铸铁还可以采用表面淬火、渗氮、渗碳、渗硼等化学热处理方法。(2分)

40. 答:有以下特点:

(1)奥氏体化温度高;

(2)升温速度慢;

(3)加热时间长;

(4)热处理能改变基体组织的含碳量,不能改变石墨的形状和分布。

(每答对一点得1分,四点全答对得5分)

41. 答:有以下常用方法:(1)消除应力退火;(2)软化退火;(3)正火;(4)表面淬火。(每答对一点得1分,四点全答对得5分)

42. 答:黄铜的用途很广,制造弹壳、螺钉、垫圈,还可用来镀层作装饰品。(每答对一种得1分,满分5分)

43. 答:(1)检查控制电路中仪表是否正常(1分);(2)检查自动控制是否失效(1分);(3)检查控制继电器是否有动作(1分);(4)检查主触头线圈是否完好, 其熔断丝是否熔断或松动失效(1分);(5)炉门限位开关位置是否正确(1分)。

44. 答:(1)根据工件热处理要求,收集材料、研究分析。(1分)(2)选择工艺和确定工艺路线(1分)(3)选择设备(0.5分)(4)确定加热方法(0.5分)(5)确定工艺参数(0.5分)(6)辅助工序的安排(0.5分)(7)绘制零件简图(0.5分)(8)填写热处理工艺卡片。(0.5分)

45. 答:(1)有关各项标准和规定(1.5分);(2)其他加工工序对热处理提出的要求;(2分)

(3)本企业所具备的生产条件与零件的生产批量(1.5分)。

46. 答:(1)有关手册和参考资料(1分);(2)工艺试验的结果(1分);(3)用经验公式、图表、曲线进行计算(1.5分);(4)工艺编制人本身的经验。确定工艺参数时,要综合以上几个方面的数据资料,并结合零件和本厂的实际情况。(1.5分)

47. 答:大多数的马氏体是在降温条件下形成的。(1分)由于淬火时过冷度大,相变驱动力大,马氏体以无扩散方式作共格转变,其原子不超过一个原子间距的位移,转变时所需的激活能小。(2分)所以,在巨大的过冷度下驱动力极大,使马氏体在降温时瞬时成核,瞬时长大,速度极快。例如当 M_s 点在200 ℃时,一片马氏体的形成时间是 1/10 000 s,这就是马氏体转变时的机理。(2分)

48. 答:过冷奥氏体向下贝氏体转变时,铁素体通常在奥氏体晶粒内生核并象马氏体一样通过切变迅速长大,过量的碳则在已形成的铁素体中以 ε 碳化物的形式析出,最终形成针状下贝氏体。(5分)

49. 答:本质晶粒度指在规定加热条件下奥氏体晶粒长大倾向,并不代表晶粒的实际大小。(2分)一般情况下,本质细(粗)晶粒钢经正常热处理后获得细小(粗大)的实际晶粒。(2分)当在较高温度下加热时,本质细晶粒钢的奥氏体实际晶粒也可变得粗大。(1分)

50. 答:奥氏体的性能是:对碳的溶解度比铁素体大:具有顺磁性、比容最小,膨胀系数最大(指含碳为0.8%)导热性差,塑性好,屈服强度低,故利于锻造。奥氏体的晶粒大小对钢的韧性最为敏感。(5分)

51. 答:(1)相变强度:是由于切变而造成大量位错、孪晶、层错等而强化。(2分)

(2)固溶强化:随碳含量的增加屈服强度增高。(1分)

(3)时效强化:马氏体在室温中,经几秒钟则产生扩散而硬化叫时效硬化,也有叫马氏体的自回火。(2分)

52. 答:理想的淬火介质应具有 M_s 点以上温度区冷却速度快,M_s 点以下温度区冷速缓慢的冷却特性。(1分)

在 M_s 点以上温度区快冷,工件表层处于受压状态,可有效防止淬火裂纹产生,并能抑制珠光体或贝氏体转变进行。(2分)在 M_s 点以下温度区缓冷,可使马氏体转变引起的体积膨胀缓慢进行,有利于防止因巨大的组织应力而造成工件变形和开裂。(2分)

53. 答:索氏体是奥氏体以较缓慢冷却速度连续冷却时或在屈氏体形成区上部温区等温过程中形成的,组织呈细层片状铁素体(F)和渗碳体(Fe_3C)相同排列有较高强度和一定的塑性。(3分)回火索氏体是马氏体的高温回火产物(500～650 ℃),其组织为铁素体基体中均匀分布着细粒状渗碳体,具有高的塑性、韧性,并保持较高强度(即具有较良好的综合机械性能)。(2分)

54. 答:锻造后的轴承,若有粗大的组织和网状碳化物时应进行正火。(2分)正火温度一般在900～950 ℃,可以空冷,也可以加快冷却速度,如强制风冷,喷雾冷却等。(2分)保温时间约40～50 min,视装炉量而定。(1分)

55. 答:由于高速钢淬火后的组织中,残余奥氏体量高达20%～30%,残余应力高,钢的脆性大。(3分)为了防止残余奥氏体稳定化,避免变形开裂,必须立即回火。(2分)

56. 答:洛氏硬度试验是用一定角度的金刚石圆锥(或淬火钢球),在一定载荷下压入材料表面,然后根据压痕深度定出硬度值,压痕越深则材料越软,反之则硬。(3分)洛氏硬度共有

十五种标尺,最常用的是 HRA、HRB、HRC 三种。(2 分)

57. 答:用一定直径的淬硬钢球,在一定的载荷下,压入试件表面,保留一定时间去除载荷后,留下钢球压痕,用载荷和压痕面积的比值确定材料硬度值的一种试验。(5 分)

58. 答:为使零件获得较好的使用性能,淬硬层深度和淬硬区分布必须合理。感应加热淬火表面呈压应力,过渡区呈拉应力,压应力有利于提高零件的疲劳强度。(3 分)当淬硬层深度为工件直径的 1/10~1/5 时,工件将具有较高的疲劳强度和韧性的配合。(1 分)花键、齿轮类零件,过渡区不应在齿根部位,以免降低零件的疲劳强度。(1 分)

59. 答:导轨表面淬火后首先检查外观,不许有烧伤及裂纹。其次检验畸变量,应符合技术要求。(2 分)淬硬深度:平面处应有 1.2~2.0 mm,峰部小于 4 mm,棱角小于 6 mm,金相组织应为隐针状马氏体加石墨,硬度应大于 HRC53。(3 分)

60. 答:由于感应加热的加热速度特别快,使钢的相变温度大大超过相图上的临界点,使奥氏体化学成分不均匀,淬火后组织也不均匀,使奥氏体晶粒显著细化,淬火后硬度比一般淬火钢高 HRC2~3。(5 分)

61. 答:基本过程:分解、吸收、扩散。(2 分)

分解:就是从化学介质中分解出可以渗入钢件表面的活性原子(或离子)。(1 分)

吸收:就是分解出来的活性原子(或离子)吸附在钢件表面并被吸收。(1 分)

扩散:被钢表面吸收的渗入元素的原子向钢件深处(心部)迁移。(1 分)

62. 答:目前,常用的化学热处理可分为两类:一类是以表面强化为主,有渗碳、渗氮、碳氮共渗等。目的是提高钢的表面硬度,耐磨性和抗疲劳等性能,渗氮也能提高表面的热硬性和耐蚀性能。(2 分)另一类是改善工件表面的物理化学性能为主,有渗铬、渗硅等,目的是提高工件的抗氧化,耐酸蚀等性能,其中渗铬、渗硅也兼有耐磨的特点。(3 分)

63. 答:化学热处理是将金属或合金工件置于一定温度的活性介质中保温,使一种或几种元素渗入它的表层,以改变其化学成分、组织和性能的热处理工艺。(2 分)化学热处理的目的是提高表面硬度、耐磨性、疲劳强度、等力学性能以及耐蚀性,而心部仍保持很好的塑性和韧性。(3 分)

64. 解:在 925 ℃渗碳时用简化公式。

层深 $H = 0.635\ t^{1/2}$ (2 分)

则渗碳时间 $t = (H/0.635)^2 = (2.21/0.635)^2 = 12(\text{h})$ (2 分)

答:所需渗碳时间为 12 h。(1 分)

65. 答:碳影响氮的扩散速度,氮的扩散速度随碳的增加而降低,相应的渗氮层深度便会减少。(2 分)合金元素 Cr、Mo、Al、V、W、Ti 等极易与氮形成氮化物,这些氮化物呈高度弥散分布状态,使渗氮层具有很高的硬度和强度,并在 550 ℃不会软化、不聚集,使渗氮层具有高硬度。合金元素与氮的亲和力越大,所形成的氮化物越稳定,渗氮层的表面硬度越高。(2 分)正是由于这些元素与氮有着强烈的结合倾向,故渗氮时会阻碍氮原子向内部扩散,使得渗氮层深度较薄。(1 分)

66. 答:从以下几个方面检验渗氮质量:(1)表面质量检验;(2)渗氮层深度检验;(3)渗氮层硬度检验;(4)渗氮层脆性检验;(5)金相组织检查。(每项 1 分)

67. 答:(1)冷压校正法;(2)热校直法;(3)热点校正法;(4)反击法;(5)计算法;(6)喷砂校直法;(7)淬火校直法;(8)回火校直法。(每项 0.5 分,八项全对得 5 分)

68. 答:退火后硬度偏高的常见原因是冷却不当。(1.5分)采用等温退火能有效 防止这类缺陷出现(1.5分),因为即使是淬透性很好钢和很难软化的钢,这种退火都能使之充分软化,已出现硬度偏高时,应调整工艺参数重新进行一次退火。(2分)

69. 答:防氧化脱碳的措施有:

(1)在保证工件淬火硬度和组织的前提下,尽量降低加热温度和缩短加热时间。

(2)采用盐炉加热。

(3)采用保护气氛加热或可控气氛加热。

(4)装箱法:即用木炭或铸铁屑、氧化铝粉等填充剂进行装箱加热。

(5)涂料法:工件表面涂保护涂料后加热。(每项1分)

70. 答:直径或厚度大于100 mm的工件称为大件,其工艺特点:

(1)大件的质量效应显著。

(2)为增加大件的淬透性,通常取淬火奥氏体化温度的上限进行加热。当避免产生过大的内应力,应缓慢加热。

(3)大件的淬火加热保温时间,应在炉温达到加热温度后计算。

(4)在确保不淬裂的前提下尽可能快冷。

(5)大件淬火后必须立即回火,回火加热以缓慢为宜。回火后缓冷至400~600 ℃左右出炉空冷。(每项1分)

71. 答:根据其含碳量和正常冷却时室温组织的不同,可分为3类:

(1)亚共析钢,含碳量小于0.77%,其室温组织为珠光体和铁素体;

(2)共析钢,含碳量等于0.77%,其室温组织为全部珠光体;

(3)过共析钢,含碳量大于0.77%,其室温组织为珠光体和二次渗碳体。

(每项1分,三项全对得5分)

72. 答:渗碳时因渗碳层的含碳量过高而生成大量碳化物的现象称为过渗碳。(2分)产生原因是气体渗碳时气氛碳势过高,造成渗碳过程过分强烈地进行;固体渗碳时则因渗碳剂活性太强。含Cr、Mo等强碳化物形成元素的钢特别容易产生过渗碳。(1分)气体渗碳时可适当减少渗碳剂的滴量(碳势不过高),或固体渗碳时适当降低催渗剂含量,可防止发生过渗碳。(1分)补救办法:通过高温加热扩散(920 ℃,2 h)或提高淬火加热温度,延长保温时间重新淬火。(1分)

73. 答:所谓磷化就是指钢铁零件在含有锰、铁、锌的磷酸盐溶液中,通过化学处理,在金属表面生成一层难溶于水的磷酸盐保护膜的过程。(3.5分)磷化膜主要有磷酸盐和磷酸氢盐的结晶体组成。(1.5分)

74. 答:动圈式仪表测温机构是由动圈,张丝,铁芯,永久磁铁,指针,刻度标尺所组成。(2分)其测温原理是:动圈的偏转角度与热电偶产生的热电势成正比,利用这一关系可直接在指针不同偏转位置上标以相应的温度数值,即可制成配热电偶的动圈式温度指示仪表。(3分)

75. 答:C曲线在热处理中的作用有:

(1)制定合理的热处理工艺,选择等温热处理温度与时间;

(2)分析钢热处理后的组织和性能,以便合理选用钢种;

(3)估计钢的淬透性大小和选择适当的淬火介质;

(4)比较各合金元素对钢的淬透层深度和M_s点的影响。

(每项1分,四项全对得5分)

六、综 合 题

1. 答：Cr12 型模具钢根据使用情况，可进行低温淬火、低温回火的一次硬化法和高温淬火、高温回火的二次硬化法这两种热处理工艺。（2分）

一次硬化法：Cr12 淬火冷却起始温度 930～980 ℃，Cr12MoV 1 020～1 040 ℃，油冷至 180～200 ℃空冷。（2分）回火温度随硬度而定，150～170 ℃回火，硬度大于 60HRC；200～230 ℃回火，硬度为 57～60HRC。适用于变形量要求较小、形状较复杂、抗弯强度和韧性要求较高，而红硬性要求不高的冷作模具。（2分）

二次硬化法：Cr12 淬火冷却起始温度 1 050～1 100 ℃，Cr12MoV 1 120～1 130 ℃油冷。（2分）须经 500～520 ℃二到三次回火，硬度达 60～63HRC。这一工艺处理的模具适用于形状简单、受冲击力不大的模具，如拉丝模。（2分）

2. 答：当共析钢加热超过 Ac_1 时，由于浓度起伏及结构起伏，在渗碳体边界处因碳浓度高，首先达到形成奥氏体的成分，又因晶粒边界处原子不稳定容易出现晶格重排，于是奥氏体晶格首先在渗碳体边界处形成，而奥氏体与铁素体交界处碳浓度低而使奥氏体成分不均匀，从而引起碳的扩散。（4分）为维持高温下的碳浓度使渗碳体不断溶解，铁素体因碳浓度的增加而不断消失。由于奥氏体晶粒边界的推进速度与碳的浓度成反比，因此奥氏体向铁素体方向的长大速度大于向渗碳体方向的长大速度。（5分）奥氏体就在向两边界推进中完成长大过程直至全部转变成奥氏体为止。（1分）

3. 答：常用温度显示调节仪表有下列几种：

（1）毫伏计控温仪表。这种仪表有 XCT101、XCT102 等类型。这些仪表带有位式调节，可实现炉温位式控制。XCT 型带有 PID 调节器，与晶闸管配用可以实现连续控制。由于它们精度较低，不能记录炉温和易出故障，只用于要求不高的控温炉。（3分）

（2）电子电位差计。该仪表精确可靠，显示和记录并茂。它也有位式和 PID 连续控制之分，生产中广泛应用。（3分）

（3）PID 温度显示调节仪。其特点是采用 PID 调节，可有数码预定式数字显示，经适当调节，能获得快速稳定的自动控温过程，能保持较高的控温质量。（2分）

（4）计算机自动控温仪表。可以实现各种控温要求，并以数字显示打印、群控、具有智能化，实现热处理过程的程序控温。（2分）

4. 答：铝合金淬火的冷却起始温度应低于共晶温度，但加热温度过低得不到均匀的过饱和固溶体。淬火时间与合金半成品种类有关，也与工件厚度和加热介质有关，具体可查有关手册。（4分）

时效温度和时间随合金牌号而异，不同牌号的铝合金时效规范可查有关手册。时效强化效果与时效温度有关，时效温度过高，虽可加快时效过程，但强化效果较差；时效温度过低，虽可提高强化效果，但所需时间较长。（6分）

5. 答：（1）零件概况。（1分）（2）热处理技术要求。（1分）（3）零件简图或零件装夹示意图。（1分）（4）选用设备、装炉方式、实际装炉量。（1分）（5）应用的工艺编号及装备名称。（1分）（6）工艺参数。（1分）（7）实施说明，操作要领，工艺守则中未详细交待或需强调的安全注意事项。（1分）（8）质量检查的内容、部位及检查方法，抽查率。（2分）（9）劳动定额（1分）。

6. 答：在可热处理强化铝合金中，因除固溶体基体外，还存在化合物相，由于化合物在固

溶体中的溶解量是随着温度升高而增大的,所以通过固溶可获得过饱和的单相固溶体。(4分)

过饱和固溶体是一种不稳定组织,在室温下的时效过程中或在稍高于室温的温度下恒温保持过程中,合金元素会在晶体中的某些区域聚集或发生化合物质点的弥散析出,导致晶格严重畸变而使合金强度和硬度增加。这就是铝合金的强化原理。因此,铝合金可通过固溶+自然时效或固溶+人工时效的方法进行强化。(6分)

7. 答:过冷奥氏体形成的索氏体是固溶体中铁素体与渗碳体分解的多相组织产物,比珠光体要细。将淬火钢在450~600 ℃下进行回火,即可获得回火索氏体组织。由回火得到的索氏体,称回火索氏体。(4分)一些重要零件在热处理操作中,要求进行调质处理,其目的就是得到回火索氏体。(2分)其次,用正火的方法,将钢加热到临界温度以上,然后在空气中冷却,以及用等温的方法,将钢加热到临界温度以上,然后投入到600~670 ℃盐炉中,让其等温分解即可得到索氏体。回火索氏体的机械性能要好一些。(4分)

8. 答:热处理加热炉常按下面几种方法分类。

(1)按热能来源:有电炉、燃料炉。(2分)

(2)按工作温度:有高温炉、中温炉、低温炉。(2分)

(3)按工作介质:有空气炉、盐浴炉、保护气氛炉、流动粒子炉、真空炉、离子炉。(2分)

(4)按工艺用途:有退火炉、正火炉、淬火炉、回火炉、渗碳炉、渗氮炉等。(1分)

(5)按外形和和炉膛形状:有箱式炉、井式炉、台车式炉等。(2分)

(6)按作业方式:有周期作业炉、连续作业炉。(1分)

9. 答:(1)依据等温转变图确定等温退火和等温淬火的等温温度和等温时间,或确定分级淬火的停留温度和停留时间。(3分)

(2)依据等温转变图可以确定马氏体临界冷却速度,也是选择淬火介质的主要依据,并可估计钢在不同冷却速度下的组织和性能。(2分)

(3)依据等温转变图可以比较不同材料的淬透性,因此是选择材料的主要依据,也是制定热处理冷却工艺规范的重要依据。(3分)

(4)依据等温转变图可以粗略地估计连续冷却转变图。(2分)

10. 答:共析碳钢连续冷却转变图的特点是与等温转变图相比较。

(1)连续冷却时,转变在一个温区内完成,故得到混合组织;(3分)

(2)连续冷却时,无贝氏体转变区;(3分)

(3)连续冷却转变图位于等温转变曲线右下方,即转变温度愈低,孕育期较大,所确定出的临界冷却速度较小。(4分)

11. 答:第一类回火脆性产生的原因是马氏体分解时沿马氏体片(或条)界面析出碳化物薄片所致。残余奥氏体向马氏体的转变加剧了这种脆性。(4分)防止办法:(1)避免在该温区(250~400 ℃)回火(2分);(2)用等温淬火代替之(2分);(3)加入合金元素 Si(1%~3%)使碳化物析出温度推向较高温度。(2分)

12. 答:弹簧在长时间工作过程中会产生微量永久性塑性变形,结果导致弹簧的力学特性发生变化,这种现象叫做松弛。(5分)

松弛处理是在弹簧淬火回火以后,对弹簧先加上一定载荷,使它的变形量超过弹簧工作时可能产生的变形量,然后在高于工作温度 20 ℃的温度下加热8~24h。松弛处理的目的是让

弹簧预先松弛,克服弹簧在长时间工作过程中会产生微量永久性塑性变形。(5 分)

13. 答:蠕变强度是指金属材料在一定温度下和一定时间内产生一定变形量时所能承受的最大载荷。(5 分)影响蠕变强度的主要因素是合金元素的种类和显微组织。(2 分)铁素体型耐热钢在 600 ℃以下表现出高蠕变强度,当这些类型的耐热钢中含有 Cr、Mo、V 等合金元素时,其蠕变强度更高。(3 分)

14. 答:正常的渗氮件表面应为银灰色,当出现蓝色、紫红色、金黄色等颜色时,均称为氧化色。(2 分)

(1)产生的原因主要是渗氮罐漏气或密封不严,出炉温度太高(200 ℃以上);渗氮后过早停止通氨,罐内出现负压;氨气含水量超过规定要求或干燥剂失效,进气管道积水,有过多的水分进入罐内造成氧化。(3 分)

(2)预防措施:加强渗氮罐的密封性;经常检查炉压,保持正常稳定的压力,停炉前不停止通氨;保证炉温降至 200 ℃以下出炉;注意控制氨气的含水量和进行严格的干燥处理,以防罐内水分过多。(3 分)

(3)对于要求表面无氧化色的零件,可通过低压喷细砂去除表面氧化色。也可进行补充渗氮,其工艺是 500~520 ℃,2~5h,炉冷时继续供氨至 200 ℃以下出炉。(2 分)

15. 答:在一定条件下,钢的淬火组织主要取决于其淬透性,而淬火组织即是淬火工件回火后的力学性能的决定因素。(2 分)

(1)淬透性好的钢,淬火时可采用缓和的冷却方法冷却,从而减少变形和防止开裂(2 分);(2)质量大、形状复杂的工件一般采用淬透性好的合金钢制造,从而获得较好的淬火效果(2 分);(3)对整个截面上均匀承受载荷的构件和切削工具,应保证完全淬透(2 分);(4)工作时表面应力大、心部应力小的零件或只要求表面硬化的零件,只考虑能获得一定深度的淬透性的钢就可以了(2 分)。由此看来,淬透性在设计和生产中有着重要的意义。

16. 答:精密轴承的尺寸稳定处理有:

(1)补充回火处理。淬火回火后的零件磨削加工时会产生磨削应力,低温回火时未能完全消除的残余应力在磨削加工后便会重新分布。这两种应力会导致零件尺寸的变化,甚至会产生表面龟裂。为此,再进行一次补充回火,回火的温度为 120~150 ℃,保温 5~10 h 或更长。这样可以及时消除其内应力,进一步稳定组织,提高零件尺寸的稳定性。(5 分)(2)冷处理。精密轴承件淬火后可在 -70~75 ℃进行深冷处理,处理时间 1~1.5 h。待零件温度回升到室温后应立即进行回火。(5 分)

17. 答:主要回火缺陷有:硬度不合格和韧性过低两类。(2 分)

(1)硬度不合格:回火后硬度过高是回火不充分造成,补救方法是按正常回火规范重新回火。回火后硬度不足是回火温度过高造成,补救方法是重新淬火回火。(4 分)

(2)韧性过低:第一、二类回火脆性造成。若为第一类回火脆性造成,则避开回火脆性区重回火,若为第二类回火脆性造成,可用稍高些温度短时间回火后快冷。(4 分)

18. 答:高频感应加热淬火时只是工件表层受到加热和冷却,而心部材料可认为始终处于冷硬状态。(2 分)这样,在 M_s 点以上温度区快速冷过程中,因表层收缩受到心部材料的抵制而使该层处于受拉状态。在 M_s 点以下温度区继续过程中,表层体积的急剧膨胀受心部材料的限制而使该层处于受压状态。(2 分)所以,快冷时,将产生大于热应力的组织应力。(2 分)故表层最终形成残余压应力。(2 分)缓冷时和冷却太缓慢,热应力将占优势,表层最终形成残

余拉应力。(2分)

19. 答:可出现以下废品:(1)淬火层剥落。可严格控制淬火冷却起始温度,或从改善各部分淬硬层均匀性着手。(2分)(2)淬硬层被压碎。可以用加深淬硬层来防止。(2分)(3)棱角脱落。可以在淬火前尽可能把尖角改成圆角,或在淬火加热时改进感应器的设计,防止尖角过热。(2分)(4)裂纹。造成这种缺陷有很多原因,有的是过热引起的,有的是由于淬硬层的结束区域恰好碰上断面突然变化或尖角处,另外也可能是淬火介质选择不当。(2分)(5)层深度与外形不符合规定标准。这主要是由于加热规范与冷却条件不正确引起的。(2分)

20. 答:常用的耐火砖有如下几种:(每答出一种2分,答出任意五种满分)

(1)黏土砖。是加热炉中用得最多的一种耐火砖,宜作为 Fe-Cr 电阻丝搁砖和可控气氛炉的炉衬。

(2)高铝砖。用于高温炉炉衬、电热元件搁砖和盐浴炉炉膛等。

(3)刚玉砖。用于高温炉电热元件搁砖、炉底板或炉罐。

(4)高氧化铝制品。用于真空炉炉管、电热元件支架和热电偶导管。

(5)碳化硅砖。用于高温炉炉底板和炉罐。

(6)抗渗碳砖。用于无罐渗碳炉。

(7)普通硅酸铝耐火纤维。贴于炉壁或炉村中。

21. 答:洛氏硬度试验具有以下优点:(1)洛氏硬度有许多不同的标尺,压头有硬质、软质多种,可以测出从极软到极硬材料的硬度,不存在压头变形的问题。(2分)(2)压痕小,对一般工件不造成损伤。(2分)(3)操作简单迅速,得出数据快,效率高。(2分)

缺点:(1)采用不同的硬度级测得的硬度值无法统一比较。(2分)(2)由于压痕小,对于具有粗大组织结构的材料其硬度值缺乏代表性。(2分)

22. 答:布氏硬度的优点是其硬度值代表性全面,数据稳定,测量精度较高。(2分)由于压痕面积较大,能反映金属表面较大范围内各组成相综合平均的性能数值,特别适用于测定灰铸铁、轴承合金等具有粗大晶粒或粗大组成相的金属材料。(3分)

缺点:操作时间较长,对不同材料要更换压头及载荷,压痕测量也较费时间。对硬度450 HB 以上或 650 HBW 以上的材料不能测量。由于压痕大,成品检验和薄件检验有困难。(3分)

布氏硬度通常用于测定铸铁、非铁金属、低合金结构钢等原材料及结构钢调质间的硬度。(2分)

23. 答:感应加热淬火主要特点是:(1)奥氏体组织成分不均匀,淬火后马氏体的含碳量和合金元素量也不均匀(3分)。(2)组织有分层现象,外表面是单一马氏体,第二层是马氏体+铁素体(或渗碳体),第三层是加热未发生相变层,与基体组织相同。(4分)(3)与普通淬火相比,硬度和耐磨性略高,疲劳强度、抗弯强度、抗扭强度也有明显提高。(3分)

24. 答:碱性氧化法的生成机理,主要是借助于氧化铁从氧化性溶液中结晶出来,而结合在金属表面上,(3分)氧化膜不是马上就可以形成的,氧化开始时有部分金属的溶解,在基体与液体间形成氧化铁的过饱和溶液,进一步在金属表面生成氧化物晶苞,(4分)由于这些晶苞逐渐增长,发展到互相连接,产生连续的薄膜,即形成了氧化层。(3分)

25. 答:由于渗碳件表面含碳量高,表面和心部的含碳量不同,淬火冷却时表面和心部马氏体转变的体积膨胀量差别大,很容易使表面处于受拉状态,从而造成开裂。(2分)出现裂纹的原因还有以下几点：

(1)渗层中的碳浓度和厚度分布不均匀,或者碳浓度过高,有大块状碳化物或碳化物网。(2分)

(2)淬火奥氏体化温度高,冷却速度太快。造成应力加大。(2分)

(3)表层淬火后,残余奥氏体量过多,深冷处理时应力过大。(2分)

(4)零件形状复杂,厚薄不均,有尖角,表面粗糙度有较深的刀痕等。(2分)

26. 答:磷化溶液中产生磷酸氢铁和磷酸氢锰且易水解,而形成磷酸的正盐和亚盐的饱和溶液及游离的磷酸(2分),此时零件在溶液中将开始溶解,并析出大量的氢气(2分),铁与磷酸反应而形成不溶性的磷酸锰和磷酸铁,随着磷化膜的增长,金属表面将与溶液的作用中断,磷化速度随之降低,再过一段时间,磷化过程即告结束(6分)。

27. 答:布氏硬度计的操作应参考 GB 231-84 的有关规定,根据被测试零件尺寸和材料的不同,合理选用压球材料和其直径的大小及相应的负荷和加载时间。(3分)

为保证测试结果的精确,零件被测部位必须打磨光洁,被测面务必水平。任何凹凸不平,圆面、球面均不可用来测量布氏硬度。(3分)

测量压痕直径大小的目测放大镜应根据操作者的视力情况调整焦距后,达到清晰测量及读数时,才能准确读出压痕直径的大小数据。根据压痕大小查找出被测零件的硬度数据。(4分)

28. 答:洛氏硬度计的操作应参考 GB/T 230.2—2012 的有关规定。(2分)

为保证试验精度,试件试验面和支撑面必须平整洁净,其表面不允许存在明显的加工痕迹。(2分)磨制测试表面时,不得受热退、回火或冷作硬化。(2分)试样在载物台上必须平稳,并保证所加作用力与试件的试验面垂直。在试验中扳动加载把手时,动作必须平稳。(2分)在圆柱面、球面上所测得的洛氏硬度值,必须查表予以修正。(2分)

29. 答:(1)每一道工序必须去掉前一道工序的变形层,要细心的把前一道的磨痕完全消除,为便于检查上一道工序磨痕是否消除,更换砂纸时试样应旋转90°。(5分)(2)从第一道砂纸起宜采用湿磨,湿磨可以防止试样升温,减小摩擦力,使变形层减至最小,并及时把磨屑冲走,以免嵌入试样表面。(3)用力均匀适度,用力过大增加表面的变形层,用力过小磨制时间长。选用切削力较高的 SiC 砂纸。(5分)

30. 答:外热式真空热处理炉的优点:(1)结构简单,易于制造或用原有普通热处理电阻炉改装;(2)真空室容积较小,排气量少,炉罐内除工件外,很少有其他需要去气的构件,容易达到高真空;(3)由于电热元件是在外部加热,不存在真空放电的问题;(4)操作简单,故障少,维修方便;(5)工件与炉衬不接触,在高温下没有产生化学作用的可能性。(5分)

其缺点是:(1)炉子热传递效率低,工件加热速度慢;(2)受炉罐材料所限,炉子工作温度一般只能维持在低于 1000~1100 ℃的范围之内;(3)炉罐的一部分暴露在大气下,热损失很大;(4)炉子热惯性及热容量很大,控制较困难;(5)炉罐的使用寿命较短。(5分)

31. 答:渗碳零件往往要求心部具有良好的强韧性,同时在表面获得高硬度和高耐磨性。(2分)而渗碳只能提高表面层的含碳量,只有通过渗碳后的淬火、回火和深冷处理等热处理,才能使表面层的组织和性能发生根本的变化,达到表面的高硬度和耐磨性要求。(4分)另外,由于零件渗碳要在高温下长时间停留,有时会导致晶粒长大,使心部的强度、硬度和韧性下降。(2分)特别是非本质细晶粒钢渗碳后,这一现象尤其明显,若不进行渗碳后的改善心部组织的

热处理,就无法使零件心部具有良好的强韧性。(2分)

32. 答:(1)为防止盐蒸气的有害作用,炉子应有抽气装置。操作人员必须注意个人防护。(3分)

(2)添加新盐及盐浴校正剂时,必须事先烘干并以少量分批加入。工件及工卡具也应在干燥的状态下进炉,避免熔盐遇水飞溅伤人。(3分)

(3)毒性大、易爆炸、腐蚀性强或易吸潮的盐,应由专人保管,严禁混杂堆放。(2分)

(4)废弃不用的溶剂、由盐浴中捞出的炉渣、报废的工卡具等应妥善处理,以防污染环境。(2分)

33. 答:青铜有如下热处理类型:

(1)退火。目的是消除青铜的冷热加工应力,恢复塑性。对于铸造青铜,为了消除铸造应力,消除枝晶偏析,改善组织,施行扩散退火。(2分)

(2)淬火时效。对于青铜和硅青铜等铜合金,可以通过淬火和时效改变化合物在固溶体中的含量和分布情况,提高其强度和硬度。(4分)

(3)淬火回火。含铝量大于9%的铝青铜是常用淬火回火进行强化的铜合金,淬火冷却起始温度一般为850～950 ℃,保温1～2 h(水冷),回火温度根据性能要求而定。(4分)

34. 答:将高温计对准被测物体(2分),移动目镜和物镜使光亮灯的灯丝和被测物体清晰可见,比较两者的亮度(2分),然后调节滑丝电阻(2分),改变灯丝电路的电流,从而改变灯丝的亮度(2分),使其与被测物体亮度相同,这是毫伏计反映的温度就是被测物体的温度(2分)。

35. 答:(1)安装地点应干燥、无腐蚀性气体、无强磁场,环境温度应在0～50 ℃范围内。(2分)

(2)配热电偶必须使用补偿导线,分度号应和电子电位差计、热电偶一致。(2分)

(3)仪表应有良好的接地。(2分)

(4)应定期检查仪表的运行状态,清洗滑电阻及注油。(2分)

(5)定期更换记录纸、加注记录水。(2分)

金属热处理工(高级工)习题

一、填 空 题

1. 建立劳动关系,应当订立(　　)。

2. 劳动者拒绝用人单位管理人员违章指挥、(　　),不视为违反劳动合同。

3. 安全生产管理,坚持安全第一、(　　)的方针。

4. 职业病危害因素包括:职业活动中存在的各种有害的(　　)、(　　)、生物因素以及在作业过程中产生的其他职业有害因素。

5. 低合金刀具钢一般碳质量分数在(　　)之间,并含有质量分数为 3%～5% 的 Cr、Mn、Si、W、V 等合金元素。

6. 工具钢材料质量检查项目包括化学成分,脱碳层,(　　)和非金属夹杂物。

7. 在钢件压力加工加热时,应注意避免氧化和退碳、过热和过烧、热应力引发(　　)等缺陷。

8. 可热处理强化变形铝合金有硬铝、超硬铝和锻铝三种,它们的主要强化途径是(　　)。

9. 待热处理件的基本数据包括钢号、(　　)、炼钢炉号、拉伸试验数据、硬度试验数据、淬透性及金相组织检验资料。

10. 工业生产中冷塑性变形的应用实例有拉丝与(　　)等。

11. 可控气氛工艺流程包括原料气贮存系统,空气系统,原料气系统,混合气系统,燃烧系统,净化系统及(　　)等组成部分。

12. 奥氏体晶粒的实际尺寸决定于(　　)及实际加热条件。

13. 在钢冷却时的马氏体,贝氏体,珠光体三种组织转变中,珠光体的晶核长大速度(　　)。

14. 在钢冷却时的马氏体,贝氏体,珠光体三种组织转变中,马氏体的晶核长大速度(　　)。

15. (　　)马氏体具有高强度,一定的硬度及塑性等特点。

16. 马氏体的转变一般不完全,而残留有(　　),马氏体转变可以具有可逆性。

17. 第二类回火脆性产生的原因是(　　)浓度较高的缘故。

18. 选择回火温度时,应尽量避开出现回火脆性的温度区,故低温回火时温度不应超过(　　)℃。

19. 含铬、镍的钢选择回火温度时,应尽量避开出现回火脆性的温度区,需要在 450～650 ℃ 高温回火脆性区回火时,回火后(　　)。

20. 机床导轨是机床的基准件,要求很平直,以保证机床的精度。由于刀架的运动而要求轨表面要(　　)。

21. 当高速工具钢碳化物不均匀性的改善程度受到限制时,为避免过热组织的产生,可在保证硬度的前提下,采用(　　)温度加热淬火来处理。

22. 对于高速钢和高铬钢中粗大共晶碳化物,只有通过(　　)的办法才能改变它们的形态和分布。

23. 亚共析钢中的带状组织可用扩散退火的方法来消除,较好的方法是用(　　)来消除。

24. 量具钢常用的退火工艺为球化和(　　)退火。

25. 淬火加热温度越高,工件各部位温差越大,则(　　)增大,同时变形加大。

26. 淬火冷却时(　　)与组织应力的集中或叠加,是引起变形的主要因素。

27. 渗氮件在渗氮前要求组织为索氏体,工件表层不许有(　　),表面粗糙度不得低于 $R_a1.6$,工件的边角应倒角。

28. 合金钢的(　　)缺陷有缩孔、疏松、偏析、夹杂和白点等。

29. 冷脆是指在低温时,钢的(　　)随温度的降低而急剧下降的现象。

30. 形成魏氏组织的必要条件是粗晶组织,充分条件是(　　)。

31. 在退火温度低、退火时间短时,冷变形金属发生的主要过程为(　　)。

32. 感应淬火齿轮经金相分析,齿面金相组织中有大块未溶解的铁素体,由于它的存在(　　)了机械强度,而使齿面剥落。

33. 具有第二类回火脆性的钢(　　)进行氮化。

34. 氮碳共渗是以渗(　　)为主,能改善工件耐磨性。

35. 渗硫、硫氮碳共渗、液体氮碳共渗等化学热处理,能降低原子间结合力,减小摩擦系数,可以明显地(　　)抗黏着磨损能力。

36. 带状组织可明显(　　)材质的力学性能,特别是横向的力学性能。

37. 工件热处理后表面损伤、表面腐蚀、表面氧化、以及锻轧、机加工的遗留缺陷是(　　)检验的内容之一。

38. 热处理质量检验内容主要有外观检查、硬度检验、变形与开裂检验、金相组织检验、化学成分检验、(　　)等。

39. ZGMn13 水韧处理后金相组织检验中发现有碳化物析出,可以从加热温度低、保温时间不足、入水时工件温度低、(　　)等几方面分析查找原因。

40. 45 钢退火后硬度偏高,是由于加热温度高,且(　　)的原因。

41. 淬火后工件表面脱碳严重是因为淬火温度过高,(　　)造成的。

42. 正常的渗氮件出炉后表面颜色应呈(　　)。

43. 碳氮共渗零件淬火后,由于渗层表面的(　　),硬度比较低。

44. 碳氮共渗在正常时,渗层中只有一定数量的(　　),一般不会形成连续的化合物层。

45. 零件热处理后的内应力不允许过大,但由于应力检测比较复杂,一般不作为热处理常规检验项目,而是由(　　)来保证。

46. 快速淬火油的冷却能力在(　　)应进行检测。

47. 感应淬火后的表层组织最好是(　　)马氏体组织。

48. 45 钢淬火后出现粗大马氏体成排分布,原因是(　　)。

49. 齿轮传动指利用主,从动两齿轮间轮齿与轮齿的直接接触(啮合)来传递(　　)的一套装置。

50. 液压传动是以液体作为介质,利用液体压力来(　　)和进行控制的一种传动方式。

51. 仪表活动部分偏转角的大小与引起偏转的被测量变动大小之间的比值称为（　　　）。

52. （　　　）是指晶体结构中,与任一原子最近邻并且等距离的原子数。

53. 宏观应力也称第一类应力是指由于金属材料的各部分不均匀,而造成在宏观范围内互相（　　）的应力。

54. 微观应力亦称第二类应力,是金属经冷塑性变形后,由于各晶粒或亚晶粒（　　　）,而引起的一种内应力。

55. 点阵畸变亦称第三类应力,是指冷塑性变形使原子在晶格中偏离其（　　　）,亦即晶格发生畸变所引起的内应力。

56. 复合渗工艺通常是指在零件表面同时渗入（　　　）的元素,又称多元共渗。

57. 二次硬化是一种弥散硬化,即某些合金钢在回火时,合金碳化物从基体中直接析出,且（　　　）聚集长大,呈高度弥散状态,因而产生二次硬化效果。

58. 固溶热处理是将合金加热至高温单相区恒温保持,使过剩相（　　　）到固溶体中后快速冷却,以得到过饱和固溶体的工艺。

59. 激光淬火是以高能量激光作为能源,以极快速度加热工件并（　　　）的淬火工艺。

60. 金属晶体中的一列或若干列原子发生错排现象称为（　　　）;这是一种线型的不完整结构,故也称线缺陷。

61. 晶界是把结构相同,但（　　　）不同的两个晶粒分隔开来的一种面状不完整缺陷。

62. 齿轮的主要参数有压力角 α,齿数 Z 和（　　　）。

63. 仪表质量指标包括:（　　　）,灵敏度,死区和回差,时间常数和内响应时间等。

64. 金属的工艺性能包括（　　　）,可锻性,可焊性,热处理工艺性。

65. 奥氏体的形成条件是浓度起伏,（　　　）,能量起伏。

66. 简单点阵碳化物具有（　　　）,稳定性高,加热时不易溶入奥氏体中,对相变的影响较小等性能。

67. （　　　）称为第二类内应力。

68. 材料在外力的作用下丧失连续性的过程称为（　　　）。

69. 现场管理主要存在的问题有技术装备的（　　　）,各类物品摆放无序,废弃物品不能及时清除。

70. 电阻炉的接线,当炉子功率小于 25 kW 时,采用 220 V 串联或 380 V（　　　）接法。

71. 金属或合金在加热或冷却过程中,发生相变的（　　　）称为相变点。

72. 固态金属及合金在加热(或冷却)通过（　　　）时,从一种晶体结构转变为另一种晶体结构的过程称为固态相变。

73. 齿轮用铸铁有灰铸铁、（　　　）和可锻铸铁三类。

74. 氢脆是金属或合金因吸收氢而引起的（　　　）降低现象。

75. 金属塑性变形的主要形式是（　　　）与孪生。

76. 以共析钢为例,奥氏体的比容最小,其次是珠光体,最大是（　　　）。

77. 轴承对材料的性能要求很高,应有纯度高、淬透性好、（　　　）、切削性好等特点。

78. 滚动轴承的滚珠不允许有软点,因为软点会使滚珠过早的磨损及（　　　）。

79. 根据铸件的牌号、铸态组织、工件形状和（　　　）、工艺方法等因素确定加热温度。

80. 相变过程是由（　　　）和长大两个基本过程所组成。

81. 共析转变之前析出的铁素体和渗碳体叫做先共析铁素体和（　　　）渗碳体,后者又叫二次渗碳体。

82. 珠光体转变温度越低,珠光体形核与长大率的比值（　　　）,所形成的珠光体晶粒越细小。

83. 室温下的铁碳二元合金（$\omega_c > 0.005\%$）的平衡组织,无论其成分如何,其实都是由 F 和（　　　）两个基本相构成的机械混合物。

84. 在过冷奥氏体连续转变图中,与珠光体转变开始线相切的那个冷却速度叫做（　　　）,其代号为 V。

85. 金属的（　　　）强度用蠕变极限和持久强度来表示。

86. 断裂韧性是表示材料中有一定长度的裂纹时,材料对（　　　）的抗力。

87. 因为奥氏体的（　　　）、屈服强度低,所以锻造时要加热至奥氏体化温度区间。

88. 密封箱式炉由前室、（　　　）及推、拉料机构组成。

89. 对工件的畸变与开裂来说,热处理工艺过程的合理性,工艺参数的正确性及（　　　）是至关重要的。

90. 对机加工应力大的,而变形要求严格,热处理过程又难以校正的工件,在淬火前应采用（　　　）,以减少淬火回火后的形状畸变。

91. 钢退火后出现石墨是由于温度过高、保温时间过长,是（　　　）造成。

92. 奥氏体中开始析出铁素体或铁素体全部转变为奥氏体的转变线,常称此温度为（　　　）温度。

93. 珠光体中的铁素体和渗碳体分别叫做共析铁素体和（　　　）。

94. 铁—渗碳体相图可直接用来分析（　　　）、低合金钢和普通铸铁的性能及工艺特性。

95. 分析多元合金系的常用方法,是先研究该合金系中基本的二元合金系,然后分别讨论（　　　）的影响。

96. 电阻与导体的长度成正比,与导体的横截面积成反比,单位长度和单位面积的导体所具有的电阻值称为该导体的（　　　）。

97. 影响金属导电性能的因素有温度、应力、塑性变形程度和（　　　）。

98. 奥氏体不锈钢固溶处理的目的是使其具有优良的（　　　）。

99. 对筑炉用耐火材料性能的要求是（　　　）、一定的高温强度、耐急冷急热性、良好的体积稳定性和良好的化学稳定性。

100. 保温材料中的石棉,虽然熔点高达 1 500 ℃,但是在 700～800 ℃时则变脆,失去保温性能,所以石棉绳的使用温度不能超过（　　　）℃。

101. 当淬硬层深度为工件直径的 1/10～1/5 时,工件将具有良好的（　　　）。

102. 热处理工艺文件主要有（　　　）、工艺规程和操作守则三部分。

103. 气相沉积工艺主要有化学气相沉积及（　　　）两种方法。

104. 根据原子错排方式不同,位错可分为（　　　）及螺型位错。

105. 根据计算,碳在奥氏体中的溶解度可达 20%,而实际上因为碳的缺位,使碳含量最大为（　　　）。

106. 奥氏体晶粒长大的驱动力是（　　　）,与粗晶相比细晶组织具有较多的晶界,因此具有较大的长大动力。

107. 合金的相结构可分为(　　)和中间相两大类。

108. 片状珠光体只能由过冷奥氏体经共析转变获得,而粒状珠光体可由片状珠光体经(　　)而成,或由淬火组织经高温回火而成。

109. 热处理厂房的生产面积应占总面积的 70% 以上。生产面积包括有(　　)、辅助设备、附属设备、工卡具库和通道等面积总和。

110. 高温形变淬火除了能提高强度、塑性、韧性,还能提高(　　)。

111. 变态莱氏体是由珠光体和(　　)组成的机械混合物。

112. 过热件在返修退火和重新淬火时,应采用较(　　)的淬火温度,适当延长加热时间,避免晶粒粗大。

113. 金相显微镜下上贝氏体呈羽毛状,下贝氏体呈(　　)。

114. 某些合金钢进行化学热处理时,随着扩散过程的延续,渗层的渗入含量不断增加,当达到一定数值后,会形成新相,这种伴随着相变过程的扩散称为(　　)。

115. 扩散温度越高,则扩散系数越(　　),即温度升高,扩散加快。

116. 钢在相同成分和组织类型条件下,(　　)晶粒不仅强度高,更重要的是韧度好,因此严格控制奥氏体的晶粒大小,在热处理生产中是一个重要的环节。

117. 钢的奥氏体向珠光体转变必须进行碳的重新分布和铁的(　　),需要碳原子和铁原子的扩散来完成,因此,珠光体转变是一个扩散型转变。

118. 测量电流时,应把电流表(　　)联在电路中。

119. 测量电压时,电压表应与负载(　　)联。

120. 晶界熔点比晶内(　　)。

121. 奥氏体晶粒长大是一个能量(　　)的过程。

122. 钢材在某种介质中淬火后,心部得到全部马氏体或 50% 马氏体组织时的最大直径称为(　　)。

123. 双液淬火法将钢奥氏体化后,先浸入一种冷却能力强的介质,在钢件未到达该淬火介质温度之前即取出,马上投入另一种冷却能力弱的介质中冷却,如先水后油,(　　)等。也称双介质淬火。

124. 分级淬火也称马氏体分级淬火,指钢奥氏体化后,随之投入温度(　　)于钢的上马氏体点的液态介质(盐浴或碱浴)中,保持适当时间,待钢件的内、外层都达到介质温度取出空冷,以获得马氏体组织的淬火工艺。

125. 感应器是将高频电流所供应的(　　)输至工件表面上的器具。

126. 碳氮共渗是在一定温度下同时将碳、氮元素渗入工件表层(　　)氏体中并以渗碳为主的化学热处理工艺.

127. 点缺陷是指局部区域只有(　　)那么大的微小晶体缺陷。

128. 溶质原子位于溶剂(　　)位置而形成的固溶体称为置换固溶体。

129. 溶质原子溶入溶剂晶格处于间隙位置形成的固溶体称为(　　)。

130. 孪生是塑性变形的另一种形式,孪生变形是在切应力作用下,沿晶体中一定的晶面(孪生面)及晶向(孪生方向)发生的。孪生的结果造成晶体的一部分以(　　)为对称面与晶体的另一部分相对称,构成孪晶。

131. 工件在加热和冷却过程中必然伴有热胀冷缩的现象,由于工件表面与心部温度变化

（　　），造成热胀冷缩不均，使之产生内应力，这种由热胀冷缩不一致而产生的应力称为热应力。

132. 温度传感器既可分为接触式和（　　）两大类，也可分为电器式和非电器式

133. 工件淬火发生相变时，工件内外存在着温度差，因而表面先转变而心部后转变，由于不同组织的（　　）不同，造成了内应力，这种由组织转变的不同时而产生的内应力称为组织应力。

134. 工件淬火时，（　　）应力使工件沿着大尺寸方向收缩，沿着小尺寸方向伸长。

135. 热处理（　　）规程内容包括：明确规定质量检验的项目、内容、方法及要求。

136. 正火后硬度偏高工件可在合理工艺下（　　）。

137. 渗碳后网状碳化物不太严重时，可以适当提高淬火温度，使部分碳化物溶入奥氏体中，或使之形成点状或（　　）碳化物。

138. 为了防止渗氮处理后脆性大、出现网状、针状氮化物，保证入炉工件表面（　　）。

139. HRB 试验力为 1 000 N，压头为 1.588 mm 的钢球。HRC 试验力为 1 500 N，压头为 120 的（　　）。

140. 白点实质上是钢中的一种（　　），在锻造或轧制的纵向断裂面上呈现边缘清晰的圆形白色斑点。

141. 白点造成的氢脆，随着钢在加载时应变速率的增高脆性急剧增大，使钢的力韧性（　　），这种现象称为钢的第一类氢脆。

142. 热处理能降低或消除铸铝合金的（　　）。

143. 铬能使不锈钢在氧化介质中产生钝化现象，即在表面形成一层很薄的膜，在这层膜内富集了（　　），钢中含铬量越高，抗腐蚀性能越强。

144. 疲劳强度是指金属在（　　）的作用下，在规定的周期内不发生疲劳破坏时所承受的最大应力。

145. 固溶强化是指在固溶体中，由于溶质原子的溶入，使晶格发生畸变，变形时畸变应力与位错相互作用使（　　）升高的现象。

146. 工件各部位尺寸不同时，按某处尺寸确定加热温度及保温时间可保证热处理质量，该处的尺寸称为（　　）厚度。

147. 残余应力是指工件在没有外力作用，各部位也没有（　　）的情况下而存留于工件内的应力。

148. 宏观组织是指金属或合金制成金相磨面后，经适当处理后用（　　）观察到的组织。

149. 零件图中零件的功能尺寸必须（　　），不能由其他尺寸换算得到。

150. 零件图中的每一尺寸，一般只注一次，并要标注在该结构最（　　）的图形上。

151. 根据零件的功用及结构和工艺上的要求，在零件图上用以确定某个面、线或点所依据的面、线、点称为（　　）。

152.《机械识图》是研究在平面上用（　　）表达物体，由平面图形想象物体空间形状的一门学问。

153. 有一零件图样，图上的 2 mm 代表实物上的 4 mm，其采用的比例是（　　）。

154. 时效过程中，一般均是先出现（　　）而不直接形成稳定相。

155. 工件表面的微观几何形状误差称为（　　）。

156. 金属材料在外力作用下显现出来的性能称为力学性能,主要包括强度、塑性、硬度、（　　）和弹性。

157. 金属材料表现在物理范畴内的性质,主要有密度、熔点、膨胀性、（　　）、导电性、磁性等。

158. 按用途可将结构用钢分为弹簧钢、电工钢、不锈耐酸钢、特殊钢、和（　　）。

159. 工具钢按用途可分为刃具钢、量具钢和（　　）三种。

160. 调质钢应有足够的（　　）,工件淬火后,其表面和中心的组织和性能均匀一致。

161. 淬透性是每种钢的（　　）。

162. 感应淬火后的工件需要进行（　　）处理,这是减少内应力、防止裂纹发生及防止变形的重要工序。

163. 工件在高、中温箱式电阻炉中加热主要靠电热原件和炉壁表面的（　　）。

164. 因为炉壳在靠近炉口处温度较（　　）,所以箱式电阻炉的炉门框常用铸铁或铸钢制成,以防止因变形而影响炉子的密封性。

165. （　　）制成的电热元件的最高使用温度可达 3 600 ℃。

166. 某种钢内 $\omega_{Cr}=13\%\sim19\%$,$\omega_C=0.1\%\sim0.45\%$,则该刚称为（　　）不锈钢。

167. 钢铁中（　　）是产生火花的基本元素,而铬、镍、硅、锰等合金元素则对线条的颜色、火花的形态产生不同的影响。

168. 废气、（　　）、废渣等热处理生产过程中产生的"三废",它们的综合利用、净化回收及无害化处理是环境保护的重大技术措施。

169. 热传递的基本方式有三种:传导、（　　）和辐射。

170. 氨气对呼吸系统和眼睛有强烈的刺激,容易引起灼伤、肺炎、眼睛失明等伤害,接触后应立即用大量（　　）清洗,再送医院治疗。

171. 工件在改变物态的淬火介质的冷却过程中,（　　）阶段是冷却速度最大的阶段。

172. 杠杆定律可适用于（　　）相图两相区中两平衡相的相对含量计算。

173. 对于受力复杂、截面尺寸较大、综合力学性能要求高的球墨铸铁件,一般应采用（　　）来满足性能要求。

174. 为消除灰铸铁中含量较高的自由渗碳体,以便切削加工,可采用（　　）。

175. 去应力退火是将工件加热到（　　）温度,保温一定时间后缓慢冷却的工艺方法。

176. 当金属或合金的加热温度达到其固相线附近时,晶界发生氧化和部分熔化的现象称为（　　）。

177. 将感应加热好的工件迅速冷却,但不过冷,利用心部余热对淬火表面"自行"加热,达到回火目的,此种回火方法称为（　　）。

178. 对于要求心部有一定强度和冲击韧度的重要渗碳工件,在渗氮前应进行（　　）工艺。

179. 在对于畸变工件进行校正后,必须（　　）消除其校正应力。

180. 热处理后的清洗必须在（　　）温度以下进行,以防止工件的硬度下降或发生组织转变。

181. 由于大型铸件常常有枝晶偏析出现,所以其预备热处理应采用（　　）。

182. 曲轴最终热处理的目的是提高（　　）和轴颈耐磨性,达到产品设计要求。

183. 螺纹的（　　）会导致螺栓在未达到力学性能要求的拉力时先发生脱丝,使螺纹紧固件失效。

184. 磷化处理是通过化学与电化学反应,形成（　　）化学转化膜的过程。

185. 结构钢渗氮前常用的预备热处理是调质处理,以获得回火（　　）组织。

186. 感应器是将电流转化为磁场对工件进行（　　）的能量转换器。

187. （　　）鉴别法就是运用钢材在磨削过程中所出现火花(或火束)的爆裂形状、流线、色泽、发火点等特征来区别钢铁材料化学成分差异的一种方法。

188. 在热处理生产过程中,通常会使用同一个夹具进行工件的淬火加热和淬火冷却,因此在考虑工件的装夹方式时,应兼顾（　　）均匀和冷却均匀这两个方面的要求。

189. 长筒型工件(如轴、套),应（　　）装夹加热。

190. 作为等温和分级淬火介质的盐浴,应具有较低的熔点,只有这样才能保证介质具有较大的（　　）性和足够的冷却能力。

191. 工件经过热处理后的内应力,会使工件产生形状和尺寸的（　　）。

192. 除了感应圈的形状要与工件的形状相仿外,感应圈与工件之间的（　　）也是影响工件淬火质量的一个重要因素。

193. 调质钢按化学成分可分为碳素调质钢与（　　）调质钢两大类。

194. 耐磨性不仅取决于基体高的硬度,而且与（　　）的尺寸、数量、形态及分布等都有关。

195. （　　）是指一定成分的液态合金,在一定的温度下同时结晶出两种不同固相的转变。

196. 断后伸长率与断面收缩率表示断裂前金属（　　）的能力。

197. 在交变载荷作用下机器零件的断裂称为（　　）。

198. 在氧化性介质中,加热时常常引起钢件表面（　　）。

199. 中温回火一般作为（　　）的回火方式。

200. 铸锭中存在的缺陷主要有缩孔、气孔和（　　）三种。

二、单项选择题

1. （　　）能促使钢的晶粒长大。
(A)Mn　　　　　　　(B)Mo　　　　　　　(C)Ti　　　　　　　(D)V

2. （　　）的特点是熔点高、硬度大、脆性大。
(A)间隙固溶体　　(B)置换固溶体　　(C)金属化合物　　(D)马氏体

3. 间隙化合物包括简单晶格结构的间隙相和（　　）结构的间隙化合物两大类。
(A)复杂晶格　　　　　　　　　　　　(B)体心立方晶格
(C)简单晶格　　　　　　　　　　　　(D)密排六方晶格

4. 工件表面出现的较浅龟裂,其形状如同龟壳上的纹路,有时也称其为网裂,这种缺陷通常出现在（　　）工序。
(A)铸造　　　　　(B)焊接　　　　　(C)锻造　　　　　(D)机械加工

5. 压力加工是目前钢材生产的主要方法,其中（　　）以生产毛坯为主。
(A)轧制　　　　　(B)拉拔　　　　　(C)板料冲压　　　(D)挤压

6. 齿顶圆和齿顶线用（　　）绘制。

(A)粗实线　　　　(B)细实线　　　　(C)点划线　　　　(D)虚线

7. 看主视图，看不出（　　）方向的尺寸。

(A)长　　　　(B)宽　　　　(C)高　　　　(D)深

8. 牌号 1Cr18Ni9 为（　　）不锈钢。

(A)铁素体型　　　(B)贝氏体型　　　(C)奥氏体型　　　(D)马氏体型

9. 碳溶于 α-Fe（铁的体心立方晶格）中形成的间隙固溶体称为（　　）。

(A)铁素体　　　　(B)奥氏体　　　　(C)珠光体　　　　(D)渗碳体

10. Q345 是我国目前最常用的一种（　　）钢。

(A)工具　　　　(B)合金　　　　(C)高速　　　　(D)碳素结构

11. 工业用的金属材料可分为（　　）两大类。

(A)黑色金属和有色金属　　　　　　(B)铁和铁合金

(C)钢和铸铁　　　　　　　　　　　(D)纯金属和合金

12. 二元合金相图中，下列哪个是共晶转变（　　）。

(A)L→α　　　　(B)γ→α　　　　(C)L→α+β　　　　(D)γ→α+β

13. 工具钢的预先热处理通常采用（　　）处理。

(A)正火　　　　(B)球化退火　　　　(C)调质　　　　(D)锻后高温正火

14. 形变铝合金热处理强化机理是（　　）。

(A)马氏体相变　　(B)贝氏体相变　　(C)固溶+时效　　(D)固溶体强化

15. 钢淬火后所形成的残余应力（　　）。

(A)使表层处于受压状态热　　　　　(B)随钢种和冷却方法而变

(C)为表面拉应力　　　　　　　　　(D)使表层处于受拉状态

16. 淬火的热作模具，在油中冷却的时间由模具的尺寸而定，大型模具为（　　）。

(A)15～20 min　　(B)25～45 min　　(C)45～70 min　　(D)水淬油冷

17. 为防止返工感应淬火件出现裂纹，两次淬火之间应进行（　　）处理。

(A)时效　　　　(B)低温回火　　　　(C)再结晶退火　　　　(D)高温回火

18. 选择合适的淬火介质也很重要，只要能满足工艺要求，淬火介质的（　　）越好。

(A)冷却能力越小　　　　　　　　　(B)冷却能力越大

(C)温度越低　　　　　　　　　　　(D)温度越高

19. 工业纯铜在还原性气氛中加热退火时，铜中所含的杂质氧会与氢或其他气体发生反应，生成水蒸气或二氧化碳从铜中逸出，使铜产生（　　）。

(A)净化　　　　(B)断裂　　　　(C)显微裂纹　　　　(D)腐蚀

20. 奥氏体化加热温度相同时，加热速度越快，奥氏体晶粒（　　）。

(A)越粗大　　　　(B)越细小　　　　(C)中间值　　　　(D)不受影响

21. 水溶性聚合物型淬火介质大都具有（　　），这使淬火介质能保持成分稳定。

(A)水溶性　　　　(B)逆溶性　　　　(C)速溶性　　　　(D)不溶性

22. 淬火油一般采用 10 号、20 号、30 号机油，油的号数愈高，则（　　）。

(A)粘度愈大，冷却能力愈高　　　　(B)粘度愈大，冷却能力愈低

(C)粘度愈小，冷却能力愈高　　　　(D)粘度愈小，冷却能力愈低

23. A_1、Ac_1 和 Ar_1 三者的关系是( )。

(A)$A_1 > Ac_1 > Ar_1$　　　　　　　　　(B)$A_1 > Ar_1 > Ac_1$

(C)$Ac_1 > A_1 > Ar_1$　　　　　　　　　(D)$Ar_1 > A_1 > Ac_1$

24. 在过冷奥氏体等温转变图的"鼻子"处,孕育期最短,所以在该温度下( )。

(A)过冷奥氏体稳定性最好,转变速度最快

(B)过冷奥氏体稳定性最差,转变速度最慢

(C)过冷奥氏体稳定性最差,转变速度最快

(D)过冷奥氏体稳定性最好,转变速度最慢

25. 生产中所说的水淬油冷属于( )。

(A)双液淬火　　　　(B)等温淬火　　　　(C)延时淬火　　　　(D)局部淬火

26. 球化退火是将过共析钢或合金工具钢加热到( )以上 20~30 ℃,长时间保温后再以较低的冷速缓慢冷却或在低于 Ar_1 保温以获得球状珠光体的工艺。

(A)Ac_1　　　　(B)Ac_3　　　　(C)Ac_m　　　　(D)A_3

27. 工厂中习惯将淬火加高温回火称为( )。

(A)调质处理　　　　(B)正火　　　　(C)退火　　　　(D)氮化

28. 铸钢件成分不均匀会影响其性能,可进行( )处理加以改善。

(A)完全退火　　　　(B)扩散退火　　　　(C)球化退火　　　　(D)正火

29. 真空加热气体淬火常用的冷却气体是( )。

(A)氢　　　　(B)氩　　　　(C)氮　　　　(D)氦

30. 强烈阻碍奥氏体晶粒长大的元素是( )。

(A)Nb、Ti、Zr、Ta、V、Al 等　　　　　　(B)Cu、Ni 等

(C)W、Cr、Mo　　　　　　　　　　　(D)Si、Co

31. 奥氏体晶粒长大与温度的关系是( )。

(A)成线性关系长大　　　　　　　　　(B)成指数关系长大

(C)成线性关系减小　　　　　　　　　(D)成指数关系减小

32. 下贝氏体的塑性、韧性高于上贝氏体,这是因为( )。

(A)铁素体尺寸大,碳化物在晶界析出　　(B)铁素体尺寸小,碳化物在晶内析出

(C)铁素体尺寸小,碳化物在晶界析出　　(D)上述说法都不对

33. 时效温度过高,强化效果反而较差的原因主要是在于( )。

(A)材料发生了再结晶

(B)合金元素沿晶界聚集

(C)所析出的弥散质点聚集长大,对位错滑移阻力变小

(D)材料中的残余应力随时效温度升高而减小

34. 滑移线用( )可观察到。

(A)肉眼　　　　(B)放大镜　　　　(C)光学显微镜　　　　(D)电子显微镜

35. 45 钢圆柱形细杆试样淬火冷却至室温时,其表面和心部残留的应力为( )。

(A)表面拉应力,心部为压应力　　　　　(B)表面为压应力,心部为拉应力

(C)表面和心部均为压应力　　　　　　(D)表面和心部均为拉应力

36. 调质钢应有足够的( ),工件淬火后,其表面和中心的组织和性能均匀一致。

(A)硬度　　(B)强度　　(C)淬硬性　　(D)淬透性

37. 轴类零件在进行感应淬火之前一般都要经过(　　)处理。

(A)调质　　(B)正火　　(C)退火　　(D)渗碳

38. 齿轮沿齿沟埋油淬火感应器主要是由(　　)冷却。

(A)施感导体内的冷却水　　(B)导磁体内的冷却水

(C)淬火油　　(D)空气

39. 高频感应加热淬火是利用(　　)。

(A)辉光放电原理　　(B)温差现象

(C)电磁感应原理　　(D)热能原理

40. 某钢件要求淬硬层深度为 0.5 mm,应选用的感应加热设备是(　　)。

(A)高频设备　　(B)低频设备　　(C)中频设备　　(D)工频设备

41. 感应加热时,工件上感应电流的透入深度和感应器上的电流频率的平方根(　　)。

(A)两者成正比关系　　(B)两者成反比关系

(C)两者之间关系不大　　(D)两者成指数关系

42. 把导体装在"∩"型导磁体中,高频电流通过导体时的分布情况是(　　)。

(A)从导磁体开口一边的导体表面层流过　　(B)均匀分布在整个导体截面上

(C)分布在导体圆周的表面层　　(D)上述说法都不对

43. 喷丸机的喷射物一般是(　　)。

(A)铸铁制小圆球　　(B)钢制小圆柱体

(C)钢制小六面体　　(D)砂子

44. 黑色金属的氧化处理又称(　　)。

(A)发蓝　　(B)磷化　　(C)调质　　(D)打砂

45. 工件感应加热淬火同整体淬火相比,感应加热淬火的疲劳强度(　　)。

(A)相同　　(B)显著提高　　(C)显著下降　　(D)不能比较

46. 非扩散型相变是指原子按特定方式协调迁移,化学成分不发生变化,典型的例子是钢中(　　)的相变。

(A)珠光体　　(B)贝氏体　　(C)铁素体　　(D)马氏体

47. 分级淬火分级的目的是(　　)。

(A)使工件在介质中停留期间完成组织转变

(B)使奥氏体成分趋于均匀

(C)节约能源

(D)使工件内外温差较为均匀,并减少工件与介质间的温差

48. 在实际生产中,冷处理应在淬火后(　　)进行。

(A)4 h 内　　(B)2 h 内　　(C)0.5 h 内　　(D)立即

49. 钢材中某些冶金缺陷,如结构钢中的带状组织、高碳合金钢中的碳化物偏析等,会加剧淬火变形并降低钢的性能,需通过(　　)来改善此类冶金缺陷。

(A)退火　　(B)正火　　(C)锻造　　(D)调质

50. 用感应加热回火方式进行回火时,为了有效地消除残留应力,工件的加热层深度必须(　　)淬火层深度,可采用 15~20 ℃/s 的较小加热速度进行回火。

(A)小于　　　　　　　(B)大于　　　　　　　(C)相当于　　　　　　(D)大大小于

51. 碳控仪是通过 PID 调节进入该通道(　　　)的可逆电动机执行阀控制流量来达到碳势控制目的。

(A)可控气氛　　　　　(B)富化气　　　　　　(C)混合气　　　　　　(D)氮气

52. 用空气液化分馏法制氮,即利用深冷方法使空气成为液体状态,在(　　　)温度的分馏塔内进行精馏,即可获得氧气和氮气。

(A)−112 ℃以下　　　　　　　　　　　　　(B)−150 ℃以下

(C)−196 ℃以下　　　　　　　　　　　　　(D)−73 ℃以下

53. 氨分解是将液氨减压气化,在催化剂作用下,在一定温度加热分解后获得(　　　)的气氛。

(A)ϕ_{H_2} 75％和 ϕ_{N_2} 25％　　　　　　(B)ϕ_{H_2} 65％和 ϕ_{N_2} 35％

(C)ϕ_{H_2} 85％和 ϕ_{N_2} 15％　　　　　　(D)ϕ_{H_2} 50％和 ϕ_{N_2} 50％

54. 20CrMnMo 渗碳后空冷,表面形成托氏体,内层形成一部分马氏体,使表面产生(　　　)从而发生开裂。

(A)压应力　　　　　　(B)抗应力　　　　　　(C)切应力　　　　　　(D)拉应力

55. 滴注式气氛常用于(　　　)的光亮淬火,渗碳和碳氮共渗等。

(A)大批量零件　　　　(B)中小批零件　　　　(C)冷作模具　　　　　(D)热作模具

56. 氮基气氛是通过空气与燃料气混合燃烧生成气氛,经过去除二氧化碳、水蒸气的(　　　)制取的。

(A)汽化方法　　　　　(B)分解方法　　　　　(C)净化方法　　　　　(D)混合方法

57. 20CrMnMo 渗碳后应(　　　)冷却,防止表面剥离。

(A)在空气中　　　　　(B)缓慢　　　　　　　(C)在保护气氛中　　　(D)分阶段

58. 正常的渗氮件出炉后外观颜色呈(　　　),美观且具防锈能力。

(A)银白色　　　　　　(B)蓝色　　　　　　　(C)灰色　　　　　　　(D)蓝黄相间

59. 钢箔片碳势测定方法,即把 Mn、Si 含量特别低、原始碳质量分数(　　　)且厚度不超过 0.07 mm 的碳素钢箔,放在炉内渗碳气氛中 15～20 min,使它达到与炉内气氛相平衡的含碳量,随后冷却取出,再用称重法计算碳含量。

(A)低于 0.20％　　　　　　　　　　　　　　(B)低于 0.08％

(C)高于 0.08％　　　　　　　　　　　　　　(D)高于 0.20％

60. 滴注式气体渗碳炉在炉温低于(　　　)时,不得向炉内滴入渗剂。

(A)700 ℃　　　　　　(B)650 ℃　　　　　　(C)850 ℃　　　　　　(D)750 ℃

61. 氮碳共渗是以渗(　　　)为主,能改善工件耐磨性。

(A)碳氮　　　　　　　(B)碳　　　　　　　　(C)氮　　　　　　　　(D)铝

62. 渗碳淬火件变形量应不大于单面留量(　　　)。

(A)1/2　　　　　　　(B)2/3　　　　　　　(C)1/3　　　　　　　(D)1

63. 常见的渗碳齿轮渗层深度取齿轮模数的(　　　)。

(A)15％～20％　　　　(B)20％～25％　　　　(C)25％～30％　　　　(D)30％～40％

64. 常用的气体渗碳剂组成物中(　　　)是稀释剂。

(A)甲醇　　　　　　　(B)丙酮　　　　　　　(C)苯　　　　　　　　(D)煤油

65. 3Cr13Mo 是( )。
(A)合金结构钢 　(B)模具钢 　(C)不锈钢 　(D)合金工具钢

66. 3Cr2W8V 钢锻造后的预备热处理一般采用( )。
(A)完全退火 　(B)不完全退火 　(C)正火 　(D)调质处理

67. 较高精度、不淬硬丝杆的材料为 T10~T12A,其热处理工艺为( )。
(A)正火,淬火 　(B)退火,调质
(C)球化退火,调质 　(D)渗碳

68. G20CrMo 钢制滚动轴承,为提高其硬度和耐磨性,常进行( )。
(A)渗碳 　(B)淬火和低温回火
(C)表面淬火 　(D)正火

69. 弹簧经淬火回火后,为了提高质量,增加表面压应力,可采用( )方法提高使用寿命。
(A)表面淬火 　(B)渗碳处理 　(C)渗氮处理 　(D)喷丸处理

70. 用 20CrMnTi 钢制造齿轮,要求心部有较好的韧性,表面抗磨能力强,应采用的热处理工艺为( )。
(A)表面淬火 　(B)淬火
(C)淬火和低温回火 　(D)渗碳,淬火和低温回火

71. 38CrMoAlA 钢渗氮后,渗氮层具有高硬度,其主要原因是( )。
(A)形成高硬度的含氮马氏体 　(B)形成高弥散度的 $Fe_3(C \cdot N)$
(C)形成高弥散度的合金氮化物 　(D)形成高弥散度的特殊碳化物

72. 高碳钢制工具,若提高其硬度和耐磨性,常进行( )。
(A)渗碳,淬火和低温回火
(B)加热到 Acm 以上温度淬火和低温回火
(C)加热到 $Ac_1+(30~50\ ℃)$温度淬火和低温回火
(D)加热到 $Ac_3+(30~50\ ℃)$温度淬火和低温回火

73. 轴类零件在进行感应淬火之前一般都要经过( )处理。
(A)淬火 　(B)调质 　(C)渗氮 　(D)喷丸

74. 合金工具钢的淬火变形和开裂倾向比碳素工具钢小的主要原因,在于( )。
(A)钢的淬透性好,允许采用较低的冷却速度进行淬火冷却
(B)所采用的淬火加热速度较低
(C)这类钢的冶金质量好
(D)其含碳量一般比碳素工具钢低

75. 魏氏组织只是在( )的钢中出现。
(A)一定成分 　(B)含铬、钼 　(C)低碳 　(D)高碳

76. 灰口铸铁正火后获得的基体组织为( )。
(A)铁素体 　(B)珠光体 　(C)珠光体+渗碳体 　(D)贝氏体

77. 铸铁的牌号中,阿拉伯数字的第一组数字表示( )值,第二组数字表示伸长率值。
(A)抗拉强度 　(B)屈服强度 　(C)比例极限 　(D)抗压强度

78. 过热的中低碳钢在正火、退火时会出现粗大的( )组织形态的铁素体。

（A）马氏体   （B）贝氏体   （C）魏氏体   （D）铁素体

79. 钢中含碳量超过（   ）时，铁素体魏氏组织难以形成。

（A）0.60％   （B）0.77％   （C）1.2％   （D）0.88％

80. 无损检测是在不破坏工件的前提下利用（   ）的方法，对材料的内外缺陷用超声波探伤法、磁力探伤法、渗透探伤法等进行检测。

（A）化学   （B）机械   （C）物理   （D）放射性

81. 维氏硬度在热处理工艺质量的检验中，常用来测定（   ）和化学热处理的薄件或小件的表面硬度。

（A）厚淬硬层   （B）薄淬硬层   （C）红硬层   （D）球铁件

82. 带状偏析应在（   ）状态下用金相显微镜检查。

（A）淬火   （B）完全退火   （C）调质   （D）热轧＋回火

83.（   ）主要用于显示偏析、疏松、枝晶、白点等低倍组织及缺陷。

（A）拉伸试验   （B）冲击试验   （C）酸蚀检验   （D）金相检验

84. 磨削裂纹的特征是，裂纹总是垂直于磨削方向或是裂纹呈（   ）。

（A）横向   （B）纵向   （C）龟甲状   （D）较大的深度

85. 淬火裂纹多出现在工件横截面急剧变化的部位、尖角或孔的地方，淬火裂纹是在马氏体形成时产生的，所以淬火后裂纹面不会被（   ），也不会产生脱碳，只有少量淬火介质浸入。

（A）折叠   （B）腐蚀   （C）氧化   （D）扩展

86. 表面损伤是在热处理工序前后的装卸、运输过程中，工件发生碰撞、冲击、摩擦挤压造成的表面损伤，对精密工件或精加工后的工件可能造成不可挽回的（   ）。

（A）废品   （B）退修品   （C）不合格品   （D）返工品

87. 游标卡尺尺身上刻线的每格间距为（   ）。

（A）1 mm   （B）0.05 mm   （C）0.02 mm   （D）0.01 mm

88. 对偶发性问题的改进是（   ）。

（A）质量改进   （B）质量控制   （C）质量突破   （D）质量审查

89. 对系统性问题的改进是（   ）。

（A）质量改进   （B）质量控制   （C）质量突破   （D）质量审查

90. 半成品入库前的检验或直接进入装配前检验称为（   ）。

（A）工序检验   （B）完工检验   （C）进货检验   （D）发货检验

91. 工件加热时温度过高，奥氏体晶粒粗大，淬火后马氏体组织粗大，工件断口很粗，这种缺陷称为（   ）。

（A）过热   （B）过烧   （C）腐蚀   （D）萘状断口

92. 维氏硬度试验可测定较薄材料的硬度，它的符号用（   ）表示。

（A）HB   （B）HV   （C）HR   （D）HRC

93. 热处理高温电阻炉热传递的主要方式是（   ）。

（A）传导   （B）传递   （C）对流   （D）辐射

94. 多用箱式可控气氛热处理炉，它将加热炉与淬火槽联接并密封在一起，是（   ）式作业炉。

（A）连续   （B）周期   （C）油淬   （D）水淬

95. 多用炉炉膛内侧安装电加热(　　)，下部为碳化硅导轨。
(A)电阻板　　　　　(B)电阻丝　　　　　(C)辐射管　　　　　(D)碳化硅棒

96. 新购入的复杂热处理设备的调试过程一般在热调试前(　　)先进行冷调试。
(A)必须　　　　　(B)不须　　　　　(C)不一定　　　　　(D)无所谓

97. 多用箱式炉控制淬火台升降的电磁阀故障,应由(　　)检查修理。
(A)操作者　　　　　　　　　　　(B)代班人员
(C)生产调度指定人员　　　　　　(D)电工

98. 热电偶是(　　)次仪表。
(A)一　　　　　(B)二　　　　　(C)三　　　　　(D)四

99. 熔断器属于(　　)。
(A)控制电器　　　　　　　　　　(B)保护电器
(C)手动控制电器　　　　　　　　(D)自动控制电器

100. 热处理车间所用的易燃气体及(　　)都可能发生爆炸。
(A)铅浴　　　　　(B)盐浴　　　　　(C)油槽　　　　　(D)水槽

101. 热处理炉筑炉用的保温材料中(　　)是一种新型保温材料,而且是一种较好的节能材料。
(A)高铝质耐火制品　　　　　　　(B)硅酸铝耐火纤维
(C)高铝质砖　　　　　　　　　　(D)黏土砖

102. 测量电流时,应把电流表(　　)在电路中。
(A)并联　　　　　(B)串联　　　　　(C)串并联　　　　　(D)混联

103. 仪表记录曲线波纹密集,指针在作往复移动,说明仪表灵敏度(　　)。
(A)过高　　　　　(B)过低　　　　　(C)正好　　　　　(D)低

104. (　　)是一种精确可靠的仪表,能显示、记录、控制炉温。
(A)毫伏计　　　　　　　　　　　(B)热电偶
(C)电子电位差计　　　　　　　　(D)光学高温计

105. 下列名词中,(　　)不是钢材在磨削过程中所出现的火花(或火束)组成部分。
(A)火束　　　　　(B)流线　　　　　(C)花蕊　　　　　(D)花粉

106. 在相图中,我们依据(　　)可以确定某一温度下液、固两相的相对质量。
(A)牛顿第一定律　　　　　　　　(B)相对论
(C)基尔霍夫定律　　　　　　　　(D)杠杆定律

107. 碳含量为 1.2% 的钢,当加热到 $A_1 \sim Ac_m$ 时,其组织应为(　　)。
(A)奥氏体　　　　　　　　　　　(B)铁素体和奥氏体
(C)奥氏体和二次渗碳体　　　　　(D)珠光体和奥氏体

108. 钢中的珠光体和莱氏体(　　)。
(A)都是固溶体　　　　　　　　　(B)都是机械混合物
(C)前者是固溶体,后者是机械混合物　　(D)前者是机械混合物,后者是固溶体

109. 晶界是一种常见的晶体缺陷,它是典型的(　　)缺陷。
(A)点　　　　　(B)线　　　　　(C)面　　　　　(D)特殊

110. 18-8 型铬镍奥氏体不锈钢固溶处理时的冷却一般选择(　　)。

(A)油冷   (B)空冷   (C)水冷   (D)炉冷

111. 能使钢产生白点缺陷的化学元素是(   )。

(A)硫   (B)磷   (C)氢   (D)氧

112. 奥氏体晶粒尺寸越小,其长大驱动力(   )。

(A)越大   (B)越小   (C)不变   (D)无规律

113. 不锈钢中镍与铬的配合主要是(   )。

(A)提高铁素体的电极电位   (B)获得单一的奥氏体组织

(C)钝化材料表面   (D)提高淬透性

114. 白口铸铁中的碳,绝大多数是以(   )形式存在的。

(A)片状石墨   (B)团絮状石墨   (C)球状石墨   (D)渗碳体

115. 灰口铸铁中的碳,绝大多数是以(   )形式存在的。

(A)片状石墨   (B)团絮状石墨   (C)球状石墨   (D)渗碳体

116. 球墨铸铁热处理的作用是(   )。

(A)只能改变基体组织,不能改变石墨形状和分布

(B)不能改变基体组织,只能改变石墨形状和分布

(C)两者均能改变

(D)两者均不能改变

117. 不能热处理强化的铝合金是(   )。

(A)硬铝   (B)超硬铝   (C)锻铝   (D)防锈铝

118. 对烧结件和不锈钢等难渗碳件进行渗碳的最好方法是(   )。

(A)固体渗碳   (B)气体渗碳   (C)液体渗碳   (D)离子渗碳

119. 以(   )为主要合金元素的铜合金称为白铜。

(A)锌   (B)锰   (C)镍   (D)锡

120. 以(   )为主要合金元素的铜合金称为黄铜。

(A)锌   (B)锰   (C)镍   (D)锡

121. 钛合金热处理的典型缺陷是渗氢,其缺陷特征是工件呈脆性,严重时与玻璃一样,其预防与补救办法是(   )。

(A)控制炉温尽可能高   (B)控制炉内为微氧化气氛

(C)控制炉内为还原气氛   (D)进行真空除氢处理

122. 工装夹具上的氧化皮会降低箱式电阻炉、井式电阻炉电热元件以及盐浴炉电极的使用寿命。因此,工装夹具每次用完之后要经过(   ),以除掉表面上的铁锈和杂物,并分类整齐放在干燥通风的地方。

(A)喷砂或酸洗及中和处理   (B)汽油清洗

(C)真空清洗   (D)热水清洗

123. 在淬火加热时,工装夹具要同时承受高温和工件重量的作用,而且往往还要随工件一道进入淬火冷却介质中急冷,使用条件恶劣,容易产生氧化、腐蚀、变形或开裂,故工装夹具必须结实耐用,在选材时一般考虑(   )。

(A)铸铁   (B)低碳钢和耐热钢

(C)不锈钢   (D)钛合金

124. 在砌筑热处理设备时,把常温下热导率小于 0.23 W/(m·K)的材料称为(　　)。
(A)耐火材料　　　　　(B)隔热材料　　　　　(C)保温材料　　　　　(D)绝热材料

125. 在形成间隙固溶体时,溶剂晶格的点阵常数(　　)。
(A)增大　　　　　　　　　　　　　　　　(B)减小
(C)不变　　　　　　　　　　　　　　　　(D)可能增大也可能减小

126. 在设计热处理电阻炉时,炉门上一般还需开设一个小孔洞,其作用是(　　)。
(A)装料、卸料　　　　　　　　　　　　　(B)观察炉内的工作情况
(C)必要时向炉内通入空气　　　　　　　　(D)必要时释放炉压

127. 因为(　　),所以箱式及井式电阻炉的炉门面板常用铸铁或铸钢制造,厚度应较大,通常为 12~18 mm,以防止因变形而影响炉子的密封性。
(A)炉壳在靠近炉口处温度较高　　　　　　(B)炉壳在靠近炉口处温度较低
(C)炉壳在靠近炉口处温差较大　　　　　　(D)炉壳在靠近炉口处温度较均匀

128. 一般情况下,(　　)会引起感应淬火件出现淬硬层深度不足的缺陷。
(A)频率过低导致涡流透入深度过深
(B)连续淬火加热时工件与感应器之间的相对运动速度过慢
(C)加热时间过短
(D)加热时间过长

129. 导致渗碳件渗碳层深度过浅的原因可能是(　　)。
(A)炉温偏高　　　　　　　　　　　　　　(B)工件表面中有氧化皮或积碳
(C)渗碳剂的通入量偏高　　　　　　　　　(D)炉压过高

130. 当渗碳层淬火后出现托氏体组织(黑色组织)时,(　　)是错误的补救措施。
(A)喷丸　　　　　　　　　　　　　　　　(B)降低炉气中介质的氧含量
(C)提高炉气中介质的氧含量　　　　　　　(D)提高淬火冷却介质冷却能力

131. 造成渗碳层出现网状碳化物缺陷的原因可能是工件(　　)。
(A)表面碳含量过低　　　　　　　　　　　(B)表面碳含量过高
(C)渗碳层出炉后冷却速度太快　　　　　　(D)滴注式渗碳,滴量过小

132. 渗碳件渗层出现大量残余奥氏体的原因可能是(　　)。
(A)奥氏体不稳定,奥氏体中碳含量较低
(B)奥氏体不稳定,奥氏体中合金元素的含量较低
(C)回火后冷却速度太快
(D)回火不及时,奥氏体热稳定化

133. 在检验钢材或产品的损坏情况时,取样应(　　)。
(A)避开损坏　　　　　　　　　　　　　　(B)包括损坏
(C)可包括损坏也可不包括损坏　　　　　　(D)随机

134. 经抛光后,金属试样的(　　)只有在浸蚀的状态下,才能够在显微镜下被鉴别出来。
(A)裂纹　　　　　　　　　　　　　　　　(B)非金属夹杂物
(C)空洞　　　　　　　　　　　　　　　　(D)组织

135. 影响固溶体类型和溶解度的主要因素有两组元的(　　)、电化学特性和晶格类型等。

(A)相对原子质量　　(B)原子半径　　　　(C)原子结合键　　(D)原子排列方式

136. 与气体渗氮相比,氮碳共渗时活性炭原子的存在对氮碳共渗速度的影响是(　　)。
(A)大大加快　　(B)大大减缓　　　(C)无影响　　(D)无规律可循

137. 相同条件下,下列热处理方式中,疲劳强度最高的是(　　)。
(A)感应淬火　　(B)渗碳淬火　　　(C)碳氮共渗淬火　　(D)碳氮共渗

138. 感应淬火后的工件也需要进行(　　)处理,这是减少内应力、防止开裂和变形的重要工序。
(A)正火　　(B)退火　　　(C)回火　　(D)冷处理

139. 制作感应器应选用电磁能量损耗较小的材料,即材料的(　　)要小且导热性要好。
(A)电阻　　(B)磁性　　　(C)淬硬性　　(D)淬透性

140. 感应淬火件的自回火是利用淬火冷却后工件内部尚存的(　　),使淬火层得到回火的热处理工艺。
(A)电磁场　　(B)能量　　　(C)热量　　(D)温度

141. 感应加热后淬火冷却介质通过感应圈或冷却器上许多的喷射小孔,喷射到工件加热面上进行冷却的方法称为(　　)。
(A)单液冷却　　(B)浸液冷却　　　(C)埋油冷却　　(D)喷射冷却

142. 感应淬火时工件在加热和淬火冷却时应该旋转,其目的是增加工件的加热和冷却的(　　)
(A)效率　　(B)均匀性　　　(C)速度　　(D)能量

143. 量具热处理时要尽量减少残留奥氏体量,在不影响(　　)的前提下,要采用淬火温度下限,尽量降低马氏体中碳的含量,最大限度地降低残余应力。
(A)强度　　(B)硬度　　　(C)塑性　　(D)韧性

144. 回火过程中,高速钢中高度弥散的碳化物从马氏体中析出,在起到(　　)强化作用的同时,也促进了残余奥氏体向马氏体的转变,产生了二次硬化效应。
(A)相变　　(B)弥散　　　(C)形变　　(D)细晶

145. 热处理过程中要求弹簧钢具有良好的淬透性,并不易(　　)。
(A)脱氧　　(B)氧化　　　(C)增碳　　(D)脱碳

146. 有些淬透性较差的弹簧钢可采用水淬油冷,但要注意严格控制水冷时间,防止(　　)。
(A)变形　　(B)淬裂　　　(C)脱碳　　(D)氧化

147. 材料中的空洞及夹杂物等缺陷称为(　　)。
(A)点缺陷　　(B)线缺陷　　　(C)面缺陷　　(D)体缺陷

148. 一般来说,淬火钢中的残留奥氏体与 M_s 点的位置密切相关,(　　)。
(A)M_s 点降低得越多,则淬火后的残留奥氏体量越多
(B)M_s 点降低得越多,则淬火后的残留奥氏体量越少
(C)M_s 点升高得越多,则淬火后的残留奥氏体量越多
(D)M_s 点略有升高,则淬火后的残留奥氏体量急剧增加

149. 由于(　　)的 M_s 点较低,残余奥氏体较多,故淬火变形主要是由热应力引起。
(A)低碳钢　　(B)中碳钢　　　(C)高碳钢　　(D)中、低碳钢

150. 大型铸件易存在枝晶偏析,其预备热处理应采用( )。

(A)正火 (B)完全退火或球化退火

(C)高温回火 (D)均匀化退火

151. 第二类回火脆性的特点是( )。

(A)主要在含有铬、镍等元素的合金钢中出现

(B)与回火后的冷速无关

(C)具有不可逆性

(D)主要在碳素钢中出现

152. 第一类回火脆性的特点是( )。

(A)具有可逆性

(B)在脆性出现的同时,不会影响其他力学性能的变化规律

(C)和钢的化学成分有关,钢中碳含量越高,脆化程度越严重过

(D)只要采取适当措施就可以避免

153. 对上贝氏体和下贝氏体力学性能的描述正确的是( )。

(A)两者都具有较高的强度和韧性

(B)两者都具有较低的强度和韧性

(C)上贝氏体具有较高的强度和韧性

(D)下贝氏体具有较高的强度和韧性

154. 圆盘形工件淬火时,应使其轴向与淬火冷却介质液面保持( )淬入。

(A)倾斜 (B)垂直 (C)水平 (D)随意

155. 实际淬火操作中,对有凹面或不通孔的工件,应使凹面和孔( )淬入,有利于排除孔内的气泡。

(A)朝下 (B)朝上 (C)朝向侧面 (D)随意

156. 局部淬火就是仅对工件需要硬化的部位进行淬火的工艺。其中局部加热局部冷却法适用于( )加热的工件。

(A)盐浴炉 (B)箱式电阻炉 (C)井式电阻炉 (D)油炉

157. 淬火时,对长轴类(包括丝锥、钻头、铰刀等长形工具)、圆筒类工件,应轴向垂直淬入。淬入后,工件可( )。

(A)上、下垂直运动 (B)前后、左右搅动

(C)伸入水中静止不动 (D)伸入水中、拉出水面来回晃动

158. 根据( )和工件尺寸及工件在某一介质中冷却时截面上各部分的冷却速度,可以估计冷却后工件截面上各部分所得到的组织和性能。

(A)Fe-FeC$_3$ 相图 (B)Fe-C 相图

(C)奥氏体连续冷却转变图 (D)奥氏体等温转变图

159. 设备危险区(如电炉的电源引线、汇流排、导电杆传动机构及高压电器设备区等),应设( )加以防护。

(A)挡板 (B)警示标志 (C)专人值守 (D)灯光照明

160. 打开可控气氛炉炉门时,应该站在炉门( )。

(A)侧面 (B)正面 (C)下方 (D)上方

161. 硝盐槽失火主要是因仪表失控导致温度过高造成,只能用( )灭火。

(A)泡沫灭火器 　　(B)干砂 　　(C)湿砂 　　(D)高压水枪

162. 氨气对呼吸系统和眼睛有强烈的刺激,易引起灼伤、肺炎、眼睛失明等伤害,接触后应立即用( ),再送医院治疗。

(A)大量清水冲洗 　　(B)干布擦净 　　(C)纱布裹牢 　　(D)酒精消毒

163. ( )是无色、有强烈刺激性的气体,它会使人的呼吸器官受损。

(A)CO 　　(B)CO_2 　　(C)SO_2 　　(D)NO_2

164. 一般情况下,多以( )作为判断金属材料强度高低的判据。

(A)疲劳强度 　　(B)抗弯强度 　　(C)抗拉强度 　　(D)屈服强度

165. ( )是一种非接触传递热能的方式,所以即使在真空中,它也能照常进行。

(A)传导 　　(B)对流 　　(C)辐射 　　(D)混合

166. 在中、高温热处理炉的热交换中,( )起主要作用。

(A)混合 　　(B)传导 　　(C)对流 　　(D)辐射

167. 金属在加热或冷却过程中,发生相变的温度称为( )。

(A)临界点 　　(B)凝固点 　　(C)过冷度 　　(D)结晶温度

168. 组成合金的独立的最基本的物质,叫做( )。

(A)组织 　　(B)相 　　(C)合金系 　　(D)组元

169. 若组成固溶体的两种组元,其原子直径差别较小,且在周期表中的位置相互靠近,晶格类型相同,则这些组元能以任意比例相互溶解,这种固溶体称为( )固溶体。

(A)间隙 　　(B)置换 　　(C)有限 　　(D)无限

170. 固溶强化的主要原因是( )。

(A)晶格类型发生了变化 　　　　(B)晶格发生了畸变
(C)晶粒变细 　　　　(D)晶粒变粗

171. 氮气作为热处理用气体,在( )下是稳定的,属于中性气体。

(A)1 000 ℃ 　　(B)1 100 ℃ 　　(C)1 200 ℃ 　　(D)1 300 ℃

172. ( )具有较强烈刺激性,对人体的器官,如眼、鼻、喉等都有伤害。

(A)H_2 　　(B)N_2 　　(C)NH_3 　　(D)CO

173. 回火加热时,( )不同材料但具有相同加热温度和加热速度的工件装入同一炉中加热。

(A)不允许 　　　　(B)允许
(C)仅调质时允许 　　　　(D)除调质外允许

174. 工件进入盐浴前要( )。

(A)清洗干净 　　(B)预热或烘干 　　(C)涂料保护 　　(D)吹干

175. 箱式炉的装炉一般为单层排列,工件之间距离以 10～30 mm 为宜。( )允许堆放,加热时间需酌量增加,每炉工件数应基本一致。

(A)小件 　　(B)大件 　　(C)不 　　(D)相同材质

176. 工件淬火加热时,工件尺寸越大,装炉量越多,则所需加热时间( )。

(A)越少 　　(B)适中 　　(C)越不确定 　　(D)越长

177. 工件用( )方式加热,所需时间最长、速度最慢,但加热过程中工件表面与心部的温差最小。

(A)随炉升温　　　　(B)到温入炉　　　　(C)分段预热　　　　(D)超温入炉

178. 工件回火温度越高,则回火后的硬度( )。

(A)越高　　　　(B)越低　　　　(C)没什么影响　　　　(D)不确定

179. 聚乙烯醇作为淬火介质的缺点是使用过程中有泡沫、易老化,特别是夏季容易变质发臭。一般( )需更换一次。

(A)1~3 个月　　　　(B)6~9 个月　　　　(C)12~15 个月　　　　(D)20~24 个月

180. 目前热处理生产中应用最广泛的表面淬火是( )表面淬火。

(A)火焰加热　　　　(B)电接触加热　　　　(C)感应加热　　　　(D)激光

181. 感应加热中交流电的频率越高,集肤效应就越( )。

(A)强　　　　(B)弱　　　　(C)没变化　　　　(D)不确定

182. 氧化膜的耐蚀性;在发蓝层脱脂后,放入( )中浸泡 20~40s,表面颜色保持不变且无锈迹。

(A)质量分数为 10%的碳酸钠水溶液　　　　(B)体积分数为 3%的硝酸酒精溶液

(C)体积分数为 0.17%的硫酸水溶液　　　　(D)体积分数为 10%的酚酞酒精溶液

183. 洛氏硬度中 C 标尺所用的压头是( )压头。

(A)硬质合金球　　　　(B)120°金刚石圆锥体

(C)淬火钢球　　　　(D)金刚石正四棱锥体

184. 可以长时间在 0~1 300 ℃之间工作的热电偶是( )。

(A)铂铑-铂热电偶　　　　(B)镍铬-镍硅热电偶

(C)镍铬-康铜热电偶　　　　(D)铠装热电偶

185. 通常情况下,下列结构中硬度最高的是( )。

(A)置换固溶体　　　　(B)间隙固溶体　　　　(C)机械混合物　　　　(D)金属化合物

186. 纤维组织和带状组织的出现,使得金属材料的性能在不同方向上有明显的差异,其纵向性能会( )短横向性能。

(A)差于　　　　(B)相同于　　　　(C)优于　　　　(D)不一定优于

187. 对于降温过程中产生新相的固态相变而言,温度对转变速率的影响规律是:随着转变温度的下降,转变速率( )。

(A)先快后慢　　　　(B)先慢后快　　　　(C)始终一样　　　　(D)有快有慢

188. 固态相变的热力学条件是( )。

(A)新相的吉布斯自由能必须低于母相的吉布斯自由能

(B)新相的温度必须低于旧相的温度

(C)新相的浓度必须低于旧相的浓度

(D)新相的晶格类型必须和旧相一致

189. 与普通淬火相比,低温形变淬火具有( )的特点。

(A)强度高、塑性高　　　　(B)硬度高、冲击韧度高

(C)强度提高、塑性不变　　　　(D)强度不变、塑性明显改善

190. 与普通淬火相比,高温形变淬火后经适当的温度回火,可使工件的( )。

(A)抗拉强度提高、疲劳强度降低　　　　(B)抗拉强度提高、塑性也提高

(C)抗拉强度提高、韧性降低　　　　　　　　(D)抗拉强度提高、塑性不变

191. 在整个奥氏体形成过程中,(　　)所需的时间最长。

(A)奥氏体的形核　　　　　　　　　　　　(B)奥氏体的长大

(C)残留奥氏体的溶解　　　　　　　　　　(D)奥氏体均匀化

192. 与片状珠光体相比,在成分相同的情况下,粒状珠光体的(　　)。

(A)强度、硬度高,塑性较差　　　　　　　　(B)强度、硬度高,塑性较好

(C)强度、硬度低,塑性较好　　　　　　　　(D)强度、硬度低,塑性较差

193. 具有热弹性马氏体转变的合金会产生超弹性及形状记忆效应,其原理是利用马氏体转变的(　　)。

(A)无扩散性　　　　(B)可逆性　　　　(C)共格切变特性　　　　(D)不彻底性

194. 下列物理方法中,不能提高淬火油冷却速度的是(　　)。

(A)搅拌　　　　　　(B)升温　　　　　　(C)喷淋　　　　　　(D)超声波

195. 通常有"水淬开裂,油淬不硬"的说法,水和油作为传统的淬火冷却介质均不属于理想的淬火冷却介质,其原因之一是(　　)。

(A)油冷却能力强,但冷却特性不好　　　　(B)水的冷却特性好,但冷却能力弱

(C)油的冷却特性好,但冷却能力弱　　　　(D)水的冷却能力及冷却特性都不好

196. PAG的温度对介质的冷却特性有较大影响,生产中宜将其控制在(　　)或更窄的范围。

(A)0～20 ℃　　　　(B)20～40 ℃　　　　(C)40～60 ℃　　　　(D)60～80 ℃

197. 下列情况有可能导致感应淬火工件出现裂纹的是(　　)。

(A)在槽、孔等淬火前进行镶铜处理　　　　(B)采用埋油冷却方法

(C)加热温度过高或温度不均匀　　　　　　(D)表面脱碳

198. 表面淬火工件的硬度,应大于或等于图样规定硬度值的下限加(　　)。

(A)1HRC　　　　　　(B)2HRC　　　　　　(C)3HRC　　　　　　(D)4HRC

199. 工件在感应淬火后,为实现表面高硬度、高耐磨性能,要及时进行(　　)。

(A)低温回火　　　　(B)中温回火　　　　(C)高温回火　　　　(D)调质处理

200. 下面有关离子渗氮的叙述错误的是(　　)。

(A)热效率高,节约能源、气源

(B)离子渗氮温度可在低于 400 ℃以下进行,所以工件畸变小

(C)由于设备较复杂,投资大,调整维修较困难,对操作人员的技术要求较高

(D)工序相对较简单,不需要预热、淬火、回火,但渗后要进行表面清理

三、多项选择题

1. 热处理生产中使用的化学物质很多都带有毒性,生产过程中产生的废水,废气和废渣对人体健康也有危害,操作者应该(　　)。

(A)现场通风和设备抽风　　　　　　　　　(B)禁止不按规定排放有毒废水

(C)禁止随意处置有毒废渣　　　　　　　　(D)正确穿戴劳保用品

2. 劳动合同应该具备以下条款:(　　)。

(A)工作内容和工作地点　　　　　　　　　(B)工作时间和休息休假

(C)劳动报酬 (D)社会保险

3. 有下列情形之一的,劳动合同终止:( )。

(A)劳动合同期满 (B)用人单位被依法宣告破产的

(C)劳动者受伤导致不能工作 (D)劳动者死亡

4. 计算机保密管理规定:( )。

(A)涉密计算机系统必须与国际互联网实行物理隔离

(B)复制涉密存储介质,须经保密委批准

(C)遵守机房纪律,不得在机房接待外来人员

(D)笔记本电脑上网不受限制

5. 下列组织是机械混合物的是:( )。

(A)珠光体 (B)铁素体 (C)贝马氏体 (D)莱氏体

6. ( )可以减小晶界偏析程度。

(A)控制溶质含量 (B)加入适当的第三种元素

(C)加快冷却速度 (D)控制溶剂含量

7. 铸件的缺陷一般有( )。

(A)裂纹 (B)缩孔 (C)偏析 (D)脱落

8. 下列钢属于合金结构钢的有( )。

(A)42CrMn (B)40Cr (C)GCr15 (D)Q345A

9. 下列属于钢铁材料的有( )。

(A)碳素钢 (B)合金钢 (C)铜合金 (D)铸铁

10. 金属材料的物理性能包括( )。

(A)密度 (B)熔点

(C)热膨胀性和磁性 (D)导热性和导电性

11. 金属材料的化学性能包括( )。

(A)导电性 (B)抗氧化性 (C)延展性 (D)耐蚀性

12. 下列参数属于金属材料的力学性能的是( )。

(A)强度和硬度 (B)塑性 (C)抗疲劳性 (D)韧性

13. 金属的工艺性能包括( )。

(A)铸造性能 (B)焊接性能

(C)切削加工性能 (D)压力加工性能

14. 下列牌号属于低碳钢的是( )。

(A)35 (B)40 (C)15 (D)25

15. 下列因素能够影响奥氏体形成速度的有( )。

(A)冷却速度 (B)加热温度

(C)碳含量 (D)合金元素的影响

16. 影响奥氏体晶粒长大的因素有( )。

(A)加热温度 (B)保温时间 (C)原始组织 (D)化学成分

17. 阻止奥氏体晶粒长大的元素有( )。

(A)磷 (B)锰 (C)钼 (D)铝

18. 细化奥氏体晶粒的措施有（　　）。
(A)合理选择加热温度和保温时间　　(B)合理选择钢的原始组织
(C)加入一定量的合金元素　　(D)采用再结晶退火处理

19. 珠光体向奥氏体转变的驱动力为自由能差,转变是通过扩散进行的,下列属于转变阶段是（　　）。
(A)奥氏体形核　　(B)奥氏体晶粒长大
(C)剩余渗碳体的溶解　　(D)奥氏体均匀化

20. 在生产实践中将片状珠光体分为（　　）。
(A)铁素体　　(B)珠光体　　(C)索氏体　　(D)屈氏体

21. 能否产生细小弥散相间沉淀碳化物取决于（　　）。
(A)钢的化学成分　　(B)奥氏体化温度
(C)等温温度　　(D)升温速度

22. 热传递是一种复杂的物理现象,热传递的基本方式有（　　）。
(A)传导传热　　(B)对流传热　　(C)辐射传热　　(D)摩擦传热

23. 常用细化晶粒的方法有（　　）。
(A)提高转变温度　　(B)增加过冷度
(C)变质处理　　(D)振动处理

24. 下列属于同素异构体的是（　　）。
(A)α-Fe　　(B)δ-Fe　　(C)γ-Fe　　(D)Fe

25. 根据界面上两相原子在晶体学上的匹配程度,可将固态相变产生的相界面分为（　　）。
(A)非晶界面　　(B)半共格界面
(C)非共格界面　　(D)共格界面

26. 铝合金常用的时效工艺有（　　）。
(A)峰时效　　(B)过时效　　(C)回归再时效　　(D)自然时效

27. 常用耐热钢按耐热性分类分为（　　）。
(A)结构合金　　(B)抗氧化合金　　(C)工具合金　　(D)热强合金

28. 下列属于我国安全颜色的是（　　）。
(A)红　　(B)黄　　(C)绿　　(D)白

29. 安全标志分有哪些（　　）。
(A)允许标志　　(B)警告标志　　(C)指令标志　　(D)提示标志

30. 对于齿轮（$\alpha=20°$、$m=7$、$Z=27$）表述正确的是（　　）。
(A)齿轮压力角为 20°　　(B)齿轮齿数为 7
(C)齿轮模数为 7　　(D)齿轮齿数为 27

31. 对于 M12×80－8.8 螺纹描述正确的是（　　）。
(A)M 表示公制螺纹　　(B)8.8 表示螺纹公称直径
(C)80 表示螺柱长度　　(D)12 表示螺纹公称直径

32. 对本质细晶粒钢而言,奥氏体晶粒长大阶段分为（　　）。
(A)奥氏体晶粒形成　　(B)孕育期

(C)不均匀长大期　　　　　　　　　(D)均匀长大期

33. 下列属于相变重结晶退火的是（　　）。

(A)去应力退火　　(B)软化退火　　(C)球化退火　　(D)完全退火

34. 下列选项属于退火目的的是（　　）。

(A)降低硬度　　(B)提高塑性　　(C)改善组织　　(D)消除内应力

35. 造成过热的原因有（　　）。

(A)加热温度过高　　　　　　　　(B)保温时间过长

(C)炉温不均匀　　　　　　　　　(D)升温过快

36. 马氏体相变的主要特征（　　）。

(A)不可逆性　　(B)无扩散性　　(C)不完全性　　(D)切变共格

37. 下列因素能够影响马氏体形态及亚结构的有（　　）。

(A)化学成分　　　　　　　　　　(B)过冷度

(C)奥氏体的层错能　　　　　　　(D)奥氏体晶粒尺寸

38. 下列是导致马氏体强化的主要原因的有（　　）。

(A)增加合金元素　　　　　　　　(B)晶界强化

(C)相变强化　　　　　　　　　　(D)时效强化

39. 下列对于 M_s 的物理意义叙述正确的是（　　）。

(A)生产中制定等温淬火工艺的参照点

(B) M_s 点的高低直接影响到淬火钢中残余奥氏体量以及淬火变形和开裂倾向

(C) M_s 的高低影响马氏体的形态和亚结构

(D)马氏体转变结束温度

40. 位错的分类包括（　　）。

(A)单位位错　　(B)不全位错　　(C)层错　　(D)扩展位错

41. 实际金属晶体中的晶界包括（　　）。

(A)小角晶界　　(B)大角晶界　　(C)孪晶界　　(D)相界

42. 下列对于金属超塑性的描述正确的有（　　）。

(A)变形温度一般在 $(0.5\sim0.65)T_熔$ 之间

(B)超塑性变形时抛光表面不出现滑移线

(C)变形组织内出现大量形变亚晶

(D)超塑性变形以晶界滑动为主

43. 影响贝氏体相变的动力学的因素有（　　）。

(A)碳含量　　　　　　　　　　　(B)合金元素

(C)奥氏体晶粒大小　　　　　　　(D)应力大小

44. 下列方法可以测 TTT 曲线的有（　　）。

(A)电磁法　　(B)金相法　　(C)磁性法　　(D)电流法

45. 下列介质淬火时发生物态变化的有（　　）。

(A)熔盐　　(B)水质淬火剂　　(C)油质淬火剂　　(D)熔碱

46. 影响淬火变形的因素有哪些（　　）。

(A)热应力　　(B)组织应力　　(C)工件的尺寸　　(D)钢的淬透性

47. 下列属于真空气体渗碳优点的是( )。

(A)渗碳工艺重现性好,渗层性能均匀
(B)渗碳后工件表面光洁,炉内不积碳黑
(C)渗碳气消耗量极少
(D)渗碳工艺时间短

48. 球墨铸铁有哪些热处理方法( )。

(A)时效
(B)消除内应力的低温退火
(C)高温石墨退火
(D)低温石墨退火

49. 与钢相比,铸铁热处理有什么特点( )。

(A)奥氏体化温度高
(B)升温速度慢
(C)加热时间长
(D)升温速度快

50. 灰铸铁常用的热处理方法有哪些( )。

(A)消除应力退火
(B)调质
(C)软化退火
(D)表面淬火

51. 表面淬火件质量检验内容有哪些( )。

(A)硬度及均匀性
(B)有效硬化层深度
(C)硬化层分布
(D)力学性能

52. 下列指标属于耐火材料工作性能要求的有( )。

(A)氧化性
(B)耐火度
(C)热稳定性
(D)绝缘性

53. 下列元素存在同素异构转变的有( )。

(A)钛
(B)铝
(C)铁
(D)铜

54. 关于低温井式电阻炉使用注意事项叙述正确的是( )。

(A)炉温最高不超过 650 ℃
(B)炉温高于 400 ℃时打开炉盖激烈冷却
(C)不允许风扇停止转动继续通电加热
(D)每月清扫一次氧化皮

55. 下列属于盐浴炉热处理优点的是( )。

(A)加热均匀变形小
(B)对环境没有污染
(C)容易实现恒温加热
(D)加热速度快

56. 关于盐浴炉操作技术叙述正确的是( )。

(A)调节变压器电压时,不用拉电闸
(B)中断停止工作时应将变压器调至低挡保温
(C)工作时应开抽风机
(D)工件、夹具、钩子在入盐浴炉前需烘干,除去水分

57. 下列关于热电偶使用叙述正确的是( )。

(A)热电偶使用不受磁场和电场的影响
(B)热电偶插入炉膛的深度一般不小于热电偶保护管外径的 8 倍
(C)热电偶的接线盒不应靠到炉壁上,以免冷端温度高
(D)热电偶可以在火焰喷射的地方使用

58. 对于热处理炉炉内气氛叙述正确的是( )。

(A)空气气氛炉高于 560 ℃以上加热时会氧化脱碳

(B)火焰气氛是燃料炉燃烧产物气氛

(C)可控气氛是人们特意加入炉内的气氛

(D)可控气氛包括真空状态

59. 关于热处理炉编号正确的是(　　　)。

(A)RQ 井式气体渗碳炉　　　　　　　　(B)RT 台车式炉

(C)RX 箱式炉　　　　　　　　　　　　(D)RZ 电热浴炉

60. 青铜的分类包括(　　　)。

(A)锡青铜　　　　　(B)铝青铜　　　　　(C)铍青铜　　　　　(D)硅青铜

61. 渗氮层深度过浅的原因有(　　　)。

(A)炉温偏高　　　　　　　　　　　　　(B)炉温偏低

(C)渗氮时间不足　　　　　　　　　　　(D)装炉不当,工件之间相距太近

62. 感应淬火常见缺陷有(　　　)。

(A)脱落　　　　　(B)淬火裂纹　　　　　(C)淬火变形　　　　　(D)疏松

63. 感应淬火时淬火裂纹产生的原因是(　　　)。

(A)加热温度过高　　　(B)冷却过急　　　(C)加热温度低　　　(D)冷却不均匀

64. 数字式温度控制仪表所具有的优点有(　　　)。

(A)测温精度高　　　　　　　　　　　　(B)抗干扰能力弱

(C)质量轻,耗电少　　　　　　　　　　(D)误差大

65. 选用热电偶延伸导线时应注意事项(　　　)。

(A)要选用与热电偶相对应的延伸导线配接

(B)连接端的温度可以大于 100 ℃

(C)延伸导线与热电偶的正负极对应连接,可以减少误差

(D)延伸导线与热电偶的正负极不对应连接,对测温误差影响不大

66. 影响炉温测量准确性的因素有(　　　)。

(A)测温仪表基本误差的影响　　　　　　(B)环境条件引入误差

(C)安装不当引入误差　　　　　　　　　(D)绝缘不当引入误差

67. 炉温仪表选用的原则一般遵循(　　　)。

(A)热处理工艺要求　　　　　　　　　　(B)自动化程度

(C)测温仪表的量程　　　　　　　　　　(D)仪表的工作环境

68. 钢件在热处理过程中若发生了过热,可通过重新加热(　　　)来有效消除过热组织,使得晶粒细化。

(A)淬火　　　　　(B)正火　　　　　(C)回火　　　　　(D)退火

69. 下列属于钢件加热质量缺陷的是(　　　)。

(A)过热　　　　　　　　　　　　　　　(B)过烧

(C)表面脱碳和氧化　　　　　　　　　　(D)粗大夹杂

70. 钢件在退火或正火处理时,若工艺参数控制不当,可能会出现(　　　)。

(A)硬度过高　　　　　(B)粗大夹杂　　　　　(C)反常组织　　　　　(D)网状碳化物

71. 高碳钢淬火时易发生变形和开裂,其原因有(　　　)。

(A)马氏体比容大,淬火时相变应力较大

(B)马氏体相变时,剧烈的转变使得马氏体片相互碰撞,对组织产生较大的冲击

(C)高碳马氏体很脆,不能通过滑移变形来有效消除应力,易产生撞击裂纹

(D)奥氏体晶粒粗大以及较高的含碳量,增大了组织对显微裂纹的敏感度

72. 钢件淬火变形的影响因素包括(　　)。

(A)钢的淬透性　　　　　　　　　　(B)钢的含碳量

(C)淬火冷却条件　　　　　　　　　(D)碳化物带状偏析

73. 通过(　　)可以改善钢件淬火变形的倾向。

(A)合理降低淬火加热温度

(B)合理捆扎和吊挂工件

(C)根据工件变性规律,对工件进行预变形

(D)采用分级淬火或等温淬火

74. 通过(　　)可以改善钢件淬火开裂的倾向。

(A)改进工件结构　　　　　　　　　(B)提高淬火冷却速度

(C)合理选择淬火介质　　　　　　　(D)对易开裂工件淬火后及时进行回火

75. 钢件常见的回火质量缺陷包括(　　)。

(A)硬度不足　　　(B)回火脆性　　　(C)网状裂纹　　　(D)粗大夹杂

76. 钢件感应加热表面淬火时,常见的质量缺陷包括(　　)。

(A)硬度不足　　　(B)软点及软带　　　(C)淬火裂纹　　　(D)剥落腐蚀

77. 钢件感应表面淬火时,形成淬火裂纹的主要原因有(　　)。

(A)未及时回火　　　　　　　　　　(B)钢件含碳量较高,开裂倾向大

(C)冷却过于激烈　　　　　　　　　(D)工件表面沟槽处使得局部感应电流集中

78. 钢件感应表面淬火时,硬化层过厚的主要原因有(　　)。

(A)材料较高的淬透性　　　　　　　(B)感应器与工件短路

(C)加热时间过长　　　　　　　　　(D)加热设备频率较低

79. 钢件渗碳时,常见的质量缺陷包括(　　)。

(A)渗层厚度不合格　　　　　　　　(B)渗层残余奥氏体量过多

(C)表面脱碳严重　　　　　　　　　(D)形成网状碳化物

80. 钢件渗碳时,可通过(　　)等措施防止表面黑色组织形成。

(A)降低淬火冷却速度　　　　　　　(B)减少炉内氧化性气体含量

(C)防止空气进入炉内　　　　　　　(D)排气要充分,尽快使炉气呈还原性

81. 钢件氮化处理时,渗氮层浅的主要原因有(　　)。

(A)渗氮温度低　　　　　　　　　　(B)气氛循环不良

(C)渗氮时间不足　　　　　　　　　(D)渗氮罐久用未退氮

82. 钢件氮化处理时,渗氮层出现网状氮化物的原因有(　　)。

(A)渗氮温度过高　　　　　　　　　(B)氨中含水量少

(C)气氛氮势过高　　　　　　　　　(D)工件有尖角、锐边

83. 下列对钢件火花检验的描述中,正确的有(　　)。

(A)含碳量为 0.15%～0.20%的碳钢,火花流线略带弧形,呈草黄且略带微红色

(B)含碳量为 0.60%的碳钢,火花流线尖端无分叉,芒线呈橙黄色

(C)钨元素对爆花产生的抑制作用最强

(D)锰和钒有抑制火花爆裂的作用

84. 通过热酸蚀检验,可以显示钢件( )等宏观组织缺陷。

(A)偏析　　　　　(B)疏松　　　　　(C)缩孔　　　　　(D)白点

85. 按断裂性质分类,可将金属的断裂形式分为( )。

(A)延性断裂　　　　　　　　　　(B)脆性断裂

(C)延性-脆性混合断裂　　　　　　(D)沿晶断裂

86. 下列特征是描述延性断裂纤维区的是( )。

(A)断口呈暗灰色　　　　　　　　(B)放射状花样

(C)断口平面与拉力轴线垂直　　　(D)断口表面凹凸不平

87. 下列特征属于解理断口的是( )。

(A)小刻面　　　　　　　　　　　(B)人字条纹

(C)人字条纹指向裂纹源　　　　　(D)舌状花样

88. 下列关于疲劳断裂的描述正确的有( )。

(A)裂纹萌生于心部　　　　　　　(B)断裂具有突发性

(C)裂纹扩展区呈贝壳花样　　　　(D)多数情况下断口只有一个裂纹源

89. 延性断口上形成的韧窝花样可分为( )。

(A)等轴韧窝　　(B)剪切韧窝　　(C)菱形韧窝　　(D)撕裂韧窝

90. 延性断口上形成的韧窝大小与( )有关。

(A)材料塑性变形能力　　　　　　(B)夹杂物尺寸及间距

(C)微孔大小　　　　　　　　　　(D)显微孔洞聚合前发生的塑性变形量

91. 下列描述属于氢脆断口特征的是( )。

(A)裂纹源位于材料的此表面　　　(B)断口上分布爪形条纹

(C)可观察到显微孔洞　　　　　　(D)具有明显破裂的晶界表面

92. 按失效机理可将失效行为分为( )。

(A)断裂失效　　(B)变形失效　　(C)磨损失效　　(D)腐蚀失效

93. 失效分析中常选的分析方法有( )。

(A)断口观察　　(B)模拟试验　　(C)化学分析　　(D)金相检验

94. 工具钢中存在带状碳化物时,可导致( )。

(A)塑韧性恶化　　　　　　　　　(B)引起淬火开裂

(C)改善接触疲劳性能　　　　　　(D)降低耐磨性能

95. 下列描述铝合金过烧组织性能特征正确的有( )。

(A)出现三角晶界相　　　　　　　(B)出现织构组织

(C)形成网状晶界组织　　　　　　(D)晶界变粗

96. 对于碳钢,可采用( )等方法测定脱碳层深度。

(A)金相法　　　　(B)硬度法　　　　(C)等温淬火法　　(D)化学分析法

97. 下列硬度法测定有效硬化层深度的描述正确的有( )。

(A)有效硬化层深度是指从工件表面至某一界限处的垂直距离

(B)渗碳处理的有效硬化层界限硬度为 500 HV

(C)硬度点的选取应为与表面垂直的一条或多条直线

(D)相邻硬度点压痕距离应小于压痕对角线的 5 倍

98. 硬度测量法中,根据压痕面积计算硬度的方法有(　　　)。

(A)布氏硬度　　　　(B)洛氏硬度　　　　(C)维氏硬度　　　　(D)肖氏硬度

99. 下列关于不同硬度指标以及与强度的换算关系的描述正确的有(　　　)。

(A) 布氏硬度与抗拉强度有换算关系:$\sigma_b = KHBW$

(B)对于钢铁材料,系数 $K=3.3 \sim 3.6 \approx 10/3$

(C)对于铜及其合金和不锈钢,系数 $K=4.0 \sim 4.5$

(D)布氏硬度与旋转弯曲疲劳极限有换算关系:$HBW = 1.2\sigma_{-1}$

100. 下列属于按照工艺用途分类的热处理炉有(　　　)。

(A)回火炉　　　　(B)渗碳炉　　　　(C)盐浴炉　　　　(D) 高温炉

101. 下列属于按照炉膛形式分类的热处理炉有(　　　)。

(A)井式炉　　　　(B)管式炉　　　　(C)台车炉　　　　(D)箱式炉

102. 热处理炉气氛包括(　　　)。

(A)空气气氛　　　　(B)真空状态　　　　(C)浴态介质　　　　(D)可控气氛

103. 下列热处理炉编号对应正确的有(　　　)。

(A)RQ-井式气体渗碳炉　　　　　　　(B)RW-台车炉

(C)ZST-真空渗碳炉　　　　　　　　(D)RX-箱式炉

104. 曲轴在服役过程中主要的失效方式有(　　　)。

(A)应力腐蚀开裂　　　　　　　　(B)疲劳断裂

(C)磨损　　　　　　　　　　　　(D)剥落腐蚀

105. 工业生产中曲轴常采用的热处理工艺包括(　　　)。

(A)渗碳处理　　　　　　　　　　(B)渗氮处理

(C)镀铬　　　　　　　　　　　　(D)感应加热表面淬火

106. 曲轴制造常选用的材料有(　　　)。

(A)45 钢　　　　(B)40Cr　　　　(C)W18Cr4V　　　　(D)球墨铸铁

107. 齿轮服役过程中所受应力主要有(　　　)。

(A)摩擦力　　　　(B)接触应力　　　　(C)拉力　　　　(D)弯曲应力

108. 齿轮用材料主要有(　　　)。

(A)碳钢　　　　(B)合金钢　　　　(C)铸铁　　　　(D)铜合金

109. 工业生产中齿轮常采用的热处理工艺包括(　　　)。

(A)渗碳处理　　　　(B)碳氮共渗　　　　(C)调质处理　　　　(D)表面淬火

110. 按照化学成分不同,可将弹簧钢丝分为(　　　)。

(A)碳素弹簧钢丝　　　　　　　　(B)低合金弹簧钢丝

(C)不锈弹簧钢丝　　　　　　　　(D)冷拔弹簧钢丝

111. 下列关于弹簧钢丝的热处理工艺,描述正确的有(　　　)。

(A)热成形弹簧钢丝卷簧后须经淬火+中温回火,获得回火屈氏体,以达到所需的弹性
极限

(B)冷拔弹簧钢丝的主要强化机制是形变强化,而油淬火-回火弹簧钢丝的强化机制是马

氏体相变强化

(C)弹簧材料中常加入 Si、Mn 等元素,主要是为了提高材料的淬透性,强化铁素体

(D)沉淀强化型不锈弹簧钢冷变形后须经时效处理,以进一步提高强度

112. 下列关于通用螺纹紧固件的热处理,描述正确的有(　　　)。

(A)冷作成型的螺纹紧固件的预备热处理通常为去应力退火,以提高材料塑性,避免冷成型时产生裂纹

(B)切削成型的螺纹紧固件的预备热处理通常为正火和完全退火,以改善材料的切削性能

(C)冷成形过程中螺纹紧固件的中间热处理通常为再结晶退火,以消除加工硬化,恢复冷变形前的性能

(D)成型后的螺纹紧固件的最终热处理通常为调质处理,以达到力学性能要求

113. 大型锻件的锻后热处理的目的有(　　　)。

(A)防止白点和氢脆　　　　　　　　　(B)改善锻件内部组织

(C)提高锻件的可加工性　　　　　　　(D)消除锻造应力

114. 下列关于大型锻件热处理的描述正确的有(　　　)。

(A)大型锻件锻后可通过热处理来有效细化晶粒组织,改善探伤性能

(B)大型锻件的最终热处理通常为淬火或正火以及随后的高温回火

(C)大型锻件热处理加热过程中,升温速度不能过快,同时要进行必要的中间保温

(D)大型锻件热处理冷却过程中,冷却速度应足够快,以获得淬火马氏体组织

115. 刃具钢用材料主要分为(　　　)。

(A)碳素工具钢　　　　　　　　　　(B)合金工具钢

(C)高速钢　　　　　　　　　　　　(D)马氏体热强钢

116. 下列关于刃具钢的热处理工艺,描述正确的有(　　　)。

(A)刃具钢在加工成形前,为了提高可加工性,须进行球化退火

(B)刃具钢加工成形后的毛坯,为了消除钢的冷作硬化现象,须进行去应力退火

(C)为了改善塑韧性和提高红硬性,高速钢淬火后须进行低温回火

(D)高速钢具有很高的红硬性,原因在于 W、Mo、V 等元素的加入使得回火时基体内析出了细小弥散的特殊碳化物,显著提高了红硬性

117. 依照渗碳原理,可将渗碳分为(　　　)几个过程。

(A)分解　　　　　(B)强渗　　　　　(C)吸收　　　　　(D)扩散

118. 工艺参数对渗碳速度有很大的影响,下列描述正确的有(　　　)。

(A)渗碳温度越高,渗碳速度越快

(B)渗碳时间越短,能耗越低,但渗层深度难以精确控制

(C)介质碳势越高,渗碳速度越快

(D)碳势过高会导致渗层碳浓度梯度陡峭,甚至表面积碳

119. 根据渗碳介质的物理状态不同,渗碳可分为(　　　)。

(A)气体渗碳　　　　(B)液体渗碳　　　　(C)真空渗碳　　　　(D)固体渗碳

120. 滴注式气体渗碳常选的渗碳气氛有(　　　)。

(A)甲醇-乙酸乙酯　　　　　　　　　(B)甲醇-丙酮

(C)甲醇-煤油 (D)甲醇-氮气

121. 常用的渗碳用钢有( )。

(A)W18Cr4V (B)20CrMnTi (C)20Cr2Ni4 (D)Q235

122. 钢件渗碳后常用的热处理工艺有( )。

(A)直接淬火-低温回火 (B)一次加热淬火-低温回火

(C)二次加热淬火-低温回火 (D)感应淬火-低温回火

123. 下列关于渗碳层组织性能描述正确的有( )。

(A)渗碳件缓冷后的表面无碳化物时,组织自表层至中心依次由高碳马氏体加残余奥氏体逐渐过渡到低碳马氏体

(B)渗碳件缓冷后表面有粒状碳化物时,组织自表层至中心依次为细小针状马氏体＋残余奥氏体＋细小粒状碳化物,高碳马氏体＋残余奥氏体,最终过渡到低碳马氏体

(C)心部硬度较高的渗碳件,渗碳层深度应较浅

(D)渗层越深,可承载的接触应力越大,但会导致渗碳件冲击韧性降低

124. 下列关于渗碳件缺陷的形成原因阐述正确的有( )。

(A)工件渗碳后表层若存在粗大块状或网状碳化物,可能是由于渗碳剂活性过高或保温时间过长导致的

(B)工件渗碳后表层若存在大量残余奥氏体,可能是由于淬火温度过高导致的

(C)工件渗碳后表层若存在脱碳现象,可能是由于渗碳炉漏气或渗碳后期渗剂活性过分降低导致的

(D)工件渗碳后表面硬度低,可能是由于表面发生脱碳或残余奥氏体量过多导致的

125. 常用的渗氮用钢有( )。

(A)38CrMoAl (B)40Cr (C)20CrMnTi (D)Q235

126. 下列关于结构钢气体渗氮工艺描述正确的有( )。

(A)为了保证渗氮件心部有较高的综合力学性能,渗氮前一般需进行调质处理

(B)一段渗氮时,随着保温时间的延长,为了使工件表面形成弥散分布的氮化物,应逐渐降低氨分解率

(C)二段渗氮时,第一段的渗氮温度和氨分解率与一段渗氮相同,第二段应采用较高的温度,以加速氮在钢中的扩散,增加渗氮层深度

(D)为了改进二段渗氮工艺的不足,三段渗氮时,第三段的渗氮温度应低于第二段的温度,以提高表面硬度

127. 下列关于渗氮件缺陷的形成原因阐述正确的有( )。

(A)工件渗氮后表层若存在网状氮化物,可能是由于渗氮温度过高或氨气含水量大导致的

(B)工件渗氮后表层若存在亮点,可能是由于表面有油污、炉温或炉气不均匀、材料组织不均匀导致的

(C)工件渗氮后若渗氮层硬度低,可能是由于渗氮温度过高、氨气分解率过低或漏气导致的

(D)工件渗氮后若渗氮层脆性大,可能是表层氮浓度过高或渗氮时表面脱碳导致的

128. 感应加热热处理的理论依据是( )。

(A)电磁感应　　　　(B)集肤效应　　　　(C)基尔霍夫定律　　　(D)热传导

129. 下列关于感应加热原理的阐述正确的有(　　)。

(A)涡流强度随距表面距离的增大呈指数递减

(B)电流频率越高,电流的透入深度越大

(C)一旦被加热钢铁材料的表层温度到达居里温度,会发生磁性转变,磁导率突变降低,涡流的透入深度显著增大

(D)热传导比涡流透入式加热的效率高得多

130. 关于感应淬火常见缺陷的形成原因阐述正确的有(　　)。

(A)工件感应淬火后若存在开裂,可能是由于加热温度过高或冷却过急大导致的

(B)工件感应淬火后若淬硬层深度不合格,可能是由于加热功率、加热时间以及淬火介质选择不当导致的

(C)工件感应淬火后若表面硬度不合格,可能是由于加热温度过低、表面脱碳或回火工艺不当导致的

(D)工件感应淬火后若存在面硬度不均,可能是由于感应器结构不合理、加热及冷却不均以及材料组织不良导致的

131. 按机械运动方式,可将火焰加热热处理分为(　　)。

(A)固定位置加热法　　　　　　(B)工件旋转加热法

(C)连续加热法　　　　　　　　(D)连续-旋转联合加热法

132. 火焰加热热处理的优点有(　　)。

(A)简便易行,设备投资少

(B)适用于薄壁零件,对处理大型零件具有优势

(C)只适用于喷射方便的表面

(D)操作中须使用有爆炸危险的混合气体

133. 根据激光辐射表面的功率密度及方式不同,可将激光热处理分为(　　)。

(A)激光相变硬化　　　　　　　(B)表面合金化

(C)熔化快速凝固硬化　　　　　(D)熔覆

134. 激光热处理的特点有(　　)。

(A)能够实现快速加热及快速冷却

(B)可控制精确的局部表面加热

(C)输入的热量少,工件处理后畸变小

(D)能精确控制加工条件,实现自动化

135. 激光热处理时,为了降低反射能量,增加材料表面对激光的吸收率,通常激光处理前需进行黑化处理。常用的预处理方法有(　　)。

(A)磷化法　　　　(B)烧结法　　　　(C)油漆法　　　　(D)碳素法

136. 完全退火、去应力退火、均匀化退火、球化退火、再结晶退火五种退火工艺,按照退火温度从高到低的顺序排列,理论上讲正确的有(　　)。

(A)完全退火＞去应力退火＞均匀化退火＞球化退火

(B)均匀化退火＞完全退火＞球化退火＞再结晶退火

(C)去应力退火＞均匀化退火＞再结晶退火＞球化退火

(D)均匀化退火＞完全退火＞再结晶退火＞去应力退火

137. 下列组织缺陷,可能会在正火过程中产生的有(　　　)。

(A)积碳　　　　　(B)过热　　　　　(C)脱碳　　　　　(D)过烧

138. 工业生产中常见的淬火工艺有(　　　)。

(A)单液淬火　　　　(B)双液淬火　　　　(C)分级淬火　　　　(D)等温淬火

139. 下列关于淬火过程的操作,正确的有(　　　)。

(A)细长形、圆筒形工件应轴向垂直浸入

(B)有凹面或不通孔的工件,浸入时凹面及孔的开口端向下

(C)圆盘形工件浸入时应使轴向与介质液面保持水平

(D)薄刃工件应使整个刃口先行同时并垂直浸入

140. 过共析钢淬火温度通常选取为 $Ac_1 + 30 \sim 50\ ℃$,如果把过共析钢加热到 Ac_M 以上,从单相奥氏体状态淬火,反而有害,这是由于(　　　)。

(A)奥氏体固溶度增加,降低了 M_s 点,使得淬火后残余奥氏体量增多,硬度下降

(B)奥氏体晶粒粗化,淬火后得到粗大的马氏体,使钢的脆性增大

(C)空气加热时钢的脱碳氧化严重,降低了淬火钢的表面质量

(D)增大淬火应力,从而增大了工件变形和开裂的倾向

141. 若淬火工件发生了变形,须进行矫正,常用的矫正方法有(　　　)。

(A)热压矫正　　　(B)反击矫正　　　(C)回火矫正　　　(D)热点矫正

142. 钢件淬火后须进行回火,回火的主要目的是(　　　)。

(A)消除淬火应力　　　　　　　(B)提高材料的塑韧性

(C)获得良好的综合性能　　　　(D)稳定工件尺寸

143. 淬火钢回火过程中,组织发生一系列转变,包括(　　　)。

(A)碳原子偏聚　　　　　　　　(B)马氏体及残余奥氏体的分解

(C)碳化物转变　　　　　　　　(D)渗碳体的聚集长大及 α 相的再结晶

144. 第一类回火脆性的形成机理主要包括(　　　)。

(A)片状碳化物沉淀理论　　　　(B)钝化膜破裂理论

(C)残余奥氏体薄膜分解理论　　(D)杂质元素晶界偏聚理论

145. 下列关于钢件回火脆性的描述正确的有(　　　)。

(A)第一类回火脆为低温回火脆,为不可逆的

(B)第二类回火脆为高温回火脆,是可逆的

(C)第一类回火脆的断口主要为穿晶断裂,第二类回火脆断口为晶间断裂

(D)第二类回火脆的形成机制主要有脆性相析出理论和杂质元素偏聚理论

146. 感应穿透加热调质工艺的优点有(　　　)。

(A)生产率高,畸变小

(B)无氧化脱碳,不污染

(C)生产过程易自动化

(D)适用于中小界面尺寸、大批量生产的轴类零件

147. 按碳在铸铁中的存在形式,可将铸铁分为(　　　)。

(A)灰口铸铁　　　(B)麻口铸铁　　　(C)白口铸铁　　　(D)球墨铸铁

148. 在灰口铸铁中,根据石墨的态不同,可将铸铁分为(   )。
(A)灰口铸铁   (B)蠕墨铸铁   (C)可锻铸铁   (D)球墨铸铁

149. 与钢不同,铸铁的热处理的主要特点表现为(   )。
(A)铸铁的共析转变实在一个相当宽的温度范围内发生
(B)热处理不能改变石墨的形状和分布特性
(C)铸铁奥氏体及其转变产物的碳含量可以在一个相当大的范围内变化
(D)由于铸铁的石墨化过程,可使得碳全部或部分以石墨形态析出,使得铸铁既可获得高碳钢的性能,又可获得中、低碳钢的性能

150. 铸铁的铸态组织主要有(   )。
(A)铁素体＋石墨   (B)奥氏体＋石墨
(C)珠光体＋石墨   (D)铁素体＋珠光体＋石墨

151. 白口铸铁的性能特点为(   )。
(A)耐磨性好   (B)脆性大
(C)硬度低   (D)抗冲击能力较差

152. 下列关于灰口铸铁性能的描述正确的有(   )。
(A)灰口铸铁具有良好的铸造性能和切削性能
(B)耐磨性良好
(C)强度和塑韧性要比钢高得多
(D)消振性能十分优异

153. 下列关于灰口铸铁热处理的描述正确的有(   )。
(A)灰铸铁的热处理主要用来消除铸件内应力,稳定尺寸和消除有害的白口组织
(B)石墨化退火时渗碳体分解,有效的消除白口组织,改善铸铁的切削性能
(C)灰铸铁正火的目的是提高铸件的强度、硬度和耐磨性,改善基体组织
(D)热处理不能显著改变灰铸铁的力学性能

154. 相比于其他铸铁,球墨铸铁的优点有(   )。
(A)生产工艺简单,生产周期较短
(B)强度和塑性优异
(C)具有良好的铸造性能,切削加工性,消振性
(D)不受铸件尺寸限制

155. 生产中常用的球墨铸铁的热处理方法有(   )。
(A)再结晶退火   (B)正火   (C)调制处理   (D)等温淬火

156. 下列关于可锻铸铁的描述正确的有(   )。
(A)可锻铸铁不可锻造
(B)铁素体可锻铸铁为白口可锻铸铁,而珠光体可锻铸铁为黑心可锻铸铁
(C)白心可锻铸铁为白口铁经加热退火,使得铸坯脱碳后形成的
(D)黑心可锻铸铁为白口铁经石墨化退火后形成的

157. 生产中常用的珠光体可锻铸铁的生产工艺有(   )。
(A)石墨化退火后,深冷处理
(B)石墨化退火后,淬火加回火处理

(C)石墨化退火后,珠光体球化退火处理

(D)石墨化退火后,正火加回火处理

158. 过冷奥氏体高温缓冷时,会发生珠光体转变,对于影响珠光体转变动力学的因素描述正确的有(　　　)。

　　(A)对于亚共析钢,随着钢中碳含量的增高,先共析铁素体孕育期变长,析出速度减慢,珠光体的形成速度降低

　　(B)对于过共析钢,随着钢中碳含量的增高,提供渗碳体晶核的几率减小,先共析渗碳体孕育期变长,析出速度减慢,珠光体的形成速度降低

　　(C)原始奥氏体晶粒细小,单位面积内晶界面积增大,珠光体成核部位增多,促进珠光体的形成

　　(D)提高奥氏体化温度和延长保温时间,促进渗碳体的进一步溶解和奥氏体均匀化,增加了珠光体转变的成核率与长大速率,促进珠光体转变

159. 钢中的合金元素种类和含量显著影响珠光体转变,其影响途径有(　　　)。

　　(A)合金元素对碳在奥氏体中扩散速度的影响

　　(B)合金元素对转变动力学和热力学参数的影响

　　(C)合金元素对晶格点阵重构速度的影响

　　(D)在较高温度时,合金元素自身在奥氏体中扩散速度的影响

160. 过冷奥氏体发生珠光体转变时,有时会形成有害的魏氏体组织。魏氏体组织的形成条件和主要特征有(　　　)。

　　(A)魏氏体组织易在细晶粒的奥氏体中形成

　　(B)当钢的碳含量超过0.6%时魏氏体组织铁素体较难形成

　　(C)连续冷却时,魏氏体组织易于在较快冷速下形成

　　(D)魏氏体组织的形成有一个上限温度,超过此温度魏氏体组织不能形成

161. 珠光体机械性能的影响因素有(　　　)。

　　(A)铁素体晶粒尺寸　　　　　　　　　　(B)珠光体体积百分数

　　(C)珠光体片层间距　　　　　　　　　　(D)合金元素种类及含量

162. 贝氏体转变的主要特征有(　　　)。

　　(A)贝氏体转变需要一定的孕育期

　　(B)贝氏体转变存在上、下限温度

　　(C)贝氏体转变是一种形核与长大的过程,表面不存在切变导致的浮凸

　　(D)贝氏体转变时,Fe和合金元素的原子不发生扩散,C原子发生扩散

163. 按组织形态,可将贝氏体分为(　　　)。

　　(A)上贝氏体　　　　(B)无碳贝氏体　　　　(C)下贝氏体　　　　(D)粒状贝氏体

164. 上贝氏体与下贝氏体的主要区别有(　　　)。

　　(A)上贝氏体与下贝氏体的惯习面不同

　　(B)上贝氏体形成的表面浮凸大致平行,而下贝氏体的表面浮凸呈一定角度

　　(C)上贝氏体中的碳化物分布在铁素体条之间,下贝氏体中的碳化物分布在铁素体条内部

　　(D)上贝氏体转变速度取决于C在γ-Fe中的扩散,而下贝氏体转变速度取决于C在α-Fe

中的扩散

165. 影响贝氏体转变动力学的因素描述正确的有( )。

(A)钢中的碳强烈地推迟贝氏体转变,随着钢种含碳量的增加,贝氏体转变速率减小,等温转变曲线向右移,"C"曲线"鼻子"向下移

(B)提高奥氏体化温度使得碳化物充分溶解,同时提高了奥氏体的均匀性,加快了贝氏体转变速度

(C)原始奥氏体晶粒越大,贝氏体转变的孕育期越长,转变速度越慢

(D)高温变形促进贝氏体转变,低温变形抑制贝氏体转变

166. 影响贝氏体力学性能的因素描述正确的有( )。

(A)贝氏体铁素体晶粒越细小,其强度越高,韧性也有所提高

(B)渗碳体尺寸越小,数量越多,贝氏体的强度和硬度越高,但塑韧性降低

(C)渗碳体为粒状时贝氏体的强度较高,渗碳体为片状贝氏体的韧性较高

(D)贝氏体转变温度越低,碳的过饱和度越大,贝氏体的强度和硬度越高

167. 马氏体转变的主要特征有( )。

(A)马氏体转变时,无成分变化,为非扩散形相变

(B)马氏体转变以切变共格方式进行,表面存在浮凸

(C)马氏体转变所需驱动力小,转变速度很快

(D)马氏体转变具有可逆性

168. 按组织形态,可将马氏体分为( )。

(A)板条马氏体　　　(B)片状马氏体　　　(C)隐晶马氏体　　　(D)蝶状马氏体

169. 板条贝氏体与片状贝氏体的主要区别有( )。

(A)板条马氏体与片状马氏体的惯习面不同

(B)低碳钢淬火时通常形成片状马氏体,高碳钢淬火时通常形成板条马氏体

(C)板条马氏体中的板条相互平行呈束状,而片状马氏体中的片不具有平行结构

(D)板条马氏体长大速度较低,而片状马氏体长大速度较快,甚至发生爆发式转变

170. 影响马氏体开始温度 M_s 点的因素正确的有( )。

(A)随着钢种碳含量的增加,马氏体转变温度下降

(B)在完全奥氏体化条件下,升高加热温度和延长保温时间,使得 M_s 点降低

(C)低温和高温淬火时,冷却速度对 M_s 点影响不大,中温淬火时,随着淬火速度的增大,M_s 点升高

(D)多向压缩应力阻止马氏体的形成,降低 M_s 点;拉应力或单向压应力促进马氏体相变,使 M_s 点升高

171. 热处理的冷却方式主要有( )。

(A)空冷　　　(B)炉冷　　　(C)水冷　　　(D)油冷

172. 工件快速冷却时会产生内应力,下列对内应力的描述正确的有( )。

(A)热应力是由于内外层存在温度差,晶格收缩不同导致的

(B)工件冷却后,残余热应力会导致工件表层存在拉应力,心部为压应力

(C)热应力是由于内外层马氏体转变时间不同,进而使得内外层膨胀不同导致的

(D)工件冷却后,残余组织应力会导致工件表层存在拉应力,心部为压应力

173. 影响淬火应力的因素描述正确的有(　 　)。

(A)钢的化学成分能够影响热导率、淬透性、M_s 点等参数,进而影响了工件淬火后的残余
　　应力

(B)奥氏体化温度能够改变奥氏体的均匀度和温度差,进而影响了工件淬火后的残余
　　应力

(C)工件的形状和尺寸会显著影响冷却过程中工件内的温度差和相变的时间差,进而影
　　响了工件淬火后的残余应力

(D)淬火介质和冷却方法能够影响冷却速度,进而改变了工件内的温度差和相变的时间
　　差,显著影响了残余应力

174. 下列对淬火裂纹的描述正确的有(　 　)。

(A)纵向或轴向裂纹主要是由热应力引起的

(B)横向或弧状常萌生于一定深度的表层或工件内部

(C)钢件淬火时表面脱碳后易形成网状裂纹

(D)工件尖角、缺口以及截面尺寸急剧变化等处淬火时应力集中,易产生裂纹

175. 下列对淬火畸变的描述正确的有(　 　)。

(A)以热应力为主时,其畸变特点为表面凸起,棱角变圆

(B)以组织应力为主时,其畸变特点为表面凹陷,内孔呈喇叭形

(C)淬火加热时,工件自身的重力也会引起塑性变形,导致淬火后的畸变

(D)材料发生相变时可能会引起体积的变化,导致淬火后的畸变

176. 淬火介质的选择依据包括(　 　)。

(A)合适的冷却特性　　　　　　　　　　(B)良好的稳定性

(C)不腐蚀工件　　　　　　　　　　　　(D)使用安全,污染性小

177. 按物理状态可将淬火介质分为(　 　)。

(A)液体介质　　　　　　　　　　　　　(B)固体介质

(C)气体介质　　　　　　　　　　　　　(D)等离子体介质

178. 工件在介质中冷却时,包括(　 　)等冷却阶段。

(A)变质阶段　　　　　　　　　　　　　(B)膜态沸腾阶段

(C)泡状沸腾阶段　　　　　　　　　　　(D)对流阶段

179. 常用的淬火介质包括(　 　)。

(A)水　　　　　　　　　　　　　　　　(B)无机物水溶液

(C)淬火油　　　　　　　　　　　　　　(D)高分子聚合物

180. 变形铝合金可以分为(　 　)。

(A)防锈铝合金　　　　　　　　　　　　(B)硬铝合金

(C)铸铝合金　　　　　　　　　　　　　(D)锻铝合金

181. 按化学成分,可将铜合金可以分为(　 　)。

(A)紫铜　　　　　(B)黄铜　　　　　(C)白铜　　　　　(D)青铜

182. 下列对晶界的特性描述正确的有(　 　)。

(A)晶界处的晶格畸变较大,所以常温下金属的塑性变形阻力较大,在宏观上表现为晶界
　　较晶粒内部具有较高的强度和硬度

(B)晶界是一种面缺陷,其对溶质原子、杂质元素等的吸附作用强,所以通常相对于晶内,晶界具有异相粒子优先析出的特性

(C)在腐蚀介质中,由于晶界能量较高,原子处于不稳定状态,晶界比晶粒内部容易被腐蚀

(D)晶界处的熔点比晶粒内部低,当热加工温度过高时,会导致晶界过早熔化,产生"过烧"缺陷

183. 为减少畸变与开裂,材料选择时应考虑(　　)等几个方面。

(A)对要求淬透性好的零件应选用具有一定淬透性的合金钢,以便用较缓冷却则可取得应有的淬硬深度,从而减少畸变与开裂

(B)对心部要求有足够强度及韧性,而表面要求耐磨时,可用淬透性好的钢,再采用调质,最后用表面淬火来满足

(C)尽量采用优质钢、硫、磷含量要少,材料的宏观及微观缺陷要少,以使热处理时减少畸变与开裂

(D)在高温下工作的零件,应选择高温下耐热裂的钢

184. 下列对钢回火后的性能描述正确的有(　　)。

(A)低碳钢在300 ℃以下回火,力学性能基本上不发生变化;300 ℃以上回火,钢的硬度和强度显著增大,塑性降低

(B)高碳钢在200 ℃以下回火,由于弥散硬化,钢的硬度略有升高;200~300 ℃回火时,硬度变化不大

(C)中碳钢200 ℃以下回火,硬度变化不明显;200~300 ℃之间回火,出现最高值;超过300 ℃回火,钢的强度降低而塑性增高

(D)在200~350 ℃回火,中、高碳素钢会因韧性降低而变脆,即出现第一类回火脆性;铬钢和铬镍钢等在450~650 ℃之间回火,会出现第二类回火脆性

185. 防止第二类回火脆性的方法有(　　)。

(A)从回火温度快冷,抑制杂质元素在晶界偏聚

(B)选用含 Mo、W 的合金钢,减缓杂质元素的偏聚过程

(C)室温形变热处理

(D)采用两次淬火工艺

186. 使用洛氏硬度计应注意的问题有(　　)。

(A)HRC 测量范围应在 40~85HRC 之间

(B)测定时两平面要平行,保证压头垂直压入试样表面

(C)检测曲面或球面时,必须测试其最高点,使压头受力均匀压入试样表面

(D)被测定工件或样品表面粗糙度 R_a 值不得高于 3.2 μm,仲裁试样的表面粗糙度 R_a 值一般不得高于 1.6 μm

187. 制备金相试样,取样时应注意的问题有(　　)。

(A)截取金相试样的位置应能代表工件的状态、缺陷的部位、热处理工艺

(B)对大型、关键工件要事先留好取样部位,随工件加工工艺的进展到达某一工序后取样检验

(C)切取前先把工件外形外貌用画图,最好用宏观照相方法记录下来

(D)分析质量的样品应从正常部位及缺陷部位分别截取,用来比较

188. 维氏硬度实验的基本特点有( )。

(A)维氏硬度示值与负荷大小有明确的对应关系

(B)所得压痕为清晰的正方形,其对角线长度易于测量,具有较高的测量精度

(C)维氏硬度实验效率较洛氏法低,所以通常用于薄试样的精确测量

(D)维氏硬度实验适用性好,不仅适用于软金属,也适用于高硬度的材料,并能对面积小、薄表面层的硬度进行测试

189. 原材料表面开裂缺陷的种类有( )。

(A)分层 　　(B)皮下气泡 　　(C)龟裂 　　(D)裂纹

190. 钢中的非金属夹杂物的危害有( )。

(A)破坏了金属基体的连续性,剥落后成为凹坑和裂纹

(B)夹杂物还会引起渗氮工件表面起泡

(C)对精密量具来说,夹杂物会造成应力集中,淬火时易开裂,降低使用寿命

(D)锻压和轧制时,夹杂物可能被延展成长而薄的流线状,形成带状组织,是金属产生各向异性,大大增加了淬火开裂的倾向

191. 按几何维数分类,可将晶体缺陷分为( )。

(A)点缺陷 　　(B)线缺陷 　　(C)面缺陷 　　(D)体缺陷

192. 下列固态相变的基本特点的描述正确的有( )。

(A)固态相变的基本过程是新相的形核和长大

(B)与凝固过程不同,固态相变尤其是扩散形相变的转变速率较慢

(C)温度变化往往带来固态相变的发生,控制转变温度时控制固态相变的重要因素

(D)扩散性相变的转变速率随温度的变化会出现极值

193. 马氏体具有很高的硬度,其原因有( )。

(A)马氏体中过饱和的碳引起严重的晶格畸变,固溶强化效果显著

(B)马氏体高位错密度、细小孪晶等引起位错强化

(C)快速淬火导致表面形成了非晶的硬壳

(D)马氏体中弥散析出的碳化物起到很大的弥散强化作用

194. 热处理后工件变形的检查要点有( )。

(A)薄板类工件在检验平板上由塞尺检验平面度,检验时工件和工具要清洁

(B)一般轴类工件用顶尖或 V 形架支撑两端,用百分表测其径向圆跳动量

(C)细小轴类零件可在检验平板上用塞尺检验弯曲度

(D)孔类工件用游标卡尺、内径百分表、塞规等检验其圆度

195. 碳氮共渗工件表面有时出现黑色组织。其预防及补救措施有( )。

(A)快装炉,防止共渗初期的氧化

(B)严格控制共渗初期的氨气通入量

(C)共渗后适当降低淬火温度以及采用慢速冷却,以抑制托氏体的出现

(D)当黑色组织较浅时,若深度小于 0.002 mm,则可采用喷丸强化使其减小

196. 铝合金热处理时容易发生过烧,其产生原因及预防措施有( )。

(A)铸造合金中形成低熔点共晶体的杂质含量多,应严格控制炉料

(B)变形铝合金由于畸变量少,共晶体集中,应提高加热温度,并快冷

(C)铸造铝合金加热速度太快,低熔点共晶体尚未扩散、消失就发生熔化。可采用随炉以200～250 ℃/h的速度缓慢加热或采用分阶段升温的办法

(D)炉内温度分布不均匀,实际温度超过工艺规范。应定期检查炉内温度的分布情况以及定期矫正温度仪表,按工艺规范严格控制炉温

197. 热电偶安装和使用不当,会增加测量误差和使用寿命,下列热电偶使用事项描述正确的有( )。

(A)将热电偶安装在温度较均匀且能代表工件温度的地方

(B)安装位置要尽量避开强磁场和电场

(C)热电偶插入炉膛的深度一般不小于热电偶保护管外径的5倍

(D)热电偶接线盒不应靠到炉壁上,以免冷端温度过高

198. 下列对于热处理夹具的选择描述正确的有( )。

(A)保证零件热处理加热、冷却、炉气成分均匀度,不致使零件变形

(B)夹具应具有重量轻、吸热量少、热强度高及使用寿命长等特点

(C)保证拆卸零件方便和操作安全

(D)价格合理,符合经济要求

199. 常用热处理夹具和料盘用钢有( )。

(A)不锈钢 (B)高速钢

(C)高镍合金钢 (D) NiCr 合金钢

200. 零件在热处理前,需要进行清洗。常用清洗设备包括( )。

(A)一般清洗机 (B)超声波清洗机

(C)脱脂炉清洗机 (D)真空清洗机

四、判 断 题

1. 某些钢(例如 20CrMnMo)渗碳后空冷,表层形成托氏体,内层有一部分马氏体造成表面拉应力而发生开裂。( )

2. Mn 元素促进亚共析钢中魏氏组织的形成。( )

3. 钢的塑性、韧性随着钢中含氢量的增加而增加。( )

4. 高速钢淬火后发现在碳化物偏析带中有碳化物造成的网状小区域,应判为淬火过热。( )

5. 热处理前工件中存在较大的残余应力时,会加重热处理后变形及变形的不均匀性。( )

6. 疏松的存在易导致淬火时产生裂纹。( )

7. 金属材料中的合金元素及碳化物的带状偏析严重,会导致热处理后力学性能的降低。( )

8. 钢的冶炼过程都要经过熔化—杂质氧化—造渣—脱氧—调整成分—出钢的过程。( )

9. 普通黄铜中加入铅、锡、铝、镍、锰、铁、硅等,能改善其性能,成为特殊黄铜。( )

10. 钛及其合金具有一系列优良的物理性能、化学性能和力学性能。( )

11. 形变铝合金固溶温度的选择,应能保证析出相充分地溶入基体,又不至于产生过烧或其他不利的影响。一般淬火温度比过烧温度低几度或十几度。( )

12. 硅黄铜耐蚀性良好,能获得表面光洁的高密度铸件,能在机车车辆上用作安全阀、止回阀等多种阀套。( )

13. 锡青铜铸造性能好,耐蚀性良好,有较好的机械性能和耐磨性能,内燃机车上常用来作各种耐磨件,如铜套等。( )

14. 经过固溶的形变铝合金,时效时有孕育期,在孕育期内强度变化很小。工件可以在孕育期内进行矫正、铆接、冲压和其他冷加工,有效解决了时效后淬火变形不易矫正的困难。( )

15. 生产现场快速分析工件化学成分的方法有:用便携式看谱镜进行光谱分析,用旋转速度为 3 000 r/min 的砂轮机进行火花检验。( )

16. 经过固溶与时效处理的铝合金,当迅速加热到 200~250 ℃,并在此温度范围内停留较长时间时,其强度性能可恢复到淬火前状态。( )

17. 在分析工件热处理质量问题的原因时,应考虑工件化学成分的影响。( )

18. 合金的组成相是多种多样的,概括起来,合金的相可分为固溶体和金属间化合物两大类。( )

19. 合金的性能主要决定于其化学成分、组织和结构。( )

20. 金属塑性变形时只有外形发生变化,内部组织不发生变化。( )

21. 冷变形会导致金属晶格发生畸变、使组织处于稳定状态( )

22. 再结晶是无晶格类型变化的过程。( )

23. 扩散温度越高,则扩散系数越小,即温度升高,扩散减慢。( )

24. 虽然一定的内部组织对应着一定的性能,但热处理过程中钢的组织转变不一定能带来性能变化。( )

25. 钢的成分、转变温度不同,共析转变时析出的先共析相的数量和形态将不同。( )

26. 金属塑形变形最基本的方式是位错滑移。( )

27. 低碳钢淬透性较差,淬火时的比容变化较小,故要急冷淬火,因此其变形主要由组织应力引起。( )

28. 影响奥氏体晶粒长大的两个主要因素为加热温度和保温时间,并且保温时间的影响比加热温度更为明显。( )

29. 淬火工件产生开裂,主要发生在淬火前期。( )

30. 淬火纵向开裂发生于工件表面最大拉应力处,裂纹由表面向心部有较大深度的扩展,裂纹的走向一般平行于轴向。( )

31. 镍对不锈钢耐蚀性的影响,只有与铬配合时才能充分表现出来。( )

32. 在不锈钢中加钛和铌为了防止晶间腐蚀。( )

33. 当镍与铬配合时,如向铁素体不锈钢中加入少量的镍,即可使单相铁素体变为奥氏体与铁素体双相组织,从而施以热处理,进一步提高强度。进一步增加镍含量使其变为单相的奥氏体钢,从而使其具有更好的耐蚀性、良好的塑性和焊接性能。( )

34. 提高不锈钢抗腐蚀性能的主要途径是降低含碳量和添加稳定化元素。( )

35. 高锰 钢铸件硬而脆,耐磨性差,不能实际应用。经水韧处理后才能具有良好的耐磨

性。（　　）

36. 由于奥氏体型不锈钢无磁性，因此在仪表仪器工业中广泛应用。（　　）

37. 铁素体型耐热钢多属抗氧化钢，常用于制造箱式炉底板等耐热件。（　　）

38. 马氏体型不锈钢退火的目的一方面是为了降低硬度或消除冷作硬化，以便于切削加工或冷变形加工；另一方面也可以消除锻压与焊接后产生的内应力，防止产生裂纹。（　　）

39. 铁素体型不锈钢不能通过热处理来强化，热处理的目的是为了消除加工应力和获得单一的铁素体组织并消除脆性。（　　）

40. 真空炉一般由炉体、真空机组、液压系统、控制系统组成。（　　）

41. 热处理炉保温精度是指实际保温温度相对于工艺规定温度的精确程度，用偏离工艺规定温度的最大偏差来表示。（　　）

42. 感应加热表面淬火，在生产中往往是通过调整电参数来控制热参数，工件要根据不同设备、工装等，通过试验方法找出合理的工艺参数。（　　）

43. 炉温均匀性测量的目的，在于通过测量掌握炉膛内各处温度的分布情况。（　　）

44. 有效加热区空间大小和位置相同的炉子，其炉温均匀性也相同。（　　）

45. 新添置或经过大修的热处理炉应按国家标准测定有效加热区。（　　）

46. 黏土砖不宜作铁-铬-铝电阻丝的隔砖和可控气氛炉衬。（　　）

47. 《热处理炉有效加热区测定方法》（GB/9452－2012）规定了热处理炉按保温精度要求的分类，规定了不同类的保温精度允许最大偏差、控温指示精度、仪表精度等级。（　　）

48. 可控气氛加热炉可进行无氧化无脱碳的加热但不能控制工件表面的含碳量。（　　）

49. 工件在多用箱式炉中淬火后不光亮，可能是由于零件在炉内时间过长造成的。（　　）

50. 多用箱式炉升温时不需要打开炉顶的风扇、冷却水套供水阀门及风扇电源。（　　）

51. 用露点仪、CO_2 红外仪或氧探头之一作为检测元件可组成单参数碳势控制系统。（　　）

52. 在 950 ℃高温长期使用的低碳钢吊具其抗拉强度 σ_b 可取为 6 MPa。（　　）

53. 热处理工夹吊具热强度校核时，如果危险截面处应力 $\sigma_危 < $ 许用应力$[\sigma]$，需加大危险截面尺寸，来满足强度要求。（　　）

54. 形状复杂、尺寸要求严格的零件热处理时需设计专用工装，以保证尺寸精度。（　　）

55. 某些采用定形回火的零件如活塞环、弹簧等的热处理应有专用夹具保证。（　　）

56. 为了方便进出炉，某些大型笨重零件应根据工件及炉型采用专用工装。（　　）

57. 盐炉淬火吊具一般采用高碳钢或耐热钢制造。（　　）

58. 亚共析钢加热到 Ac_1 以上温度，随着温度的继续升高，铁素体晶界处优先形成奥氏体晶核并逐渐长大，当加热温度达 Ac_3 以上时，铁素体全部消失，得到单相奥氏体。（　　）

59. 奥氏体形核时，需要一定的结构起伏和能量起伏，同时还需要一定的浓度起伏。（　　）

60. 钢的原始组织越弥散，奥氏体化速度越慢。（　　）

61. 细晶组织不仅强度高，而且韧性好，因此严格控制奥氏体的晶粒大小，在热处理生产中是一个重要的环节。（　　）

62. 在一定的加热温度下,随着保温时间的延长,晶粒不断的长大,但达到一定尺寸后便几乎不再长大。(　　)

63. 珠光体转变为非扩散型相变。(　　)

64. 钢的过冷奥氏体向珠光体的转变是形核与长大的过程。(　　)

65. 钢的过冷奥氏体向珠光体转变必须进行碳的重新分布和铁的晶格重组,需要碳原子和铁原子的扩散来完成。(　　)

66. 粒状珠光体是通过铁素体的球化获得的。(　　)

67. 过共析钢正火加热时必须保证网状碳化物全部溶入奥氏体中,为了抑制自由碳化物的析出,使其获得伪共析组织,必须采用较大的冷却速度冷却。(　　)

68. 退火状态下,对于相同含碳量的钢,片状珠光体比球化珠光体的强度高。(　　)

69. 球状珠光体的切削加工性能、冷变形性能以及淬火工艺性能都比片状珠光体好。(　　)

70. 原始组织为球状珠光体的钢,其淬火变形倾向比原始组织为片状珠光体的钢的淬火变形倾向小。(　　)

71. 贝氏体是过冷奥氏体在中低温区的转变产物。(　　)

72. 从组织上看,上贝氏体像板条马氏体,下贝氏体像回火针状马氏体。(　　)

73. 上贝氏体与回火高碳马氏体组织的形态极为相似。(　　)

74. 下贝氏体亚结构中的位错密度比低碳马氏体高。(　　)

75. 片状马氏体内部存在着许多显微裂纹,这是片状马氏体在高速长大时相互撞击的结果。(　　)

76. 马氏体的形成速度很高,一般没有孕育期,瞬时形核、瞬间长大。(　　)

77. 每个片状马氏体内部都存在着大量位错,所以片状马氏体又叫位错马氏体。(　　)

78. 板条状马氏体内部存在着大量相变孪晶,所以又称为孪晶马氏体。(　　)

79. 板条状马氏体的形成温度较高,它形成之后,过饱和固溶体中碳原子能够进行短距离的扩散,发生偏聚或析出,即发生自回火。(　　)

80. 在马氏体转变区冷却过快引起的淬火裂纹,往往是穿晶分布。(　　)

81. 板条状马氏体的自回火对提高马氏体的强韧性起着重要作用,但会引起变形和开裂。(　　)

82. 工件淬火后不要在室温下放置,要立即进行回火,有利于防止开裂。(　　)

83. 淬火钢随着回火温度升高,强度、硬度下降,而塑性、韧性提高。(　　)

84. 第二类回火脆性是可逆的,可用回火后快冷来防止。(　　)

85. 第一类回火脆性是不可逆的,可以避开此脆性温度区回火及加入某些合金元素来抑制。(　　)

86. 钢件淬火发生相变时,内外存在温差,表面先转变而心部后转变,由于内外比容变化不同时,造成的内应力,被称为组织应力。(　　)

87. 较高精度的磨床主轴由于与滑动轴承配合,表面硬度和显微组织要求高,可用 GCr15 钢制造。(　　)

88. 高精度、轻载荷的丝杠常用高碳钢或合金工具钢制造,要经调质或球化退火处理。(　　)

89. 高精度、工作频繁的丝杠常用合金钢制造,经整体淬火或渗氮后使用。（ ）

90. 齿轮热处理后喷丸处理不仅能除去零件的毛刺、氧化皮等,更重要的是能提高齿轮的使用寿命。（ ）

91. 合金工具钢导热性比碳钢差,对于形状复杂或大型的刀具,淬火加热前要进行预热。（ ）

92. 一些水淬油冷的大型锻件、模具钢、轧辊钢等,淬火后均不用立即回火。（ ）

93. 凸轮轴的凸轮感应淬火时,有凸轮轴不旋转与旋转两种方法。（ ）

94. 凸轮轴感应淬火时,凸轮尖部过热、冷却过于激烈、钢的含碳量及淬透性过高、感应器与凸轮间隙过小,都是引起尖部和边角淬硬层崩落的原因。（ ）

95. 凸轮轴渗碳后重新加热淬火,可以保证显微组织良好,使用寿命高。（ ）

96. 大马力柴油机曲轴通常可采用离子渗氮、气体渗氮或感应淬火处理。（ ）

97. 1Cr13 和 2Cr13 等钢在 $400\sim500$ ℃回火时有回火脆性。因此,除避开此温度回火外,在高温回火后应以较慢的冷却速度通过这个温度区,故常采用油冷。（ ）

98. 深冷处理可有效提高钢铁材料、非铁金属及复合材料的力学性能和使用寿命,稳定尺寸、减小变形等,但不能减小或消除残余应力。（ ）

99. 马氏体型耐热钢常在调质状态下使用,一般回火温度要高于使用温度 100 ℃。经调质处理后具有良好的综合力学性能、抗氧化性能和热强度。（ ）

100. ZGMn13 铸态组织中有明显的柱状晶存在,应先进行退火处理,消除部分柱状晶后,再进行水韧处理。（ ）

101. 铸铝合金固溶保温时间与工件厚度关系密切,同时粗大沉淀相及难熔相回溶困难,因此保温时间一般为数小时至数十小时。（ ）

102. 渗氮炉炉罐常采用 0Cr18Ni9Ti 等高镍钢制造,不能用普通钢板制造。（ ）

103. 青铜退火的目的是消除冷、热加工应力,恢复弹性。（ ）

104. 铜合金的人工时效温度,视合金成分、力学性能要求及工作温度而定。铍青铜的人工时效温度一般为 $250\sim350$ ℃,保温时间多为 $3\sim5$ h 或 $1\sim3$ h,时效温度较低则所需时间较长,时效后空冷。（ ）

105. 黄铜再结晶退火目的是消除加工硬化,恢复塑性,常用温度为 $500\sim700$ ℃,一般保温 $1\sim2$ h,空冷或水冷。（ ）

106. 黄铜低温退火目的是消除冷变形加工应力,防止开裂,退火温度通常为 $260\sim300$ ℃,保温 $1\sim3$ h,水冷。（ ）

107. 高温合金包括镍基与钴基高温合金等。（ ）

108. 铁—镍基高温合金在 800 ℃以上高温强度优异。（ ）

109. 零件调质后力学性能中 σ_b 低不合格、其他项合格时,则重新回火并提高回火温度,可使零件力学性能达到要求。（ ）

110. 渗碳形成的网状碳化物可以在淬火前先进行高温回火,来消除网状碳化物。（ ）

111. 渗氮后硬度偏低、渗氮层过浅,可以返工处理。（ ）

112. 为防止工件在冷处理时产生裂纹,冷处理前可在 100 ℃沸水中进行暂时回火。（ ）

113. 渗碳后重新加热淬火,加热温度过高或保温时间过长,可能导致工件心部铁素体过

多。(　　)

114. 渗氮过程控制不当,可能出现网状、针状氮化物。(　　)

115. 离子渗氮是以工件为阴极,真空容器的罩壁为阳极。(　　)

116. 离子渗氮比气体渗氮速度快,特别是渗层深度大于 0.4 mm 时更为明显。(　　)

117. 渗硼后不进行热处理就能获得极薄的表面硬化层。(　　)

118. 硫碳氮三元共渗可明显提高气缸套的耐磨性,延长其使用寿命。(　　)

119. 淬火残余应力随工件质量和复杂程度增高而增大。(　　)

120. 钢件淬火冷却不均匀容易产生软点,从而引起钢的开裂,其特征是包围着软点的开裂。(　　)

121. 合理的操作可以减少工件的淬火变形量。(　　)

122. 金属及合金的各种硬度值之间,理论上没有严格的相互关系。(　　)

123. 金相显微镜下过热组织的晶粒粗大,晶粒度可达到甚至超过 1~2 级。(　　)

124. 平行度是形状公差。(　　)

125. 非金属夹杂物评级不必对夹杂物的类型进行鉴别,只要按其形态及分布特征对照标准评定即可。(　　)

126. 圆柱面对其轴线的跳动称为端面跳动。(　　)

127. 钢件热处理时,由于组织转变时比容的变化和沿截面和长度的不均匀加热冷却,会在内部形成组织应力和热应力。(　　)

128. 金属材料在受热和冷却时,若不考虑内部组织的变化,其体积变化规律一般都是热胀冷缩。(　　)

129. 碳素结构钢质量等级符号分别为:A、B、C、D。脱氧方法符号:F 表示沸腾钢;B 表示半镇静钢;Z 表示镇静钢;TZ 表示特殊镇静钢。(　　)

130. 08F、20、45、65Mn、T12A 都不是合金钢。(　　)

131. 轻质黏土砖孔隙小且分布均匀,具有足够的强度,并且散热损失小。(　　)

132. 耐火材料应能承受高温并能抵抗高温下的物理和化学作用。(　　)

133. 通过对冷却曲线的分析,可以了解介质的冷却特性。(　　)

134. 辐射传热是由电磁波来传递热量的过程。(　　)

135. Mn 能促进钢的晶粒长大。(　　)

136. 白点是热轧和锻压合金钢中比较常见的表面缺陷。(　　)

137. 按脱氧方法不同,可将碳素结构钢分为沸腾钢、镇静钢、半镇静钢。(　　)

138. 铝稀土合金具有显著的高温性能,常用于制造柴油机和飞机发动机的活塞。(　　)

139. 当非金属原子半径与金属原子半径之比小于 0.49 时,将形成具有简单晶格的间隙化合物,称之为间隙相。(　　)

140. 不锈钢饭盒是用挤压的工艺方法生产的。(　　)

141. 金属化合物的特点是熔点高、硬度大、脆性大。(　　)

142. 钢铁的表面处理包括磷化、发蓝、化学镀和染色等。(　　)

143. 高锰钢耐磨的原因在于其具有很高的加工硬化率。(　　)

144. 热处理高温电阻炉热传递的方式主要是辐射。(　　)

145. 真空加热气体淬火常用的冷却气体是氩气。(　　)

146. 热处理炉有效加热区是指经温度检测后,确定的满足工艺规定的温度及其保温精度的工作空间尺寸。(　　)

147. 随同工件一起加热淬火的热处理工装吊具一般采高碳钢或耐热钢制造。(　　)

148. 工件渗碳淬火的料盘多用耐热钢铸造。(　　)

149. 齿轮的预氧化处理可以提高生产效率和渗层均匀性。(　　)

150. 亚共析钢和过共析钢在共析转变前,先析出铁素体或渗碳体,常称之为先共析相。(　　)

151. 为了使淬火区域内的工件冷却均匀,就应该使流经淬火区域的介质流速分布尽量一致,这样就要采用组合式搅拌器。(　　)

152. 对于冷加工(如冷轧、拉丝等)的钢材以及镀覆的钢板来说,氧化皮不仅会影响制品的表面质量,而且会增加工具(轧辊及模具)的磨损,所以氧化皮是一种缺陷。(　　)

153. 非金属夹杂物会严重降低钢的塑形、韧性,但对钢的强度、硬度及疲劳强度影响不大。(　　)

154. 过烧现象主要表现为金属的晶粒组织粗大,导致力学性能下降,过烧严重时甚至会形成魏氏组织。(　　)

155. 钢铁材料的生产过程由冶炼、炼钢和轧钢三个主要环节组成。(　　)

156. 一般在室温使用的细晶材料不仅具有较高的强度、硬度,而且具有良好的塑形和韧性,即具有良好的综合力学性能。(　　)

157. 钢的锻造属于热加工,锻件没有加工硬化,所以锻件的力学性能和原钢材一样。(　　)

158. 锻热淬火可明显改善钢的淬透性,且使晶内的亚结构细化,马氏体组织变细。(　　)

159. 晶界属于面缺陷。(　　)

160. 18-8型铬镍不锈钢淬火加热温度过高会形成铁素体,但对耐蚀性没有什么影响。(　　)

161. 所有的淬火裂纹都是致命的热处理缺陷,在任何情况下都是不能返修和补救的。(　　)

162. 因回火温度过高或淬火温度过低而引起高速钢件硬度不足,必须进行退火重淬,则需要选择淬火温度的上限,并适当延长保温时间。(　　)

163. 影响奥氏体晶粒长大的两个最主要因素是加热温度和保温时间,加热温度的影响比保温时间的影响更为明显。(　　)

164. 渗氮层深度的测量方法有断口法、金相法和硬度梯度法三种,有争议时以金相法作为仲裁方法。(　　)

165. 马氏体转变的无扩散性是指在相变过程中所有原子都不发生迁移。(　　)

166. 时效现象仅在钢中存在,在非铁合金中很少发生。(　　)

167. 高频感应淬火层剥落是由于加热温度过高,内层产生极大内应力所致。(　　)

168. 由于感应加热是依靠电磁感应产生的能量进行加热的,故其热效率低、能耗大,是其他加热方式的两倍。(　　)

169. 对断件的断口进行分析,可以为判断断裂原因提供重要依据。(　　)

170. 高温盐浴工作时电极通冷却水。（　　）

171. 气体渗氮时，一般情况下氨分解率越低，向工件表面提供活性氮原子的能力就越弱。（　　）

172. 离子渗氮的特点是不需要预热、淬火、回火及渗后的表面清理（如喷砂、酸洗等）等工序，无需渗氮的地方的防护也相对简单。（　　）

173. 为减少工件畸变量，细长工件应该垂直放立或吊挂装炉，不可平放，当情况特殊时可以斜放装炉。（　　）

174. 对于形状复杂、要求严格的工件，尤其是高合金钢，为防止其热处理变形，应尽可能做到均匀加热。（　　）

175. 鉴定退火后组织的球化级别通常是在显微镜下进行，当出现细片状珠光体时，说明退火温度过高；而当球化级别超过 6 级，出现粗球、粗片珠光体时，说明退火温度低或保温时间不足。（　　）

176. 一般情况下用铝脱氧的钢属于本质细晶粒钢。（　　）

177. 黄铜再结晶退火后，可以防止应力腐蚀开裂。（　　）

178. 工件调质处理后出现块状铁素体或工件表面存在脱碳层时，随后渗氮时易引起渗氮层脆性脱落。（　　）

179. 时效后的形变铝合金，机械加工后为消除应力和稳定尺寸，还应进行稳定化处理。（　　）

180. 应力腐蚀造成的破坏是塑性断裂。（　　）

181. 对于孔类工件，应用游标卡尺、内径百分表、塞规等检验其圆度，检验时工件表面要清洁，工具、仪器要按规定规范使用。（　　）

182. 金相检验时，要求试样必须与工件材料、工艺条件一致，但可以不是同炉处理的。（　　）

183. 井式气体渗碳炉的最高工作温度为 650 ℃，而井式气体渗氮炉的最高工作温度为 950 ℃。（　　）

184. 为了防止真空炉炉体因受热不均匀而产生变形，炉壳应设有水冷装置。（　　）

185. 回火温度升高至 80 ℃左右时，会发生残余奥氏体的转变。（　　）

186. 薄板类工件的平面度应在检验平板上用塞尺检验，检验时工件和工具要清洁。（　　）

187. 当洛氏硬度计无法检验淬火件硬度时，允许用肖氏硬度计或其他便携式硬度计检验，但工件表面粗糙度应尽量接近标准硬度块的粗糙度。（　　）

188. 在工件渗氮时，第一阶段氨分解率偏高将导致渗氮层硬度低。（　　）

189. 工件形状规则、截面比较对称且薄厚相差不大时，则其变形就会比较规则、均匀。（　　）

190. 淬火后马氏体的级别，可在 500 倍光学显微镜下对照马氏体级别图进行评定。其级别越高，马氏体组织就会越粗大，说明淬火温度偏高，可能出现了过热或过烧现象。（　　）

191. 钢中白点形成的根本原因是钢中存在氢，主要发生在珠光体钢、马氏体钢、贝氏体钢的轧件中。（　　）

192. 钢中碳原子的偏聚，可以用普通金相方法观察到。（　　）

193. 钢轨是用轧制工艺方法生产的。(　　)
194. 在常温和低温下,单晶体的塑性变形主要是通过位错滑移进行的。(　　)
195. 医疗用手术刀应选用 40Cr13 钢制造。(　　)
196. 一种金属元素与其他金属元素或非金属元素,通过熔炼或其他方法结合而成的具有金属特性的物质称为合金。(　　)
197. 工件的形状对热处理后的变形有重要的影响。(　　)
198. 过共析钢中的先共析相为铁素体。(　　)
199. M_s 点温度低于 M_f 点温度。(　　)
200. 采用适当的分离手段,使金属中被测定元素与其他成分分离,然后用称重法来测定被测元素含量的方法称为重量分析法。(　　)

五、简 答 题

1. 试述 42CrMo 中加入 Cr、Mo 元素的作用。
2. 金属化合物的性能特点是什么?
3. 工具钢的热处理特点有哪些?
4. 什么是能量起伏?
5. 高速钢能够用二次硬化法进行处理的主要理由是什么?
6. 固溶体的性能随什么因素而变化?
7. 简述晶界的特性。
8. 什么是加工硬化?
9. 试述塑性变形的滑移。
10. 论述位错与金属性能的关系。
11. 金属塑性变形时,位错对滑移的影响如何?
12. 简述维氏硬度实验的特点。
13. 为什么在合金中组元的原子尺寸差越大,则扩散速度加快?
14. 为什么感应加热表面淬火的温度比一般的淬火加热的温度要高?
15. 铁碳合金中,为什么随碳含量的增加(指固溶体)而扩散速度加快?
16. 简答怎样控制激光淬火。
17. 简答什么是形变热处理。
18. 为什么激光淬火前要作预备热处理?
19. 什么叫碳势?碳势的高低与什么因素有关?
20. 简述吸热式可控气氛在热处理中的应用。
21. 简述 PID 调节。
22. 试述多用箱式电阻炉在热处理中应用特点。
23. 为什么同样材料,在同样的热处理规范下晶粒度不同?
24. 片状马氏体的针长短不一,如何根据马氏体针的大小判断奥氏体晶粒度?
25. 什么类型的钢具有第二类回火脆性?为什么?
26. 试述第一类回火脆性产生的原因及防止办法。
27. 可热处理强化变形铝合金固溶后为什么塑性好?时效后强度为什么会提高?

28. 简述钢在冷却过程中热应力变化规律。

29. 钢在淬火冷却过程中产生的热应力和组织应力对工件的影响是什么？

30. 钢的热应力造成变形都有哪些规律？

31. 钢的组织应力造成变形都有哪些规律？

32. 简述形成淬火裂纹的原因。

33. 工件淬火开裂有哪几种形式？

34. 简述铬在不锈钢中的耐蚀作用。

35. 什么是水韧处理？

36. 简述生产现场检测热电偶的方法。

37. 矿物油作为淬火介质(与水相比)的主要特点是什么？

38. 齿轮采用单齿感应加热设计感应器时,应注意什么？

39. 导轨高频表面淬火时应注意什么？

40. 表面淬火件质量检验内容有哪些？

41. 简述钢的淬火变形形式。

42. 试述锻造纤维组织。

43. 简述维氏硬度计在热处理工艺质量检验中的应用。

44. 什么是磷化？磷化膜的组成？

45. 渗氮件质量检验项目有哪些？

46. 如何防止渗氮处理后表面硬度过低？

47. 简述渗氮处理后脆性大、出现网状、针状氮化物的预防措施。

48. 碳氮共渗件质量检验项目有哪些？

49. 齿轮采用碳氮共渗有何优点？（与渗碳比较）

50. 亚共析钢经 105 ℃/s 超速加热后,组织有未溶解的碳化物,为什么？

51. 试说明白点对钢的机械性能有何影响？

52. 什么是微分调节？

53. 什么是积分调节？

54. 简述铜合金是怎样分类的。

55. 简述形变铝合金淬火装炉应注意哪些问题？

56. 热处理可强化的铝合金实现强化的外部条件有哪些？

57. 根据图样对工件的硬度要求,对测量对象应用的硬度计有哪些种类？

58. 怎样用锉刀检验硬度？

59. 目前对工件裂纹的检验方法有哪些？

60. 怎样检查平板类工件热处理后的变形量？

61. 退火与正火件应怎样抽样和检验？

62. 锻后热处理的检验内容是什么？

63. 正火、退火件质量检验项目有哪些？

64. 淬火件质量检验内容有哪些？

65. 渗碳件质量检验项目有哪些？

66. 淬火、回火件需最终检验,为什么强调做工艺过程的流动检查？

67. 电接触加热表面淬火的原理是什么？
68. 什么叫低温形变淬火？
69. 什么是比例调节？
70. 简述维氏硬度实验原理。

六、综合题

1. 铝合金是怎样分类的？
2. 简述如何选择时效方式？
3. 多晶体金属是怎样发生塑性变形的？
4. 论述晶界的特性是什么？
5. 再结晶退火的转变有几个过程？
6. 为减少畸变与开裂，材料选择时应考虑哪些方面？
7. 举例说明常用不锈钢的分类。
8. 热作模具热处理应注意什么问题？
9. ZGMn13 钢耐磨的保证条件是什么？为什么具有高耐磨性？
10. 简述常用耐热钢分类与牌号。
11. 简要分析 ZGMn13 钢水韧处理的工艺参数。
12. 已知一块钢片碳质量分数为 0.077%，质量 $W_1 = 1.1745$ g，送到炉内进行 15～20 min 渗碳，在无氧化的情况下取出称重，$W_2 = 1.1859$ g，求炉内气氛的碳势？
13. 钢回火后的性能有何变化？
14. 试述第二类回火脆性的产生原因和防止办法。
15. 试述回火脆性的产生和预防。
16. 论述内应力的分类。
17. 以含碳量为 0.8% 的碳钢，规格为 $\phi 44$ 的圆柱形试样为例，用图示法说明热应力与相变应力在圆柱试样上的分布。
18. 简述影响钢淬火变形的因素都有哪些？
19. 简述防止淬火开裂的几种方法？
20. 刀具的工作条件及性能要求是什么？
21. 间隙相与间隙化合物在高速钢中起什么作用？
22. 高速钢热处理后产生萘状断口的原因是什么？
23. 大锻件易出现什么缺陷？如何防止？
24. 试说明渗氮层硬度低的形成原因，怎样预防和补救？
25. 使用洛氏硬度计应注意些什么？
26. 简述工件产生裂纹的原因。
27. 试述工件裂纹特征。
28. 制备金相试样，取样时应注意些什么？
29. 表面淬火深度在 0.3 mm 以上时，怎样测定淬火硬度深度？
30. 如何预防渗碳淬火后表面硬度不足？
31. 解释铸铁热处理的基本特点。

32. 试述回火时常见缺陷的产生原因及防止和补救措施。

33. 简述渗碳齿轮的热处理技术要求。

34. 20 钢中含有 75％铁素体和 25％珠光体,它的性能可近似按铁素体和珠光体性能的加权平均值估计,试求 HB 的值(铁素体 HB＝80,珠光体 HB＝180)。

35. 已知某碳钢在退火状态的金相组织中,珠光体含量为 45％,其他为铁素体,试计算该钢的含碳量,并指出大概的钢号。

36. 多晶体金属是怎样发生塑性变形的?

金属热处理工(高级工)答案

一、填 空 题

1. 书面劳动合同　　2. 强令冒险作业　　3. 预防为主　　4. 化学、物理

5. 0.8%～1.5%　　6. 碳化物不均匀度　　7. 开裂或断裂　　8. 时效强化

9. 化学成分　　10. 冲压　　11. 安全系统　　12. 本质晶粒度

13. 最慢　　14. 最快　　15. 板条　　16. 残余奥氏体

17. 晶粒边界杂质元素　　18. 250　　19. 快冷　　20. 耐磨

21. 较低　　22. 反复锻打　　23. 反复锻打　　24. 去应力

25. 热应力　　26. 热应力　　27. 脱碳层　　28. 冶金/铸造

29. 冲击韧性　　30. 合适的冷却速度　　31. 回复　　32. 降低

33. 不宜　　34. 氮　　35. 提高　　36. 降低

37. 外观质量　　38. 力学性能检验　　39. 冷却水温高　　40. 冷却速度过快

41. 保温时间过长　　42. 银灰色　　43. 残余奥氏较多　　44. 碳氮化合物

45. 热处理工艺　　46. 必要时　　47. 隐晶　　48. 加热温度过高

49. 运动和动力/扭矩　　50. 传递动力　　51. 灵敏度　　52. 配位数

53. 平衡　　54. 变形不均匀　　55. 平衡位置　　56. 两种及两种以上

57. 不易　　58. 充分溶解　　59. 自冷硬化　　60. 位错

61. 位向　　62. 模数 M　　63. 精确度　　64. 切削加工性

65. 结构起伏　　66. 硬度和熔点高　　67. 微观内应力　　68. 断裂

69. 状态欠佳　　70. 并联　　71. 温度　　72. 相变点

73. 球墨铸铁　　74. 塑韧性　　75. 滑移　　76. 马氏体

77. 组织均匀　　78. 疲劳断裂　　79. 尺寸　　80. 形核

81. 先共析　　82. 越大　　83. Fe_3C　　84. 临界冷却速度

85. 高温　　86. 裂纹扩展　　87. 塑性好　　88. 加热室

89. 操作方法的合理性　　90. 消除应力退火　　91. 碳化物分解　　92. A_3

93. 共析渗碳体　　94. 碳素钢　　95. 合金元素　　96. 电阻率

97. 金属的组织结构　　98. 耐蚀性　　99. 足够的耐火度　　100. 300～400

101. 综合力学性能　　102. 工艺标准　　103. 物理气相沉积　　104. 刃型位错

105. 2.11%　　106. 长大前后总的界面能差　　107. 固溶体

108. 球化退火　　109. 主设备　　110. 疲劳强度　　111. 渗碳体

112. 低　　113. 针片状　　114. 反应扩散　　115. 大

116. 细　　117. 晶格重组　　118. 串　　119. 并

120. 低　　121. 降低　　122. 临界直径　　123. 先水后空气

124. 稍高或稍低　125. 电能　126. 奥　127. 原子尺寸
128. 晶格结点　129. 间隙固溶体　130. 孪生面　131. 不同时
132. 非接触式　133. 比容　134. 热　135. 质量检验
136. 重新正火　137. 断续网状　138. 无脱碳层　139. 金刚石圆锥体
140. 内部裂纹　141. 下降　142. 内应力　143. 铬
144. 交变应力　145. 强度　146. 有效　147. 温度差
148. 肉眼或放大镜　149. 直接注出　150. 清晰　151. 基准
152. 平面图形　153. 1：2　154. 亚稳相/过渡相　155. 表面粗糙度
156. 韧性　157. 导热性　158. 轴承钢　159. 模具钢
160. 淬透性　161. 固有属性　162. 回火　163. 热辐射
164. 高　165. 石墨　166. 马氏体型　167. 碳
168. 废水　169. 对流　170. 清水　171. 泡状沸腾
172. 二元合金　173. 调质处理　174. 高温石墨化退火　175. A_1 以下
176. 过烧　177. 自回火　178. 调质　179. 重新加热冷却
180. 回火　181. 均匀化退火　182. 疲劳强度　183. 脱碳
184. 磷酸盐　185. 索氏体　186. 感应加热　187. 火花
188. 加热　189. 竖直　190. 流动　191. 畸变
192. 间隙　193. 合金　194. 碳化物　195. 共晶转变
196. 塑性变形　197. 疲劳断裂　198. 脱碳　199. 弹簧钢
200. 偏析

二、单项选择题

1. A	2. C	3. A	4. C	5. C	6. A	7. B	8. C	9. A
10. D	11. A	12. C	13. B	14. C	15. B	16. C	17. D	18. A
19. C	20. B	21. B	22. B	23. C	24. C	25. A	26. A	27. A
28. B	29. C	30. A	31. B	32. B	33. C	34. D	35. A	36. D
37. A	38. A	39. C	40. A	41. B	42. A	43. B	44. A	45. B
46. D	47. D	48. D	49. C	50. B	51. B	52. C	53. A	54. D
55. B	56. C	57. B	58. A	59. B	60. D	61. C	62. B	63. A
64. B	65. C	66. B	67. C	68. A	69. D	70. D	71. C	72. C
73. B	74. A	75. A	76. B	77. A	78. C	79. A	80. C	81. B
82. A	83. C	84. C	85. C	86. A	87. B	88. B	89. B	90. B
91. A	92. B	93. D	94. B	95. C	96. A	97. D	98. A	99. B
100. B	101. B	102. B	103. B	104. C	105. C	106. D	107. D	108. B
109. C	110. C	111. C	112. A	113. B	114. D	115. A	116. A	117. D
118. D	119. C	120. A	121. B	122. C	123. B	124. C	125. C	126. B
127. A	128. C	129. B	130. C	131. B	132. C	133. C	134. D	135. B
136. A	137. D	138. C	139. D	140. C	141. C	142. C	143. B	144. B
145. D	146. B	147. D	148. A	149. C	150. D	151. A	152. C	153. D

154. C　155. B　156. A　157. A　158. C　159. A　160. A　161. B　162. A
163. C　164. C　165. C　166. D　167. A　168. D　169. D　170. B　171. A
172. C　173. B　174. B　175. A　176. D　177. A　178. B　179. A　180. C
181. A　182. C　183. B　184. C　185. D　186. C　187. A　188. A　189. C
190. B　191. D　192. C　193. B　194. B　195. C　196. B　197. C　198. C
199. A　200. D

三、多项选择题

1. ABCD　2. ABCD　3. ABD　4. ABC　5. AD　6. AB
7. BC　8. AB　9. ABD　10. ABCD　11. BD　12. ABCD
13. ABCD　14. CD　15. BCD　16. ABCD　17. CD　18. ABCD
19. ABCD　20. BCD　21. ABC　22. ABC　23. BCD　24. ABC
25. BCD　26. ABCD　27. BD　28. ABC　29. BCD　30. ACD
31. ACD　32. BCD　33. CD　34. ABCD　35. ABC　36. BCD
37. ABCD　38. BCD　39. ABC　40. ABD　41. ABCD　42. ABD
43. ABCD　44. BC　45. BC　46. ABCD　47. ABCD　48. BCD
49. ABC　50. ACD　51. ABC　52. BCD　53. AC　54. ACD
55. ACD　56. BCD　57. BC　58. ABCD　59. ABC　60. ABCD
61. BCD　62. BC　63. ABD　64. AC　65. AC　66. ABCD
67. ABCD　68. BCD　69. ABC　70. ACD　71. ABCD　72. ABCD
73. ABCD　74. ACD　75. ABC　76. ABC　77. ABCD　78. ACD
79. ABCD　80. BCD　81. ABCD　82. ACD　83. AC　84. ABCD
85. ABC　86. ACD　87. ABCD　88. BCD　89. ABD　90. ABCD
91. ABCD　92. ABCD　93. ABCD　94. ABD　95. ACD　96. ABD
97. AC　98. AC　99. ABC　100. AB　101. ABD　102. ABCD
103. ACD　104. BC　105. BD　106. ABD　107. ABD　108. BCD
109. ABCD　110. ABC　111. ABCD　112. BCD　113. ABCD　114. ABC
115. ABC　116. ABD　117. ACD　118. ABCD　119. ABD　120. ABC
121. BCD　122. ABCD　123. ABCD　124. ABCD　125. ABCD　126. ACD
127. ABD　128. ABD　129. AC　130. ABCD　131. ABCD　132. ACD
133. ABCD　134. ABCD　135. ACD　136. BD　137. BCD　138. ABCD
139. ACD　140. ABCD　141. ABCD　142. ABCD　143. ABCD　144. ACD
145. ABD　146. ABCD　147. ABC　148. ABCD　149. ABCD　150. ACD
151. ABD　152. ABD　153. ABCD　154. ABCD　155. BCD　156. ACD
157. BCD　158. AC　159. ABCD　160. BD　161. ABCD　162. ABD
163. ABCD　164. ABCD　165. AC　166. ABD　167. ABCD　168. ABCD
169. ACD　170. ACD　171. ABCD　172. ACD　173. ABCD　174. BCD
175. ACD　176. ABCD　177. ABC　178. BCD　179. ABCD　180. ABD
181. BCD　182. ABCD　183. ABCD　184. BCD　185. ABD　186. BCD

187. ABCD 188. BCD 189. ABCD 190. ABCD 191. ABCD 192. ABCD
193. ABD 194. ABCD 195. ABD 196. ACD 197. ABD 198. ABCD
199. ACD 200. ABCD

四、判 断 题

1. √	2. √	3. ×	4. ×	5. √	6. √	7. √	8. √
9. √	10. √	11. √	12. √	13. √	14. √	15. √	16. √
17. √	18. √	19. √	20. ×	21. ×	22. √	23. √	24. ×
25. √	26. √	27. √	28. √	29. ×	30. √	31. √	32. √
33. √	34. √	35. √	36. √	37. √	38. √	39. √	40. √
41. √	42. √	43. √	44. √	45. √	46. √	47. √	48. √
49. ×	50. ×	51. √	52. √	53. √	54. √	55. √	56. √
57. ×	58. √	59. √	60. ×	61. √	62. √	63. √	64. √
65. √	66. √	67. √	68. √	69. √	70. √	71. √	72. √
73. ×	74. √	75. √	76. √	77. √	78. √	79. √	80. √
81. ×	82. √	83. √	84. √	85. √	86. √	87. √	88. √
89. √	90. √	91. √	92. ×	93. √	94. √	95. √	96. √
97. ×	98. √	99. √	100. √	101. ×	102. √	103. √	104. √
105. √	106. √	107. √	108. ×	109. √	110. √	111. √	112. √
113. ×	114. √	115. √	116. ×	117. √	118. √	119. √	120. √
121. √	122. √	123. √	124. √	125. √	126. √	127. √	128. √
129. √	130. √	131. √	132. √	133. √	134. √	135. √	136. ×
137. √	138. √	139. ×	140. √	141. √	142. √	143. √	144. √
145. ×	146. √	147. √	148. √	149. √	150. √	151. √	152. ×
153. √	154. ×	155. √	156. √	157. √	158. √	159. √	160. √
161. ×	162. √	163. √	164. √	165. √	166. √	167. √	168. ×
169. √	170. √	171. √	172. √	173. √	174. √	175. √	176. ×
177. ×	178. √	179. √	180. √	181. √	182. √	183. √	184. √
185. ×	186. √	187. √	188. √	189. √	190. √	191. √	192. ×
193. √	194. √	195. √	196. √	197. √	198. ×	199. ×	200. √

五、简 答 题

1. 答:42CrMo 为合金结构钢(1 分)一般热处理工艺规范为调质处理,即淬火＋高温回火。(1 分)加 Cr 的作用:a、增加钢的淬透性;(0.5 分)b、略有减少过热倾向;c、提高回火稳定性;(0.5 分)d、增大回火脆性倾向(0.5 分)。加 Mo 的作用:a、消除钢的回火脆性;(0.5 分)b、防止过热;(0.5 分)c、进一步提高钢的淬透性。(0.5 分)

2. 答:特点是溶点高、(1 分)硬度高(1 分)、脆性大(1 分)、在合金中起强化作用、(1 分)即提高合金的强度、硬度和耐磨性,但是使其塑性降低(1 分)。

3. 工具钢的预先热处理通常采用球化退火,(1 分)以获得在铁素体上分布着细小均匀的粒状碳化物组织。(1分)有时为了消除网状碳化物,往往在球化退火前先进行一次正火处理。(1分)工具钢的最终热处理包括淬火和低温回火处理,(1分)以保证获得高硬度和高耐磨性。(1分)

4. 答:在铁素体总体上为体心立方(正常排列)能量最低(1分),但在局部微观体积内也可能有面心立方(1分)或其他方式排列(这种排列方式的铁原子能量比正常排列的铁原子结构能量高)(1分),故在铁素体中有的微观区域有的能量高,有的能量低,这种现象称为能量起伏(2分)。

5. 答:高速钢中含有很高量的钨、钼、钒等合金元素的高熔点碳化物(1分),淬火加热时未溶碳化物颗粒能阻止奥氏体晶粒长大(2分)。为使钢产生二次硬化,所采用的淬火加热温度虽然很高,淬火后仍可获得细晶粒组织。(2分)。这就是高速钢能够用二次硬化法进行处理的主要理由。

6. 答:晶格常数的变化与固溶体的性能有对应关系(1分),晶格常数随溶质的溶入量而变化(1分)。当溶质溶入量少时,对性能影响不大(1分)。随着溶入量的增加,晶格畸变增大,强度和硬度增高,塑性和韧性下降,电阻率和磁矫顽力也增加(2分)。

7. 答:晶界在常温下的强度和硬度比较高,(1分)在高温下则较低(1分);晶界容易被腐蚀(1分);晶界熔点较低(1分);晶界外原子扩散较快(1分)。

8. 答:塑性变形也使晶粒内部发生变化(1分),除产生滑移带、孪晶带外,还会使晶粒破碎、形成亚结构,亚结构边界即亚界,是位错大量堆积的地方(2分),使晶体的进一步滑移发生困难(1分),导致金属的强度、硬度提高,而塑性、韧性下降,这种现象称为加工硬化(1分)。

9. 答:晶体在切应力的作用下,某一部分沿着一定的晶面和晶向面对于另一部分发生位移通常称为滑移(5分)。

10. 答:位错的存在,给金属的性能带来重大影响(1分),它对金属晶体的生长、相变、扩散、塑性变形、断裂及其他许多物理化学性能都有重要影响(2分)。位错使强度降低,但当位错密度很高时,由于位错之间的互相限制作用而表现在冷加工变形后强度、硬度增高(2分)。

11. 答:少量位错对金属的塑性变形有利(1分),因减少临界切变应力而使变形容易,位错密度继续增大。(1分)由于位错之间及位错与缺陷之间的相互阻碍作用,使位错运动不能进行,(2分)从而表现为强度的提高,使塑性变形阻力增大而不易滑移,这种塑性变形时加工硬化现象妨碍了进一步的加工变形(1分)。

12. 答:维氏硬度实验的特点如下:(1)维氏硬度示值与负荷大小无关(1分);(2)所得压痕为清晰的正方形,其对角线长度易于测量,具有较高的测量精度(1分);(3)维氏硬度实验适用性好(1分);(4)维氏硬度实验效率较洛氏法低,所以通常用于薄试样的精确测量(2分)。

13. 答:组元的原子尺寸差越大,晶格畸变越大,(2分)使畸变能增高,原子不稳定,从而降低了激活能,(2分)扩散时阻力就减少,因而使扩散速度加快(1分)。

14. 答:由于感应加热表面淬火的加热速度快,使钢的相变临界温度提高,(1分)同时,快速加热也使原子扩散过程来不及充分进行,(1分)致使奥氏体不易充分转变和均匀化,(1分)适当提高加热温度有利于改善奥氏体成分均匀化,所以感应加热淬火温度比一般的淬火加热温度要高(2分)。

15. 答:当碳溶入固溶体时,由于碳的熔点低于铁(2分),因此,低熔点组元浓度增加时,降低了激活能,(2分)使碳原子扩散阻力减小,因而增大了扩散速度(1分)。

16. 答:激光淬火是通过对光斑大小(1分)、扫描速度(1分)、激光功率的调节(1分),控制工件表面温度和透热深度达到快速加热并自冷淬火(2分)。

17. 答:形变热处理是将压力加工与热处理有效地结合起来,(2分)以达到加工强化与热处理强化双层强化的效果,(2分)得到比单一强化更高的综合力学性能,这一工艺过程叫形变热处理(1分)。

18. 答:激光淬火前,原始组织对淬火效果影响较大(1分),当原始组织为珠光体时,因导热率小而淬透深度浅;(1分)若为粗片珠光体时,则激光淬火为不均匀马氏体;(1分)若原始组织为索氏体时,则因导热快使淬透性深度加深,淬火后可获得细结构马氏体,因此要做预备热处理,以获得所需原始组织(2分)。

19. 答:通常把一定温度下,退碳与增碳反应达到平衡时,炉气成分所对应的碳钢的含碳量称为该温度下炉气的碳势。(2分)某一温度下炉气的碳势,取决于退碳性气体和增碳气体的相对含量(2分),增碳性气体含量愈多,炉气碳势愈高,反之则碳势愈低(1分)。

20. 答:吸热式可控气氛在热处理中主要用于各种合碳量钢的光亮淬火(1分)、正火和退火(2分),用于作渗碳、碳氮共渗的载气(2分)。

21. 答:PID调节是把比例调节(1分)、积分调节(1分)、微分调节结合起来(1分)、发挥P的快速性(0.5分)、I的持久性(0.5分)和D的超前控制(0.5分),来获得满意的控制调节效果(0.5分)。

22. 答:因为多用箱式电阻炉有良好的密封性,(1分)可使用多种气氛,(1分)炉内气氛能方便地调节与控制,(1分)因而可进行渗碳,(0.5分)碳氮共渗,(0.5分)光亮正火,(0.5分)光亮退火等多种热处理工艺,该炉型工艺灵活性(0.5分)

23. 答:同一钢号,但因不同批次,由于炼钢时使用的脱氧剂及条件不同(1分)使钢中含有的微量元素不同(1分)而在不同的程度上阻碍晶粒的长大(2分),从而表现在同一加热条件下有着不同的晶粒度(1分)。

24. 答:根据马氏体的形成规律,(2分)首先形成的针贯穿整个晶粒(2分),因此可以用最大的针判断加热时奥氏体晶粒的大小,以确定其过热程度(1分)。

25. 答:含Cr、(1分)Ni、(1分)Mn(1分)三种元素的合金钢具有第二类回火脆性,这种元素的加入使晶粒边界杂质浓度增加而产生回火脆性(2分)。

26. 答:第一类回火脆性产生的原因是马氏体分解时沿马氏体片(或条)界面析出碳化物薄片所致(1分)。残余奥氏体向马氏体的转变加剧了这种脆性(1分)。防止办法:(1)避免在该温区(250～400 ℃)回火(1分);(2)用等温淬火代替之(1分);(3)加入合金元素Si(1%～3%)使碳化物析出温度推向较高温度(1分)。

27. 答:铝合金是扩散型强化,由两个缺一不可的热处理过程(淬火与时效)实现的(1分)。在淬火时固溶体分解被阻止而得到低强度与高塑性的过饱和固溶体,(2分)时效过程中,内部组织发生扩散,形成许多强化相微粒弥散于固溶体基体上,使合金强化(2分)。

28. 答:冷却前期、表面受拉、心部受压(2分);冷却后期、表面受压、心部受拉(2分);冷却终了的残余应力状态是表面存在压应力、心部存在拉应力(1分)

29. 答:在淬火冷却过程中热应力和组织应力的变化是相反的,最终应力状态也是恰好相反的(1分)。热应力和组织应力的合成应力称为淬火内应力(1分)。当淬火内应力超过钢的屈服强度即造成工件变形(1.5分)。当淬火内应力超过钢的断裂强度时,工件便发生开裂

(1.5 分)。

30. 答:(1)沿着大尺寸方向收缩,沿着小尺寸方向伸长(2 分)。(2)平面凸起、直角变钝、趋于球形(2 分)。(3)外径胀大、内径缩小(1 分)。

31. 答:(1)沿着大尺寸方向伸长、沿着小尺寸方向缩小(2 分)。(2)平面凹下,直角变锐。(2 分)(3)外径缩小,内径胀大(1 分)。

32. 答:(1)原材料组织中存在缺陷(1 分);(2)结构设计不良(1 分);(3)加热时出现过热、过烧现象(1 分);(4)淬火方法不当及多次淬火时工序中间无正火或退火造成(1 分);(5)未及时回火或回火不足而造成(1 分)。

33. 答:(1)纵向开裂:纵向开裂又称轴向开裂(1 分)。(2)横向开裂:这类开裂常发生在未淬透的工件中(1 分)。(3)其他形式的开裂:凹角部分的开裂(0.5 分);凸角角部分开裂(0.5 分);截面急变处开裂(0.5 分);孔壁的开裂(0.5 分);淬火不均而发生的开裂(0.5 分);淬火冷却不均产生的软点而引起的开裂(0.5 分)。

34. 答:铬是决定不锈钢抗腐蚀性能的主要元素(1 分)。铬能使不锈钢在氧化介质中产生钝化现象,即在表面形成一层很薄的膜(约 10 nm),在这层膜内富集了铬,钢中含铬量越高,抗腐蚀性能越强(1 分)。这是因为:(1)当铬质量分数超过 12.5% 时,即可使纯铁成为单一的铁素体组织(1 分)。(2)铬能有效地提高电极电位(1 分)。使原来纯铁的电极电位由负变正,腐蚀显著减弱(1 分)。

35. 答:水韧处理是使高锰钢(1 分)在 1 000~1 100 ℃(1 分)得到均匀的奥氏体组织(1 分),然后快速冷却(以免碳化物析出)(1 分),把高温下的奥氏体组织在室温下固定下来(1 分)。

36. 答:生产现场用热电偶的检测方法通常采用比较法(1 分),将标准热电偶和被检热电偶装在专门的电炉中加热(1 分),热端位于炉膛中心并尽可能彼此靠近(1 分),冷端放在冰点恒温器中,然后用铜导线引出(1 分),经过转换开关接至直线电位差计得出偏差值(1 分)。

37. 答:矿物油的沸点一般在 250~400 ℃范围内(1 分),与水相比,在较高温区便进入对流阶段(1 分),故在低温区(M 转变区),它的冷却能力较弱(1 分),有利于减小工件变形和开裂的倾向。但油在高温区(P 转变区)的冷却能力也很小(1 分),故不能用于淬透性较差的碳素钢淬火,只能用淬于透性较大的各类合金钢的淬火(1 分)。

38. 答:感应器设计时,注意齿顶间隙应大些(1.5 分),以防止齿顶因过热而开裂(1 分)。齿根部应注意不能没有淬硬层(1.5 分),否则会因齿根部抗变强度低而断齿(1 分)。

39. 答:首先感应器应作仿形设计(1 分),设备输出功率要稳定(1 分)。当导轨与感应器作相对移动时,距离要恒定,以保证获得均匀淬硬层(1 分)。另外,为减少变形,淬火前应预先变形(1 分),使导轨向上凸 0.1~0.2 mm,以抵消淬火后向下凹的畸变量(1 分)。

40. 答:(1)硬度及分布均匀性(1.5 分);(2)有效硬化层深度及均匀性(1.5 分);(3)金相组织检验(1 分);(4)变形(1 分)。

41. 答:钢的淬火变形有两种:一种是尺寸变形、即伸长和收缩(1.5 分),而另一种是形状的变化即弯曲和翘曲(1.5 分)。工件的实际变形是同时兼有这两种变形(1 分),但随着具体情况的不同,两种变形所起到的作用也不相同的(1 分)。

42. 答:在热加工过程中,钢锭中粗大枝状晶粒和各种夹杂物都要沿变形方向伸长(金属流动的方向)(1 分),这样就使铸锭中枝晶间的杂质和非金属夹杂,逐渐与变形方向一致(1 分),使它们变成条带状(1 分),这就是热加工中的流线,由一条条流线勾划出来的这种组织,称为锻造纤维组织(2分)。

43. 答:在热处理工艺质量检验中,常用来测定薄淬硬层(1分)和化学热处理(如渗氮层)的薄型工件(1分)或小工件的表面硬度(1分),及化学热处理淬火后的有效硬化层深度等(2分)。

44. 答:所谓磷化就是指钢铁零件在含有锰、铁、锌的磷酸盐溶液中(1分),通过化学反应,在金属表面生成一层难溶于水的磷酸盐保护膜的过程(2分)。磷化膜主要由磷酸盐和磷酸氢盐的结晶体组成(2分)。

45. 答:渗氮层深度(1分);硬度(1分);渗氮层脆性检查(1分);渗氮层金相组织检验(1分);变形检验(1分)。

46. 答:(1)严格控制渗氮温度,保证不过高(1分)。(2)严格控制氨流量及分解率,保证氨流量不中断,保证氨分解率不过高(1分)。(3)清洗渗氮罐并定期退氮处理(1分)。(4)工件入炉前严格清洗,保证表面无氧化、无油污,有条件可进行预氧化处理(1分)。(5)定期更新干燥剂,防止干燥器内积水(1分)。

47. 答:(1)对供氨系统设有效的干燥装置(1分)。(2)控制氨分解率(1分)。(3)保证入炉件表面无脱碳层(1分)。(4)渗氮后期在560 ℃,70%氨分解率下脱氮(1分)。(5)改进工件设计,避免工件有尖角锐边(1分)。

48. 答:共渗层深度(1分);共渗层浓度(1分);淬火后硬度(1分);共渗层金相组织(2分)

49. 答:与渗碳齿轮比较,碳氮共渗后的齿轮因加热温度比渗碳温度低(1分)而可以直接淬火(1分)。耐磨性比渗碳齿轮高 40%～60%(1分),疲劳强度比渗碳齿轮高 50%～80%(1分),缺点是渗层浅而限制其用途(1分)。

50. 答:在 105 ℃/s 的超速加热条件下,亚共析钢中的铁素体由于加热速度太快,巨大的相变驱动力使铁素体以无扩散的方式转变成奥氏体(2分),渗碳体则来不及溶入奥氏体中,所以冷却后组织中留有未溶解的渗碳体存在(3分)。

51. 答:(1)严重地降低了钢的塑性和韧性(2分);(2)严重地降低了钢的抗拉强度,屈服强度,冲击韧性及疲劳强度(2分)。总之白点实际上起着缺口敏感性的作用而使应力集中,造成各项性能下降(1分)。

52. 答:微分调节是指输出电流的增量(1分)与输入的偏差信号的微分(即误差的变化率)(2分)成正比关系的一种调节(2分)。

53. 答:积分调节是指输入的温度偏差信号的积分(2分)与输出的控制电流(1分)成正比关系的一种调节(2分)。

54. 答:(1)按化学成分分为:黄铜(铜锌合金)、青铜(铜锡合金及含铝、硅、铅、铍、锰的铜合金)、白铜(铜镍合金)。(3分)

(2)按生产方法分类:黄铜可以分为加工产品和铸造产品两类;青铜可以分为加工产品及铸造产品两类。(2分)

55. 答:(1)到温装炉,不允许采用超过淬火温度上限的高温入炉(1分)。(2)装炉量要限制在工艺规定范围内,防止装炉时炉温下降太多(1分)。(3)为方便操作与减少变形,工件应装在一定夹具,或以铝带、铝丝绑扎。夹具不能用钢制作,不能用钢丝绑扎(1分)。(4)在硝盐槽中加热时,应保证工件至槽壁、槽底及液面距离不小于 100 mm(1分)。(5)铝板加热时,各片之间应有一定间隙,使其受热均匀(1分)。

56. 答：(1)一定的淬火温度和保温时间(2分)。(2)淬火时自工件从炉中取出到浸入冷却剂的迅速转移和在冷却剂中急冷(1分)。(3)一定的时效温度和时效时间(2分)。

57. 答：应分别使用布氏硬度计(HBS、HBW)(1分)、洛氏硬度计(HRA、HRB、HRC)(1分)、表面洛氏硬度计(HR15 N、HR30 N、HR45 N)(1分)、维氏硬度计(HVO.1、HVO.5 HV1、HV5、HV10、HV30、HV60)(1分)、肖氏硬度计(HS)(1分)等。

58. 答：(1)用标准锉刀检验硬度，从高硬度开始试锉，当被测工件与某一把锉刀相锉而手感打滑时，此锉刀的硬度则等于工件的硬度(2分)。(2)用硬度为62~65 HRC的钳工锉刀来判断硬度时，要制作不同硬度的标准样块，作为判断硬度时参考用(2分)。手感相同的标准块硬度为工件硬度(1分)。

59. 答：有如下五种方法：用肉眼或低倍放大镜(10~15倍)观察法(1分)；超声波探伤法(1分)；磁力探伤法(1分)；渗透探伤法(1分)；荧光法(1分)。

60. 答：直径较大，厚度较薄的盘状齿轮、法兰盘、圆型分度板等工件在热处理后一般发生翘曲变形(1分)最简单的检查方法是用平台、塞尺法(1分)。将工件清理干净放在平台上，以与平台最大的接触面基准，分别在外圆、内圆不同的径向测量翘曲值(3分)。

61. 答：可采用每炉抽样，在炉子的上、中、下各取一件(小件可取3~5件)做硬度及金相检验(2分)。条件许可而又很重要的工件，为增加可靠性，可采用规定的随机抽样，按批量大小抽取子样，再依据验收标准确定可否接受(3分)。

62. 答：预备热处理的目的是为了改善切削加工性，为最后热处理作好组织准备(1分)，因此检验的内容包括硬度，组织是否符合要求(2分)；另一种是作为最后热处理，其检验按工艺技术要求进行，重点是检验工艺执行情况(2分)。

63. 答：工艺参数检查(1分)；硬度检查(1分)；变形检查(1分)；金相组织检验(2分)。

64. 答：外观检查(1分)；硬度检查(1分)；变形与开裂检查(1分)；金相组织检查(1分)；有的还要求力学性能检查(1分)。

65. 答：渗碳后：金相组织检查(1分)；淬火后：表面硬度检查(1分)；有效硬化层深度(或渗碳层深度)检查(1分)；渗层组织检验(1分)；有的还要求心部力学性能检查(1分)。

66. 答：因为热处理质量主要靠执行工艺来保证(1分)，有些质量问题有时无法检验出来(1分)，或由于不能做到100%检验而减少可靠程度(1分)，或者能检验出来，但为时已晚(1分)，不能做到预防为主而产生大批量的废品，因此，强调流动检查，首件检验是十分必要的(1分)。

67. 答：强大的电流通过接触滚子传到工件表面(1分)，同时因接触面的空气层电阻大而使表面产生高热(1分)而将工件表面加热至淬火温度(1分)，冷却时对大件来说靠自身传导使工件淬火(1分)，小件则要喷射冷却(1分)。

68. 答：低温形变淬火是将工件加热至奥氏体化温度后急冷至平衡转变温度以下(1.5分)，在低于再结晶温度高于 M_s 温度区间(1.5分)进行轧制、锻造、挤压和深拉等形变(1分)，然后迅速淬火的过程(1分)。

69. 答：输入的温度偏差信号(2分)与输出的控制电流(2分)成一定比例关系的一种调节(1分)。

70. 答：维氏硬度是以金刚石正四棱锥体为压头(1分)，根据单位压痕表面积上所承受的压力来定义硬度值(1分)。具体为压头以一定负荷压入被测试表面并保持规定的时间后卸载

（1分），测量所得压痕的两对角线长度，取其平均值（1分），然后查表或代入公式计算求得硬度值（1分）。

六、综 合 题

1. 答：按加工特点铝合金可以分为两大类（1分）：

第一类，形变铝合金，又可分为三种：

（1）防锈铝合金（1分）。

（2）硬铝合金，按性质又分为：普通硬铝、超硬、耐热硬铝（1分）。

（3）锻铝合金，按性质不同又可以分为：普通锻铝、耐热锻铝（1分）。

第二类，铸造铝合金，又可以分为六种：

（1）低强度铸铝合金（1分）。

（2）中强度铸铝合金（1分）。

（3）中强度耐热铸铝合金（1分）。

（4）高强度铸铝合金（1分）。

（5）高强度耐热铸铝合金（1分）。

（6）高强度耐蚀铸铝合金（1分）。

2. 答：在确定采用自然时效还是人工时效及人工时效温度和时间时，应对合金的成分与特点，对合金力学性能与抗蚀性能要求，加以综合考虑。例如：（1）普通硬铝合金可以采用自然时效也可以采用人工时效。在自然时效后能获得最高强度，并具有较高的抗蚀性。只有在高温下使用的普通铝合金，为了提高屈服强度时才采用人工时效（4分）。（2）超硬铝合金均采用人工时效，以提高抗应力腐蚀能力（3分）。（3）耐热铝合金必须使时效温度高于工件工作温度，因此必须用人工时效（3分）。

3. 答：多晶体金属在受外力时，当某一晶粒内的某一滑移系中的应力达到临界切变应力时，则位错沿滑移面滑动，直至晶界处受阻力为止（4分）。这样的无数晶粒的位错都集中于晶界时，晶界处应力集中，而使相邻两晶粒内部有利于滑移的面开始滑动（3分）。如此一批批地滑动，使整个多晶体金属产生协调的形变，这就是多晶体金属塑性变形的实质（3分）。

4. 答：晶粒之间的分界面称为晶界。它实际上是不同向位的晶粒之间原了排列无规则的过渡层。晶界特性：

（1）晶界处的晶格畸变较大，所以常温下金属的塑性变形阻力较大，在宏观上表现为晶界较晶粒内部具有较高的强度和硬度。也就是说，金属材料的晶粒愈细，其晶界总面积愈大，强度也就愈大。因此，常温下使用的金属材料总是期望得到细粒（4分）。

（2）在腐蚀介质中，由于晶界能量较高，原子处于不稳定状态，晶界比晶粒内部容易被腐蚀（3分）。

（3）晶界处的熔点比晶粒内部低，当热加工温度过高时，会导致晶界过早熔化，产生"过烧"缺陷（3分）。

5. 答：主要有以下几个过程：

（1）回复：当再结晶退火加热温度较低时，金属中空位与缺陷相结合，而使空位减少。温度再高，分散杂乱的位错互相结合并按一定规律排列起来，形成许多小晶块，这个过程叫亚晶的回复。回复后第二类的微观应力消除，性能稍有恢复（5分）。

（2）再结晶：当加热温度再高时，以亚晶为核心形成位向与变形晶粒位向不同的等轴晶粒，随之长大直至变形晶粒完全消失。此时潜在的能量完全消失，晶粒恢复至变形前的状态，表现为强度和硬度下降。性能恢复至变形前的状态，再结晶全过程中无相变发生（5分）。

6. 答：对要求淬透性好的零件应选用具有一定淬透性的合金钢，以便用较缓冷却则可取得应有的淬硬深度，从而减少畸变与开裂。对心部要求有足够强度及韧性，而表面要求耐磨时，可用淬透性好的钢，再采用调质，最后用表面淬火来满足（5分）。如含有 Cr、V 等元素的钢，在高温下工作的零件，应选择高温下耐热裂的钢，此外，尽量采用优质钢、硫、磷含量要少，材料的宏观及微观缺陷要少，这些都是选择材时需要考虑的，以使热处理时减少畸变与开裂（5分）。

7. 答：按其在不同腐蚀介质中所具有的化学稳定性可以分为普通不锈钢、不锈耐酸钢。按其正火后组织不同又可分为马氏体型不锈钢、奥氏体型不锈钢及中间型（如，马氏体-铁素体型）不锈钢（5分）。例如，属于普通不锈钢的有：1Cr13SiAl（铁素体型），0Cr13、1Cr13、Cr14（马氏体-铁素体型），2Cr13、3Cr13、4Cr13、9Cr18、2Cr13Ni2（马氏体型），1Cr14Mn14Ni、Cr14Mn14Ni3Ti、1Cr17Mn9Ni4N（奥氏体型）；属于不锈耐酸钢的有：Cr17、Cr28、Cr18Si2、1Cr25Ti（铁素体型），Cr17Ni2（马氏体-铁素体型），9Cr18MoV、1Cr11Ni2W2MoVA（马氏体型），0Cr18Ni9、1Cr18Ni9Nb、1Cr18Mn8Ni5、1Cr18Ni9Ti、2Cr18Ni8W2（奥氏体型）（3分）。（各举一例即可）

8. 答：热作模具热处理时，应注意充分预热或采用分段升温，以减少畸变及开裂（2分）。淬火前采用延迟淬火方法，预冷至 750～780 ℃再淬火（2分）。油中冷却时间，小模具为 20～25 min，中型模具为 25～45 min，大模具为 45～70 min。（2分）取出后立即回火，以防开裂。回火升温速度要慢，先在 350～400 ℃保温，再升回火温度（2分）。冷却时应油冷，以防回火脆性，然后再于 180～200 ℃补充回火一次，以消除油冷时应力（2分）。

9. 答：欲使 ZGMn13 钢发挥高耐磨性必须有两个保证条件。①经过正确的水韧处理（2分）。②选择正确的使用条件-高接触应力或冲击应力作用。ZGMn13 钢经水韧处理后，可获得单一的奥氏体组织。这种组织在受力产生塑性变形时将发生强烈的加工硬化现象，并且在冲击力或高接触应力作用下，表面很薄的一层发生马氏体转变，区在滑移面上有 ε 相析出，从而使表面层高度耐磨，而心部仍然保持奥氏体组织，具有良好的韧性（8分）。

10. 答：按耐热性分为抗氧化合金、热强度合金。按合金成分分为铁基高温合金、铁-镍基高温合金、镍基高温合金。按正火后的组织又分为珠光体型、马氏体型、奥氏体型等（5分）。

例如：属于抗氧化合金的有：1Cr13SiAl、1Cr25Ti、1Cr25Si2（铁素体型）；4Cr10Si2Mo（马氏体型）；1Cr18Ni9Ti、1Cr20Ni4Si2、3Cr18Ni25Si2（奥氏体型）。属于热强度合金的有：12Cr1MoV、15MnV、15CrMo、15MnMoV（珠光体型）；1Cr11MoV、1Cr12WMoV、2Cr12NiWMoV（马氏体型）；4Cr12Ni8Mn8MoNb（奥氏体型）（5分）。（各举一例即可）

11. 答：（1）预热 ZGMn13 钢由于其导热性差，加热时应缓慢，特别是 700 ℃以下时，应控制在<70 ℃/h 为好（5分）。因此，在箱式电阻炉或井式炉第一次预热温度为 600 ℃，保温时间采用 2 min/mm。之后转入中温盐浴炉第二次预热 800 ℃，保温时间采用 30～50 s/mm（4分）。

（2）加热要在高温盐浴炉中进行，加热温度应能保证所有的碳化物溶入奥氏体中，过高则晶粒长大，屈服强度降低过低韧性较差。温度一般为 1 050～1 100 ℃。由于高温加热需注意氧化与脱碳(3分)。

(3)冷却水韧处理的冷却速度要越快越好,一般用流动清水,水温不得超过20℃。入水前的工件温度不应低于950℃,以免碳化物重新析出(3分)。

水韧处理后一般不回火,也不宜在250℃以上的环境中使用。

12. 解:

$$\omega_c(\%)=\frac{W_2-W_1}{W_2}\times100+C(\%)(2.5分)$$

$$\omega_c(\%)=\frac{1.185\,9-1.174\,5}{1.185\,9}\times100+0.077(\%)(2.5分)$$

$$\omega_c(\%)=1.038(\%)(2.5分)$$

答:测试称重后确定炉气中碳势ω_c为1.038%(2.5分)。

13. 答:(1)低碳钢在300℃以下回火,力学性能基本上不发生变化。300℃以上回火,钢的硬度和强度显著降低,塑性增高(2.5分)。

(2)高碳钢在200℃以下回火,由于弥散硬化,钢的硬度略有升高。200~300℃回火时,硬度变化不大。高于300℃回火,力学性能变化规律与低碳钢相似(2.5分)。

(3)中碳钢200℃以下回火,硬度变化不明显。200~300℃之间回火,出现最高值。超过300℃回火,钢的强度降低而塑性增高(2.5分)。

(4)另外,在200~350℃回火,中、高碳素钢会因韧性降低而变脆,即出现第一类回火脆性。铬钢和铬镍钢等在450~650℃之间回火,会出现第二类回火脆性(2.5分)。

14. 答:产生第二类回火脆性的原因是在450~650℃回火时,微量杂质(P、Sb、Sn、As等)或合金元素向原奥氏体晶界偏聚之故。防止这类回火脆性的办法是:

(1)从回火温度快冷,抑制杂质元素在晶界偏聚(2分);

(2)选用含Mo、W的合金钢,减缓其偏聚过程(2分);

(3)发展高纯度钢材(2分);

(4)采用两次淬火工艺(1)Ac₃+30~50℃加热淬火;(2)Ac₁~Ac₃之间加热淬火(2分);

(5)高温形变热处理(2分)。

15. 答:回火脆性是淬火钢在某些温度区间回火或回火温度缓慢冷却通过该温度区间的脆化现象。其分为第一类回火脆性和第二类回火脆性(2.5分)。

第一类回火脆性是钢淬火后在300℃左右回火时所产生的回火脆性。其预防及消除方法是可用更高温度的回火,提高韧性;以后再次在300℃左右温度回火则不再重复出现(2.5分)。

第二类回火脆性是含有铬、锰、铬-镍等元素的合金钢淬火后,在脆化温度(400~500℃)区回火,或经更高温度回火后缓慢冷却通过脆化温度区所产生的脆性;其预防消除方法是可通过高于脆化温度再次加回火后冷却以消除,消除后如再次在脆化温度区回火,或更高温度回火后缓慢冷却通过脆化温度区,则重复出现脆性(5分)。

16. 答:(1)按零件内作用的范围,可以分三大类:

a. 宏观应力(第一类应力):由于金属材料的各部分不均匀,而造成在宏观范围内互相平衡的内应力(2分);

b. 微观应力(第二类应力):是金属经冷塑性变形后,由于各晶粒或亚晶粒变形不均匀,而

引起的一种内应力(2分);

c. 超微观应力(第三类应力):冷塑性变形使原子在晶格中偏离其平衡位置,亦即晶格发生畸变所引起的内应力(2分)。

(2)按形成原因分类,可分为二大类:

a. 热应力:工件在加热和(或)冷却时,由于不同部位存在着温度差别而导致热胀和(或)冷缩的不一致所引起的应力(2分);

b. 组织应力:热处理过程中由于工件各部位相转变的不同时性所引起的应力(2分)。

17. 答:残留热应力分布图见图1(5分)。残留相变应力分布见图2(5分)。

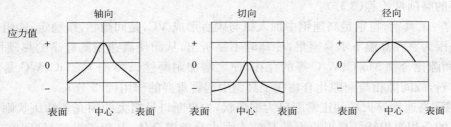

图1 (以 $\phi44$ 含碳量 0.3% 圆柱试样自 700 ℃水冷却时的残留热应力分布)

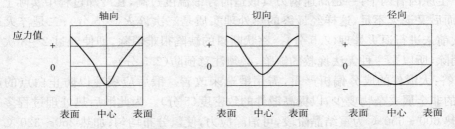

图2 (以 $\phi44$ 含镍量 16%的铁镍合金圆柱试样从 900 ℃缓冷 330 ℃后急冷到室温的残留相变应力分布)

18. 答:(1)不同成分的钢淬火变形的倾向可以有很大不同,其中以含碳量对淬火变形影响最大。合金元素大多会明显提高钢的淬透性使 M_s 点下降、残余奥氏体量增多。因此减少了组积应力。由于合金元素的加入,提高了钢的屈服强度,由此也显著地减小了淬火应力引起的变形(2分)。

(2)钢的原始组织对淬火变形明显影响,如原始组织为球状珠光体,则淬火后的变形比片状珠光体小。此外,钢中碳化物及夹杂物的分布、对淬火变形也有影响(2分)。

(3)工件截面尺寸直接影响淬火后的淬透层的深度,截面尺寸越大,淬透层越浅、热应力变形的作用越大。反之若截面尺寸越小、组织应力对变形的作用大。工件的几何形状对淬火变形的影响极大。由于工件的形状千差万别,变形情况也各不相同(2分)。

(4)工件加热时,表面与心部截面由于温差产生热应力而变形,加热温度越高、温差越大、变形也越大。此外时间过长也有同温度增高相同的影响,同时加热速度过快、也加大工件的变形(2分)。

(5)冷却方式对淬火变形影响较大,降低 M_s 点以上的冷却速度,可减小热应力而引起的变形(2分)。

19. 答:(1)马氏体转变区应尽量缓慢冷却,使工件表面和中心各部分的温差减少,组织转变开始的时间比较接近,从而减少由于组织转变而产生的残余拉应力(2.5分)。

(2)利用热应力使工件表面产生残余压应力来达到防止开裂的目的(2.5 分)。

(3)在降低淬火残余拉应力的同时,提高马氏体的强度、对防止淬火开裂也是非常重要的(2.5 分)。

(4)消除工件表面冷却不均匀是防止淬火开裂的关键问题(2.5 分)。

20. 答:刀具在切削时刀刃受到磨损,其余部分受摩擦磨损,当高速切削时刀头发热严重,甚至局部将金属熔化而成为刀瘤粘结于切削刃上,脱落时则呈崩刃(4 分)。此外机床的精度,床身的震动经刀具一定的冲击力,因此,刀具的失效形式主要是磨损、崩刃及拆断(3 分)。为此刀具要求有高的硬度,要耐磨,淬透性好,变形小,热硬性高,抗粘合性好以及有足够的强度,韧性及好的磨削性能等(3 分)。

21. 答:工具钢,特别是高速钢中加入钒与碳后形成 VC,是间隙相,很稳定,能阻止晶粒长大。这是因为它在高温下不易聚集,冷却时不易析出,从而使高速钢具有高的热硬性(5 分)。此外,有间隙化合物 Mo_2C、W_2C 等的存在,使之增加耐磨性(2.5 分)。TiC、WC 是制造硬质合金的材料,故间隙相与间隙化合物在工具钢中起着重要的作用(2.5 分)。

22. 答:高速钢淬火后的正常断口为细瓷状,如果断口呈粗大的闪光鱼鳞斑状则为萘状断口。断口的金相组织特征是很粗大的晶粒或大小晶粒混合体,其组织极脆易断(2.5 分)。萘状断口产生原因有两个:一是高速钢刀具锻造时停锻温度过高,在冷却过程中实际上是一次淬火过程,而后又退火不足,这样经最终的热处理实质是二次淬火(2.5 分);二是淬火返修品在重新淬火前未进行退火处理(2.5 分)。萘状断口的缺陷很难消除,即使经过 2~3 次退火也不能完全消除,所以是一种无法挽救的缺陷,必须注意预防(2.5 分)。

23. 答:大锻件的成分偏析严重,需用锻造来改善。锻后应缓冷以防止白点的产生。此外,材料的非金属夹杂物要少,以提高锻件的致密度(5 分)。为此锻后热处理过程多采用下列工艺,加热 600~650 ℃为重结晶阶段,可消除应力,使氢分布均匀;加热 250~320 ℃为获得下贝氏体并进一步除氢;加热 630~650 ℃除去中心的氢,最后缓冷至 400 ℃出炉,以减少应力及防止白点的产生(5 分)。

24. 答:产生渗氮层硬度低的原因主要是:渗氮过程中渗氮温度偏高;氨分解率偏高或中断氨气供给的时间太长;使用新的渗氮罐或渗氮罐久用未退氮,从而影响了氨分解率;不合理的装炉造成气流不均匀。使部分零件渗氮不良;零件调质后心部硬度太低等(5 分)。

针对以上原因,可采用相应的措施来预防。如合理确定和控制渗氮工艺温度,加强对氨分解率的测定与控制,在使用新渗氮罐时适当加大氨气流量,渗氮罐使用 10 炉左右应进行一次退氮处理,预先热处理时适当降低调质回火温度,以提高零件心部硬度。除了因渗氮温度偏高及调质后心部硬度太低外,其他原因均可以通过补充渗氮来补救(5 分)。

25. 答:(1)被测定工件或样品表面粗糙度 R_a 值不得高于 3.2 μm,仲裁试样的表面粗糙度 R_a 值一般不得高于 1.6 μm(1.5 分)。

(2)被测表面与支撑面要平整,光洁,不得带有油脂、氧化皮、毛刺、铁屑等污物。测定时两平面要平行,保证压头垂直压入试样表面(1.5 分)。

(3)试样表面要防止受热软化或冷作硬化而引起材料硬度的变化(1.5 分)。

(4)应在室温状态下 10~35 ℃测量(1 分)。

(5)对微观结构粗糙的(如铸铁)不宜用(1.5 分)。

(6)检测曲面或球面时,必须测试其最高点,使压头受力均匀压入试样表面(1.5 分)。

(7)HRC 测量范围应在 20～67 HRC 之间(1.5 分)。

26. 答:(1)由于冶金的原材料原因造成的裂纹产生原因如下(2 分):

①钢锭冷凝时存在的夹杂,疏松经热压力加工心部产生网状裂纹或表面皮下细微裂纹。

②由于气泡存在,轧制时易在表层中形成皮下裂纹。

③由于氢的存在,易于在内部纵向产生很亮的白点,横向呈细短裂纹。

④轧制、锻造时产生纵向裂纹、方向平直深度较大,断面呈灰黑色,原因同①。

(2)淬火过程其原因如下(2 分):

①淬火温度过高,产生过热、晶粒粗大而产生裂纹。

②表面脱碳引起淬火过程中产生表面拉应力而产生裂纹。

③冷却速度过大,如水淬时。表面形成拉应力而产生裂纹。

④冷却水温度过高。如水温高于 100 ℃时,热应力减少表面呈拉应力而产生裂纹。

(3)磨削裂纹:磨削时由于温度升高工件在 100 ℃、300 ℃分别发生两次收缩,这是淬火马氏体组织再受热时的收缩,这种收缩发生在极薄的表面,基本仍处于原来的膨胀状态,这种收缩时承受的拉应力而产生裂纹(2 分)。

(4)回火不及时而产生裂纹(1 分)。

(5)过量磨削时(磨削速度过大而产生高热)由于温度高使工件局部奥氏体化遇冷却液则产生马氏体,产生裂纹(2 分)。

(6)应用回火矫平时,在低温状态下加压过早造成压裂(1 分)。

27. 答:(1)原材料及冶金因素造成的裂纹特征(1 分):

①轧制、锻造时产生纵向裂纹,方向平直深度较大,断面呈灰黑色,有氧化(1 分)。

②气泡造成的裂纹在表层中形成皮下裂纹(1 分)。

③内部沿纵向产生的很亮的白点,横向呈细短裂纹(1 分)。

④由于夹杂、疏松引起的裂纹在心部产生网状裂纹或表面皮下细微裂纹(1 分)。

(2)淬火裂纹特征(1 分):

①裂纹呈刀割状与磨削方向无关(1 分)。

②裂纹发生的部位,多在工件横断面急剧变化的部位、尖角或孔的地方(1 分)。

③断面无氧化,也无脱碳,只有少量的淬火介质浸入(1 分)。

(3)磨削裂纹:裂纹总是垂直于磨削方向或是呈龟甲状(1 分)。

28. 答:取样时应注意如下问题:

(1)位置选取:截取金相试样的位置应能代表工件的状态、缺陷的部位、热处理工艺。对大型、关键工件要事先留好取样部位,随工件加工工艺的进展到达某一工序后取样检验(4 分)。

(2)事前准备:切取前先把工件外形外貌用画图,最好用宏观照相方法记录下来(3 分)。

(3)切割:分析质量的样品应从正常部位及缺陷部位分别截取,用来比较。一般可用金相砂轮切割机,操作时要在 2～3 mm 厚的砂轮片与试样切口处喷水,以防切口附近因受热而使组织发生变化。对于淬火后的工件,最好使用线切割机(4 分)。

29. 答:参照国际标准 ISO 3754 方法是先将试样横截面抛光,通过圆心划一条以上的线,然后沿着划线,距表面 0.15 mm 处测第一点硬度,以后每隔 0.1 mm 测一点,并画出硬度与距离曲线图,从图中找出硬度深度极限值(5 分)。

极限硬度=0.8×最小表面硬度(HV/9.8 N)表面硬度至极限硬度之间的距离就是有效

硬化深度(5分)。

30. 答:(1)保证渗碳后工件表面碳浓度适宜,并有足够的共析层。为此应做到:①保证碳控仪正常工作,手动状态下应调整适量的渗碳剂入炉(1分)。②经常检查渗碳炉的密封性,保证炉压稳定,炉内气体流动无死角(1分)。③入炉工件应洁净,保证表面无氧化皮、锈、油污、碳黑等(1分)。④防止装炉量过大,工件间距过密,气体流通困难(1分)。⑤防止渗碳空冷时表面脱碳层超过加工余量之半(1分)。

(2)校正淬火温度,保证适宜的冷却速度,防止淬火后残余奥氏体量过多(2.5分)。

(3)合金钢工件因残余奥氏体过多时可增加深冷处理(2.5分)。

31. 答:铸铁中的石墨和硅对其热处理过程影响显著。石墨的传热能力差,加热时铸件内外温差较大,而硅能提高相图中各临界点的温度并阻碍碳向奥氏作中溶解,使奥氏体化过程变慢。因此,为减少铸件的内外温差以防止变形,宜进行缓慢加热,并需采用比钢更高的保温温度和更长的保温时间进行奥氏体化处理(8分)。

由于硅能增加过冷奥氏体的稳定性,使过冷奥氏体转变曲线右移,因此能降低其临界冷却速度,一般可进行缓冷淬火(2分)。

32. 答:回火时常见的缺陷有:

(1)回火后硬度过高。产生原因是回火温度偏低或保温时间不足,防止和补救措施是重新按正确的工艺回火(2.5分)。

(2)回火后硬度不足。主要是由于回火温度过高,时间过长,出现这种情况应把工件退火后重新淬火。对回火有二次硬化现象的材料若回火温度偏低,也会导致硬度不足。防止和补救措施是按正确工艺重新回火(2.5分)。

(3)高合金钢容易产生回火裂纹。产生原因是加热速度和冷却速度太快。防止措施是回火加热要缓慢,冷却也要缓慢(2.5分)。

(4)回火后有脆性。第一类回火脆性是回火温度在脆性温度区域,所以应避免在此温度区回火或更换钢号。第二类回火脆性主要是回火后冷速太慢,回火后应快速冷却或选用含有钨、钼元素的钢材(2.5分)。

33. 答:渗层深度:端面模数 $m \leqslant 5$ 时渗层 $0.9 \sim 1.3$ mm;$m > 5$ 时渗层 $1.0 \sim 1.4$ mm;$m > 8$ 时渗层 $1.2 \sim 1.6$ mm。以上是用金相法测定时的要求,若产品图上有有效硬化层深规定时,则应在金相法层深基础上减 0.2 mm。有效硬化层深度测定:是在 9.8 N 试验力下从试样表面打到维氏硬度值为 550 HV 处的垂直距离(4分)。

硬度:齿面硬度:$58 \sim 62$ HRC。(1分)

心部硬度:①洛氏硬度规定 $33 \sim 48$HRC(1分);②维氏硬度规定 $300 \sim 450$ HV(1分)。

非马氏体组织层深不得超过 0.02 mm(1分)。

金相组织:碳化物的要求根据《机车牵引用渗碳硬齿轮金相检验标准》(TB/T 2254—91)的规定,在显微镜放大 400 倍检查,部位以齿顶角工作面为准,要求在 $1 \sim 5$ 级合格(1分)。

马氏体及残余奥氏体,根据 TB/T 2254—91 的规定在金相显微镜下放大 400 倍检查,部位以节圆或工作面为准:$1 \sim 5$ 级合格(1分)。

34. 解:$HB = 80 \times 75\% + 180 \times 25\% = 105$(10分)

答:HB 为 105。

35. 解:因为珠光体含碳量为 0.77%,所以该钢的含碳量为:

$$C_c = C_p \times 0.77\% = 0.45\% \times 0.77\% = 0.346\%(10 \text{ 分})$$

答：该钢的含碳量为 0.346%，大致钢号为 35 钢。

36. 答：多晶体金属受外力时，当某一晶粒内的某一滑移系中的应力达到临界切变应力时，则位错沿滑移面滑动，直至晶界处受阻力为止(5 分)。这样的无数晶粒的位错都集中于晶界时，晶界处应力集中，而使相邻两晶粒内部有利于滑移的面开始滑动。如此一批批地滑动，使整个多晶体金属产生协调的形变，这就是多晶体金属塑性变形的实质(5 分)。

金属热处理工(初级工)技能操作考核框架

一、框架说明

1. 依据《国家职业标准》[注]，以及中国北车确定的"岗位个性服从于职业共性"的原则，提出金属热处理工(初级工)技能操作考核框架(以下简称：技能考核框架)。

2. 本职业等级技能操作考核评分采用百分制。即：满分为 100 分，60 分为及格，低于 60 分为不及格。

3. 实施"技能考核框架"时，考核制件(活动)命题可以选用本企业的加工件(活动项目)，也可以结合实际另外组织命题。

4. 实施"技能考核框架"时，考核的时间和场地条件等应依据《国家职业标准》，并结合企业实际确定。

5. 实施"技能考核框架"时，其"职业功能"的分类按以下要求确定：

(1)"热处理操作"属于本职业等级技能操作的核心职业活动，其"项目代码"为"E"。

(2)"工艺准备"、"质量检测及误差分析"、"设备维护与保养"属于本职业等级技能操作的辅助性活动，其"项目代码"分别为"D"和"F"。

6. 实施"技能考核框架"时，其"鉴定项目"和"选考数量"按以下要求确定：

(1)按照《国家职业标准》有关技能操作鉴定比重的要求，本职业等级技能操作考核制件的"鉴定项目"应按"D"+"E"+"F"组合，其考核配分比例相应为："D"占 20 分，"E"占 60 分，"F"占 20 分(其中：质量检测及误差分析 10 分，设备维护与保养 10 分)。

(2)按照《国家职业标准》有关技能操作鉴定比重的要求，本职业应在三项核心职业功能中任选其二进行考核。

(3)依据中国北车确定的"核心职业活动选取 2/3，并向上取整"的规定，在"E"类鉴定项目——"热处理操作"的全部 3 项中，至少选取 2 项。

(4)依据中国北车确定的"其余'鉴定项目'的数量可以任选"的规定，"D"和"F"类鉴定项目——"工艺准备"、"质量检测及误差分析"、"设备维护与保养"中，至少分别选取 1 项。

(5)依据中国北车确定的"确定'选考数量'时，所涉及'鉴定要素'的数量占比，应不低于对应'鉴定项目'范围内'鉴定要素'总数的 60%，并向上取整"的规定，考核制件的鉴定要素"选考数量"应按以下要求确定：

①在"D"类"鉴定项目"中，在已选定的 1 个或全部鉴定项目中，至少选取已选鉴定项目所对应的全部鉴定要素的 60%项，并向上保留整数。

②在"E"类"鉴定项目"中，在已选的 2 个鉴定项目所包含的全部鉴定要素中，至少选取总数的 60%项，并向上保留整数。

③在"F"类"鉴定项目"中，对应"质量检测及误差分析"中，在已选定的 1 个或全部鉴定项

目中,至少选取已选鉴定项目所对应的全部鉴定要素的 60%项,并向上保留整数;对应"设备维护与保养",在已选定的 1 个或全部鉴定项目中,至少选取已选鉴定项目所对应的全部鉴定要素的 60%项,并向上保留整数。

举例分析:

按照上述"第 6 条"要求,若命题时按最少数量选取,即:在"D"类鉴定项目中选取了"生产准备"1 项,在"E"类鉴定项目中选取了"常规热处理"、"表面淬火处理"2 项,在"F"类鉴定项目中分别选取了"硬度计的使用"和"设备日常维护与保养"2 项,则:

此考核制件所涉及的"鉴定项目"总数为 5 项,具体包括:"生产准备","常规热处理"、"表面淬火处理"、"硬度计的使用"、"设备日常维护与保养";

此考核制件所涉及的鉴定要素"选考数量"相应为 22 项,具体包括:"生产准备"鉴定项目包含的全部 9 个鉴定要素中的 6 项,"常规热处理"、"表面淬火处理"2 个鉴定项目包括的全部 15 个鉴定要素中的 9 项,"硬度计的使用"鉴定项目包含的全部 2 个鉴定要素中的 2 项,"设备日常维护与保养"鉴定项目包含的全部 8 个鉴定要素中的 5 项。

7. 本职业等级技能操作需要两人及以上共同作业的,可由鉴定组织机构根据"必要、辅助"的原则,结合实际情况确定协助人员的数量。在整个操作过程中,协助人员只能起必要、简单的辅助作用。否则,每违反一次,至少扣减应考者的技能考核总成绩 10 分,直至取消其考试资格。

8. 实施"技能考核框架"时,应同时对应考者在质量、安全、工艺纪律文明生产等方面行为进行考核。对于在技能操作考核过程中出现的违章作业现象,每违反一项(次)至少扣减技能考核总成绩 10 分,直至取消其考试资格。

注:按照中国北车规定,各《职业技能操作考核框架》的编制依据现行的《国家职业标准》或现行的《行业职业标准》或现行的《中国北车职业标准》的顺序执行。

二、金属热处理工(初级工)**技能操作鉴定要素细目表**

职业功能	鉴定项目				鉴定要素		
	项目代码	名　称	鉴定比重(%)	选考方式	要素代码	名　称	重要程度
工艺准备	D	(一)基础准备	20	任选	001	能识读热处理工艺文件	X
					001	能正确选择生产用工装夹具	X
					002	能对有特殊需要的工装夹具进行防渗处理	X
					003	能为工件选择正确的淬火介质	X
					004	能使用淬火介质	X
		(二)生产准备			005	能使用热处理车间的清洗设备清洗工件	X
					006	能选择感应器	X
					007	能安装感应器	X
					008	能检查所使用热处理设备及仪表的运行情况	X
					009	能正确穿戴和使用劳动保护用品	X

职业功能	鉴定项目				鉴定要素		
	项目代码	名　称	鉴定比重（％）	选考方式	要素代码	名　称	重要程度
热处理操作	E	（一）常规热处理	60	至少选择两项	001	工件的来料检查	X
					002	能进行热处理设备的装炉操作	X
					003	能对热处理工件表面进行清理	X
					004	能使用电子电位差计设定工艺参数	X
					005	能使用毫伏计设定工艺参数	X
					006	根据设备操作规范进行正火操作	X
					007	根据设备操作规范进行退火操作	X
					008	能进行单液淬火	X
					009	能进行不同温度的回火	X
		（二）表面淬火处理			001	能够根据技术要求正确选择感应淬火设备	X
					002	能够按要求调节冷却水流量及压力	X
					003	能够按要求调节淬火液流量及压力	X
					004	能够规范的启动各种感应淬火设备	X
					005	能够对感应淬火工件进行硬度锉检	X
					006	能够对感应淬火工件进行正确的回火操作	X
		（三）化学热处理			001	能正确进行装炉操作	X
					002	能合理选择工装	X
					003	能检查炉门装炉后的密封情况	X
					004	能合理设置工艺参数	X
					005	能正确调整工艺参数	X
					006	能进行预冷淬火	X
					007	能进行直接淬火	X
					008	能合理调整氨气流量	X
质量检测及误差分析	F	（一）硬度计的使用	10	任选	001	能熟练使用洛氏硬度计	X
					002	能熟练使用布氏硬度计	X
		（二）检测报告及零件质量分析			001	能识读正火、退火的金相检测报告，判断热处理质量	X
					002	能检查热处理零件氧化脱碳、硬度不均、裂纹等缺陷	X
					003	能进行渗碳层深度的检测	X
		（三）工件矫直及校直处理			001	能检查轴类工件的变形情况	X
					002	能利用机械进行矫直、校正	X

续上表

职业功能	鉴定项目				鉴定要素		
	项目代码	名　　称	鉴定比重(%)	选考方式	要素代码	名　　称	重要程度
设备维护与保养	F	设备日常维护与保养	10	必选	001	能进行热处理设备炉膛的清扫和整理	X
					002	能清除渗罐的碳黑	X
					003	能检查渗剂的接口状态	X
					004	能排除渗剂接口的渗漏故障	X
					005	能判断热处理设备炉盖限位开关的安全保护功能的工作状态	X
					006	能检查设备的接地保护功能	X
					007	能对淬火机床的各润滑部位进行润滑	X
					008	安全生产	X

注:重要程度中 X 表示核心要素,Y 表示一般要素,Z 表示辅助要素。下同。

金属热处理工(初级工)
技能操作考核样题与分析

职 业 名 称：_____

考 核 等 级：_____

存 档 编 号：_____

考核站名称：_____

鉴定责任人：_____

命题责任人：_____

主管负责人：_____

中国北车股份有限公司劳动工资部制

职业技能鉴定技能操作考核制件图示或内容

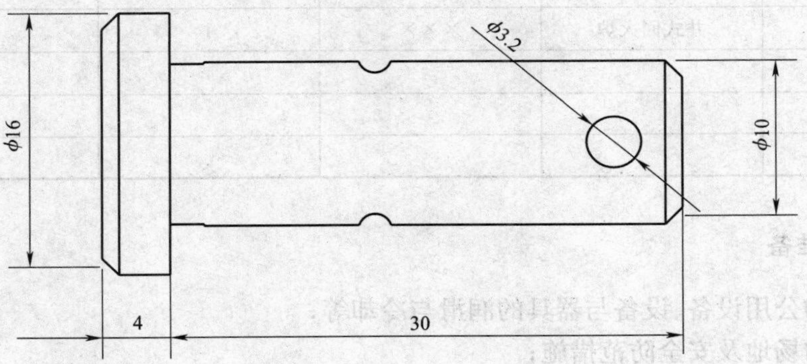

职业名称	金属热处理工
考核等级	初级工
试题名称	圆柱销热处理
材质等信息	

职业技能鉴定技能操作考核准备单

职业名称	金属热处理工
考核等级	初级工
试题名称	圆柱销热处理

一、材料准备

1. 材料规格
2. 坯件尺寸

二、设备、工、量、卡具准备清单

序　号	名　　称	规　格	数　量	备　注
1	井式加热炉	×××	1	
2	井式回火炉	×××	1	

三、考场准备

1. 相应的公用设备、设备与器具的润滑与冷却等；
2. 相应的场地及安全防范措施；
3. 其他准备。

四、考核内容及要求

1. 考核内容（按考核制件图示及要求制作）。
2. 考核时限：不少于 90 分钟。
3. 操作者应遵守质量、安全、工艺纪律，文明生产要求。对于在技能操作考核过程中出现的违章作业现象，每违反一项（次）至少扣减技能考核总成绩 10 分，直至取消其考试资格。
4. 考核评分（表）

职业名称	金属热处理工	考核等级	初级工			
试题名称	圆柱销热处理	考核时限	90 分钟			
鉴定项目	考核内容	配分	评分标准		扣分说明	得分
基础准备	识读淬火工艺文件	1	正确识读得 1 分			
	识读表面淬火处理工艺文件	1	正确识读得 1 分			

鉴定项目	考核内容	配分	评分标准	扣分说明	得分
生产准备	正确选择淬火用工装夹具	2	选择正确得2分		
	选择表面淬火处理用工装夹具	2	选择正确得2分		
	根据工件形状、大小、材质正确选择淬火用介质	2	选择正确得2分		
	根据工件形状、大小、材质正确选择表面淬火处理用介质	2	选择正确得2分		
	正确使用淬火介质	2	正确调配得2分		
	根据工件形状、大小正确选择感应器	2	选择正确得2分		
	正确安装感应器	4	安装正确得2分；调试无误得2分		
	正确穿戴和使用劳动保护用品	2	正确得2分		
常规热处理	对来料工件进行检查,表面有油渍、锈斑及时清理	6	正确清理得4分；清理干净得2分		
	表面有碰伤、划痕及时申报	2	正确检查得2分		
	依据标准作业指导书进行装炉操作	10	违反作业指导书要求的扣6分;工件摆放合理得4分		
	依据标准作业指导书进行单液淬火操作	6	违反作业指导书要求的扣6分		
	依据标准作业指导书进行回火操作	6	违反作业指导书要求的扣6分		
表面淬火处理	根据工件形状、大小、技术要求正确选择感应淬火设备	4	正确选择得4分		
	正确调节淬火液流量及压力	6	正确调节得6分		
	规范启动设备	6	规范启动得6分		
	正确使用锉刀对工件进行搓检	8	锉刀使用正确得4分;硬度判断正确得4分		
	依据标准作业指导书进行回火操作	6	违反作业指导书要求扣6分		
硬度计的使用	依据使用规范正确使用洛氏硬度计	5	操作正确得5分		
	依据使用规范正确使用布氏硬度计	5	操作正确得5分		
设备的日常维护与保养（常规热处理）	炉膛的清扫	1	清扫得1分		
	炉膛的整理	1	整理得1分		
	正确找到限位开关位置	1	正确得1分		
	检查安全保护功能的工作状态	1	正确得1分		

鉴定项目	考核内容	配分	评分标准	扣分说明	得分
设备的日常维护与保养（表面淬火处理）	正确检查设备的接地保护功能	2	正确得 2 分		
	正确对淬火机床的各润滑部位进行润滑	2	正确润滑得 2 分		
质量、安全、工艺纪律、文明生产等综合考核项目	考核时限	不限	每超时 5 分钟,扣 10 分		
	工艺纪律	不限	依据企业有关工艺纪律规定执行,每违反一次扣 10 分		
	劳动保护	不限	依据企业有关劳动保护管理规定执行,每违反一次扣 10 分		
	文明生产	不限	依据企业有关文明生产管理规定执行,每违反一次扣 10 分		
	安全生产	不限	依据企业有关安全生产管理规定执行,每违反一次扣 10 分		

职业技能鉴定技能考核制件(内容)分析

职业名称	金属热处理工
考核等级	初级工
试题名称	圆柱销热处理
职业标准依据	国家职业标准

试题中鉴定项目及鉴定要素的分析与确定

分析事项 ＼ 鉴定项目分类	基本技能"D"	专业技能"E"	相关技能"F"	合计	数量与占比说明
鉴定项目总数	2	3	4	9	鉴定项目总数为8项,选取的鉴定项目总数为6项,其中专业技能选取数量占比为67%,符合大于2/3的要求
选取的鉴定项目数量	2	2	2	6	
选取的鉴定项目数量占比(%)	100	67	50	75	
对应选取鉴定项目所包含的鉴定要素总数	10	15	10	35	所选鉴定项目中鉴定项目总和为35项,从中选考22项,总选取数量占比为63%,符合大于60%的要求
选取的鉴定要素数量	6	9	7	22	
选取的鉴定要素数量占比(%)	60	60	70	63	

所选取鉴定项目及相应鉴定要素分解与说明

鉴定项目类别	鉴定项目名称	国家职业标准规定比重(%)	《框架》中鉴定要素名称	本命题中具体鉴定要素分解	配分	评分标准	考核难点说明
D	基础准备	20	能识读热处理工艺文件	识读淬火工艺文件	1	正确识读得1分	
				识读表面淬火处理工艺文件	1	正确识读得1分	
	生产准备		能正确选择生产用工装夹具	正确选择淬火用工装夹具	2	选择正确得2分	
				选择表面淬火处理用工装夹具	2	选择正确得2分	
			能为工件选择正确的淬火介质	根据工件形状、大小、材质正确选择淬火用介质	2	选择正确得2分	
				根据工件形状、大小、材质正确选择表面淬火处理用介质	2	选择正确得2分	

鉴定项目类别	鉴定项目名称	国家职业标准规定比重(%)	《框架》中鉴定要素名称	本命题中具体鉴定要素分解	配分	评分标准	考核难点说明
D	生产准备	20	能使用淬火介质	正确使用淬火介质	2	正确调配得2分	
			能选择感应器	根据工件形状、大小正确选择感应器	2	选择正确得2分	
			能安装感应器	正确安装感应器	4	安装正确得2分;调试无误得2分	难点
			能正确穿戴和使用劳动保护用品	正确穿戴和使用劳动保护用品	2	正确得2分	
E	常规热处理	60	工件的来料检查	对来料工件进行检查,表面有油渍、锈斑及时清理	6	正确清理得4分;清理干净得2分	
				表面有碰伤、划痕及时申报	2	正确检查得2分	
			能进行热处理设备的装炉操作	依据标准作业指导书进行装炉操作	10	违反作业指导书要求的扣6分;工件摆放合理得4分	
			能进行单液淬火	依据标准作业指导书进行淬火操作	6	违反作业指导书要求的扣6分	
			能进行回火	依据标准作业指导书进行淬火操作	6	违反作业指导书要求的扣6分	
	表面淬火处理		能够根据技术要求正确选择感应淬火设备	根据工件形状、大小、技术要求正确选择感应淬火设备	4	正确选择得4分	
			能够按要求调节淬火液流量及压力	正确调节淬火液流量及压力	6	正确调节得6分	难点
			能够规范的启动各种感应淬火设备	规范启动设备	6	规范启动设备得6分	难点
			能够对感应淬火工件进行硬度锉检	正确使用锉刀对工件进行锉检	8	锉刀使用正确得4分;硬度判断正确得4分	
			能够对感应淬火工件进行正确的回火操作	依据标准作业指导书进行回火操作	6	违反作业指导书要求扣6分	

鉴定项目类别	鉴定项目名称	国家职业标准规定比重(%)	《框架》中鉴定要素名称	本命题中具体鉴定要素分解	配分	评分标准	考核难点说明
F	硬度计的使用	20	能熟练使用洛氏硬度计	依据使用规范正确使用	5	操作正确得5分	
			能熟练使用布氏硬度计	依据使用规范正确使用	5	操作正确得5分	
	设备的日常维护与保养(常规热处理)		能进行热处理设备炉膛的清扫和整理	炉膛的清扫	1	清扫得1分	
				炉膛的整理	1	整理得1分	
			能判断热处理设备炉盖限位开关的安全保护功能的工作状态	正确找到限位开关位置	2	正确得2分	
				检查安全保护功能的工作状态	2	正确得2分	
	设备的日常维护与保养(表面淬火处理)		能检查设备的接地保护功能	正确检查设备的接地保护功能	2	正确得2分	
			能对淬火机床的各润滑部位进行润滑	正确对淬火机床的各润滑部位进行润滑	2	正确润滑得2分	
	质量、安全、工艺纪律、文明生产等综合考核项目			考核时限	不限	每超时5分钟,扣10分	
				工艺纪律	不限	依据企业有关工艺纪律规定执行,每违反一次扣10分	
				劳动保护	不限	依据企业有关劳动保护管理规定执行,每违反一次扣10分	
				文明生产	不限	依据企业有关文明生产管理规定执行,每违反一次扣10分	
				安全生产	不限	依据企业有关安全生产管理规定执行,每违反一次扣10分	

金属热处理工(中级工)技能操作考核框架

一、框架说明

1. 依据《国家职业标准》^注，以及中国北车确定的"岗位个性服从于职业共性"的原则，提出金属热处理工(中级工)技能操作考核框架(以下简称：技能考核框架)。

2. 本职业等级技能操作考核评分采用百分制。即：满分为 100 分，60 分为及格，低于 60 分为不及格。

3. 实施"技能考核框架"时，考核制件(活动)命题可以选用本企业的加工件(活动项目)，也可以结合实际另外组织命题。

4. 实施"技能考核框架"时，考核的时间和场地条件等应依据《国家职业标准》、并结合企业实际确定。

5. 实施"技能考核框架"时，其"职业功能"的分类按以下要求确定：

(1)"热处理操作"属于本职业等级技能操作的核心职业活动，其"项目代码"为"E"。

(2)"工艺准备"、"质量检测及误差分析"、"设备维护与保养"属于本职业等级技能操作的辅助性活动，其"项目代码"分别为"D"和"F"。

6. 实施"技能考核框架"时，其"鉴定项目"和"选考数量"按以下要求确定：

(1)按照《国家职业标准》有关技能操作鉴定比重的要求，本职业等级技能操作考核制件的"鉴定项目"应按"D"+"E"+"F"组合，其考核配分比例相应为："D"占 20 分，"E"占 60 分，"F"占 20 分(其中：质量检测及误差分析 10 分，设备维护与保养 10 分)

(2)按照《国家职业标准》有关技能操作鉴定比重的要求，本职业应在三项核心职业功能中任选其二进行考核。

(3)依据中国北车确定的"核心职业活动选取 2/3，并向上取整"的规定，在"E"类鉴定项目——"热处理操作"的全部 3 项中，至少选取 2 项。

(4)依据中国北车确定的"其余'鉴定项目'的数量可以任选"的规定，"D"和"F"类鉴定项目——"工艺准备"、"质量检测及误差分析"、"设备维护与保养"中，至少分别选取 1 项。

(5)依据中国北车确定的"确定'选考数量'时，所涉及'鉴定要素'的数量占比，应不低于对应'鉴定项目'范围内'鉴定要素'总数的 60%，并向上取整"的规定，考核制件的鉴定要素"选考数量"应按以下要求确定：

①在"D"类"鉴定项目"中，在已选定的 1 个或全部鉴定项目中，至少选取已选鉴定项目所对应的全部鉴定要素的 60% 项，并向上保留整数。

②在"E"类"鉴定项目"中，在已选的 2 个鉴定项目所包含的全部鉴定要素中，至少选取总数的 60% 项，并向上保留整数。

③在"F"类"鉴定项目"中，对应"质量检测及误差分析"中，在已选定的 1 个或全部鉴定项目中，至少选取已选鉴定项目所对应的全部鉴定要素的 60% 项，并向上保留整数；对应"设备

维护与保养"，在已选定的 1 个或全部鉴定项目中，至少选取已选鉴定项目所对应的全部鉴定要素的 60% 项，并向上保留整数。

举例分析：

按照上述"第 6 条"要求，若命题时按最少数量选取，即：在"D"类鉴定项目中选取了"工艺准备"1 项，在"E"类鉴定项目中选取了"常规热处理"、"化学热处理"2 项，在"F"类鉴定项目中分别选取了"硬度的检测"和"设备维护与保养"2 项，则：

此考核所涉及的"鉴定项目"总数为 5 项，具体包括："工艺准备"，"常规热处理"、"化学热处理"、"硬度的检测"和"设备维护与保养"。

此考核制件所涉及的鉴定要素"选考数量"相应为 21 项，具体包括："工艺准备"鉴定项目包含的全部 3 个鉴定要素中的 2 项，"常规热处理"、"化学热处理"2 个鉴定项目包括的全部 21 个鉴定要素中的 13 项，"硬度的检测"鉴定项目包含的全部 3 个鉴定要素中的 2 项，"设备维护与保养"鉴定项目包含的全部 6 个鉴定要素中的 4 项。

7. 本职业等级技能操作需要两人及以上共同作业的，可由鉴定组织机构根据"必要、辅助"的原则，结合实际情况确定协助人员的数量。在整个操作过程中，协助人员只能起必要、简单的辅助作用。否则，每违反一次，至少扣减应考者的技能考核总成绩 10 分，直至取消其考试资格。

8. 实施"技能考核框架"时，应同时对应考者在质量、安全、工艺纪律、文明生产等方面行为进行考核。对于在技能操作考核过程中出现的违章作业现象，每违反一项（次）至少扣减技能考核总成绩 10 分，直至取消其考试资格。

注：按照中国北车规定，各《职业技能操作考核框架》的编制依据现行的《国家职业标准》或现行的《行业职业标准》或现行的《中国北车职业标准》的顺序执行。

二、金属热处理工（中级工）技能操作鉴定要素细目表

职业功能	鉴定项目				鉴定要素		
	项目代码	名　称	鉴定比重（%）	选考方式	要素代码	名　　称	重要程度
工艺准备	D	（一）工艺准备	20	任选	001	能识读轴类、蜗轮、偏心轮、丝杠、齿轮等中等复杂零件的零件图	X
					002	能识读工件热处理的工艺文件	X
					003	能用火花鉴别法分辨碳钢及低合金钢的牌号	X
		（二）工装准备			001	能制作轴类零件淬火用工装夹具	X
					002	能绘制工件零件热处理工装夹具及淬、回火料框的草图	X
					003	能够根据工件特点，合理选择工装	X
					004	检测工装的使用状态，判别工装是否达到维修或报废标准	X
		（三）表面淬火感应器设计			001	能识读感应器的设计图	X
					002	能制作单匝感应器	X
		（四）淬火介质的选择与配置			001	能配置淬火介质	X
					002	能正确选择淬火介质	X
		（五）工件表面处理			001	能对工件表面进行清洗	X
					002	能根据要求对特殊工件进行防渗处理	X

职业功能	鉴定项目				鉴定要素		
	项目代码	名　　称	鉴定比重(%)	选考方式	要素代码	名　　称	重要程度
热处理操作	E	（一）常规热处理	60	至少选择2项	001	工件的来料检查	X
					002	能够正确选择热处理设备	X
					003	能够正确完成工件的准备和装出炉操作	X
					004	工件在炉中合理摆放	X
					005	能对合金结构钢,低、中合金工具钢进行淬火、回火操作	X
					006	能进行双液淬火、预冷淬火、局部淬火、分级淬火及等温淬火的操作	X
					007	能对球墨铸铁、白口铸铁工件进行退火、正火操作	X
					008	能进行结构钢锻造余热淬火	X
					009	能目测 800～950 ℃炉温,误差范围在 ±30 ℃以内	X
					010	能设定、调整热处理设备的淬火、回火工艺参数	X
					011	能对拉伸、压延后的各种金属工件进行去应力退火和再结晶退火	X
					012	能对高合金钢工件进行不完全退火操作	X
		（二）表面淬火处理			001	能够根据技术要求正确选择感应淬火设备	X
					002	能够根据工件正确选择感应器	X
					003	能够规范的启动各种感应淬火设备	X
					004	能进行电参数调整	X
					005	能进行淬火液的供给压力和流量调整	X
					006	能够对感应淬火工件进行正确的回火操作	X
					007	能对曲轴、大模数齿轮进行感应加热淬火操作	X
					008	能进行火焰加热淬火操作	X
					009	能目测 800～1 000 ℃加热温度范围的工件温度,误差在 ±30 ℃范围以内	X
					010	能对齿轮、凸轮轴及机床导轨等铸铁件进行表面淬火操作	X
		（三）化学热处理			001	工件的来料检查	X
					002	根据图纸和工件形状正确选择工艺装备及装炉方式	X
					003	工件的装炉操作及在炉中合理摆放	X
					004	能根据废气点燃的火焰长度及颜色调整渗碳炉内的气氛及压力	X
					005	能调整工件工艺参数	X
					006	能解决和排除炉气密封不良的故障	X
					007	能使用碳控仪、气体分析仪、氧探头等仪器、仪表控制炉内气氛	X
					008	能进行离子氮化装炉	X
					009	能观测离子氮化辉光层厚度,并调整压力参数、电参数	X

续上表

职业功能	鉴定项目		鉴定比重(%)	选考方式	鉴定要素		
	项目代码	名称			要素代码	名称	重要程度
质量检测及误差分析	F	(一)硬度的检测	10	任选	001	熟练使用维氏硬度计检测	X
					002	能用锉刀检测表面淬火、回火工件的硬度	X
					003	熟练使用洛氏硬度计	X
		(二)检测报告及零件质量分析			001	能识读工件热处理后的金相检测报告,并判断零件质量状况	X
					002	能分析工件表面淬火后产生软点、开裂的原因	X
		(三)工件矫直及校直处理			001	能根据工艺对板类零件进行校直、矫平操作	X
设备维护与保养	F	(一)设备维护与保养	10	任选	001	能进行渗罐补碳、脱氮操作	X
					002	能进行炉盖、炉门石棉盘根的维护、更换	X
					003	能判断风扇轴部位的密封状态	X
					004	能更换箱式炉、井式炉内的搁丝砖	X
					005	能清理设备及淬火变压器冷却水路的污垢	X
					006	能检查设备水路连接状态	X
		(二)电热、电子元件的维护与保养			001	能对已损坏的电热丝等加热元件进行修复、更换	X
					002	能判定电控柜内熔断器的工作状况	X
					003	能进行电热原件点接触部位的清理与紧固	X
					004	能判断热电偶的工作状态	X
					005	能判断炉温仪表的故障	X

金属热处理工(中级工)
技能操作考核样题与分析

职 业 名 称：＿＿＿＿＿＿＿＿＿＿＿＿

考 核 等 级：＿＿＿＿＿＿＿＿＿＿＿＿

存 档 编 号：＿＿＿＿＿＿＿＿＿＿＿＿

考核站名称：＿＿＿＿＿＿＿＿＿＿＿＿

鉴定责任人：＿＿＿＿＿＿＿＿＿＿＿＿

命题责任人：＿＿＿＿＿＿＿＿＿＿＿＿

主管负责人：＿＿＿＿＿＿＿＿＿＿＿＿

中国北车股份有限公司劳动工资部制

职业技能鉴定技能操作考核制件图示或内容

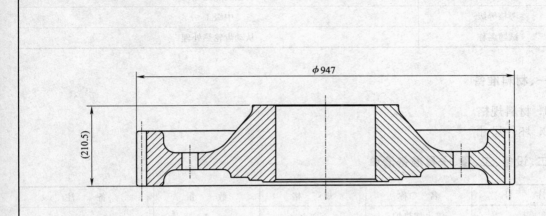

技术要求:×××

职业名称	金属热处理
考核等级	中级工
试题名称	从动齿轮热处理
材质等信息	

职业技能鉴定技能操作考核准备单

职业名称	金属热处理
考核等级	中级工
试题名称	从动齿轮热处理

一、材料准备

1. 材料规格
2. 坯件尺寸

二、设备、工、量、卡具准备清单

序　号	名　称	规　格	数　量	备　注
1	淬火加热炉	×××	1	
2	回火炉	×××	1	
3	可控气氛多用炉	×××	1	
4	清洗机	×××	1	
5	工装吊具	×××	按需	

三、考场准备

1. 相应的公用设备、设备与器具的润滑与冷却等；
2. 相应的场地及安全防范措施；
3. 其他准备。

四、考核内容及要求

1. 考核内容（按考核制件图示及要求制作）。
2. 考核时限：不少于 120 分钟。
3. 操作者应遵守质量、安全、工艺纪律，文明生产要求。对于在技能操作考核过程中出现的违章作业现象，每违反一项（次）至少扣减技能考核总成绩 10 分，直至取消其考试资格。
4. 考核评分（表）

职业名称	金属热处理		考核等级	中级工		
试题名称	从动齿轻热处理		考核时限	120 分钟		
鉴定项目	考核内容		配分	评分标准	扣分说明	得分
工艺准备	正确识读零件图		4	正确识读 2 分；了解工件技术条件 2 分		
	能找到所需工艺文件		4	正确识读 2 分；正确选择 2 分		

鉴定项目	考核内容	配分	评分标准	扣分说明	得分
工装准备	根据工件特点绘制调质用工装	2	正确绘制得2分		
	根据工件特点绘制化学热处理用工装	2	正确绘制得2分		
	根据工件形状、大小、装炉量合理原则调质、化学热处理工装	2	合理选用得2分		
		2	合理选用得2分		
	在工装使用前应对其进行检查	2	正确检查得2分		
	能判断出使用工装是否符合安全使用标准	2	正确判断得2分		
常规热处理	检查工件表面是否有碰伤、划痕等	2	有检查过程,且正确检查得2分		
	根据工件形状、装炉量和技术要求合理选择热处理设备	6	合理选择淬火设备得3分;合理选择回火设备得3分		
	依据标准作业指导书进行装炉操作	4	违反作业指导书要求不得分		
	根据实际情况合理安排工件摆放	2	工件摆放不合理不得分		
	根据技术要求合理设定热处理设备技术参数	6	正确设定淬火设备技术参数得3分;合理设定回火设备技术参数得3分		
	依据标准作业指导书对工件进行吹火、回火操作	6	正确进行淬火操作得3分;正确进行回火操作得3分		
	能够正确判断炉温	4	炉温判断在合理范围内		
化学热处理	检查工件表面是否有碰伤、划痕等	2	有检查过程,且检查正确得2分		
	根据工件形状正确选择工艺装备	3	正确选择得3分		
	装炉方式的选择	3	正确选择得3分		
	根据实际情况合理安排工件摆放	2	工件摆放不合理不得分		
	能够正确辨别火焰的颜色及长度与炉内的气氛及压力的关系	5	正确调整气氛及压力得5分		
	根据工件技术要求调整渗碳炉技术参数	5	正确调整工艺参数		
	了解正确排除炉气密封不良的方法	5	排除故障方法正确		
	仪器仪表的正确使用	5	仪器仪表使用方法正确得5分		
质量检测及误差分析	正确使用锉刀	6	正确使用锉刀检测淬火硬度得3分;正确使用锉刀检测回火硬度得3分		
	正确使用洛氏硬度计	4	正确使用		
设备维护与保养	正确操作设备完成渗罐补碳操作	4	操作方法正确、安全		
	能正确判断风扇轴部位的密封状态	2	判断正确		
	清理方法正确	2	污垢清理干净		
	水路连接状态判断正确	2	状态判断准确		

鉴定项目	考核内容	配分	评分标准	扣分说明	得分
质量、安全、工艺纪律、文明生产等综合考核项目	考核时限	不限	每超时 5 分钟，扣 10 分		
	工艺纪律	不限	依据企业有关工艺纪律规定执行，每违反一次扣 10 分		
	劳动保护	不限	依据企业有关劳动保护管理规定执行，每违反一次扣 10 分		
	文明生产	不限	依据企业有关文明生产管理规定执行，每违反一次扣 10 分		
	安全生产	不限	依据企业有关安全生产管理规定执行，每违反一次扣 10 分		

职业技能鉴定技能考核制件(内容)分析

职业名称	金属热处理
考核等级	中级工
试题名称	从动齿轮热处理
职业标准依据	《国家职业标准》

试题中鉴定项目及鉴定要素的分析与确定

分析事项＼鉴定项目分类	基本技能"D"	专业技能"E"	相关技能"F"	合计	数量与占比说明
鉴定项目总数	5	3	5	13	鉴定项目总数为13项,选取的鉴定项目总数为6项,其中专业技能选取数量占比为67%,符合大于2/3的要求
选取的鉴定项目数量	2	2	2	6	
选取的鉴定项目数量占比(%)	40	67	40	46	
对应选取鉴定项目所包含的鉴定要素总数	7	21	9	37	所选鉴定项目中鉴定要素总和为37项,从中选考25项鉴定要素,总选取数量占比为68%,符合≥60%的要求
选取的鉴定要素数量	5	14	6	25	
选取的鉴定要素数量占比(%)	71	67	67	68	

所选取鉴定项目及相应鉴定要素分解与说明

鉴定项目类别	鉴定项目名称	国家职业标准规定比重(%)	《框架》中鉴定要素名称	本命题中具体鉴定要素分解	配分	评分标准	考核难点说明
D	工艺准备	20	识读零件图	正确识读零件图	4	正确识读2分;了解工件技术条件2分	
			能识读工件热处理的工艺文件	能找到所需工艺文件	4	正确识读2分;正确选择2分	
	工装准备		能绘制工件零件热处理工装夹具及淬、回火料框的草图	根据工件特点绘制调质用工装	2	正确绘制得2分	
				根据工件绘制化学热处理工装	2	正确绘制得2分	
			能够根据工件特点,合理选择工装	根据工件形状、大小、装炉量合理原则调质、化学热处理工装	2	合理选用得2分	
					2	合理选用得2分	
			检测工装的使用状态,判别工装是否达到维修或报废标准	在工装使用前应对其进行检查	2	正确检查得2分	
				能判断出使用工装是否符合安全使用标准	2	正确判断得2分	

续上表

鉴定项目类别	鉴定项目名称	国家职业标准规定比重(%)	《框架》中鉴定要素名称	本命题中具体鉴定要素分解	配分	评分标准	考核难点说明
E	常规热处理	60	工件来料检查	检查工件表面是否有碰伤、划痕等	2	有检查过程,且正确检查得2分	
			能够正确选择热处理设备	根据工件形状、装炉量和技术要求合理选择热处理设备	6	合理选择淬火设备得3分;合理选择回火设备得3分	
			能够正确完成工件的准备和装出炉操作	依据标准作业指导书进行装炉操作	4	违反作业指导书要求不得分	
			工件在炉中合理摆放	根据实际情况合理安排工件摆放	2	工件摆放不合理不得分	
			能设定、调整热处理设备的淬火、回火工艺参数	根据技术要求合理设定热处理设备技术参数	6	正确设定淬火设备参数得3分;合理设定回火设备参数得3分	难点
			能对合金结构钢,低、中合金工具钢进行淬火、回火操作	依据标准作业指导书对工件进行吹火、回火操作	6	正确进行淬火操作得3分;正确进行回火操作得3分	
			能目测800~950 ℃炉温,误差范围在 ±30 ℃以内	能够正确判断炉温	4	炉温判断在合理范围内得4分	难点
	化学热处理		工件的来料检查	检查工件表面是否有碰伤、划痕等	2	有检查过程,且检查正确得2分	
			根据图纸和工件形状正确选择工艺装备及装炉方式	根据工件形状正确选择工艺装备	3	正确选择得3分	
				装炉方式的选择	3	正确选择得3分	
			工件的装炉操作及在炉中合理摆放	根据实际情况合理安排工件摆放	2	工件摆放不合理不得分	
			能根据废气点燃的火焰长度及颜色调整渗碳炉内的气氛及压力	能够正确辨别火焰的颜色及长度与炉内的气氛及压力的关系	5	正确调整气氛及压力得5分	难点

鉴定项目类别	鉴定项目名称	国家职业标准规定比重(%)	《框架》中鉴定要素名称	本命题中具体鉴定要素分解	配分	评分标准	考核难点说明
E	化学热处理	60	能调整工件工艺参数	根据工件技术要求调整渗碳炉技术参数	5	正确调整工艺参数得5分	
			能解决和排除炉气密封不良的故障	了解正确排除炉气密封不良的方法	5	排除故障方法正确得5分	难点
			能使用碳控仪、气体分析仪、氧探头等仪器、仪表控制炉内气氛	仪器仪表的正确使用	5	仪器仪表使用方法正确得5分	
F	质量检测及误差分析	20	能用锉刀检测表面淬火、回火工件的硬度	正确使用锉刀	6	正确使用锉刀检测淬火硬度得3分;正确使用锉刀检测回火硬度得3分	
			熟练使用洛氏硬度计	正确使用洛氏硬度计	4	正确使用得4分	
	设备维护与保养		能进行渗罐补碳操作	正确操作设备完成渗罐补碳操作	4	操作方法正确、安全得4分	
			能判断风扇轴部位的密封状态	能正确判断风扇轴部位的密封状态	2	判断正确得2分	
			能清理设备及淬火变压器冷却水路的污垢	清理方法正确	2	污垢清理干净得2分	
			能检查设备水路连接状态	水路连接状态判断正确	2	状态判断准确得2分	
质量、安全、工艺纪律、文明生产等综合考核项目				考核时限	不限	每超时5分钟,扣10分	
				工艺纪律	不限	依据企业有关工艺纪律规定执行,每违反一次扣10分	
				劳动保护	不限	依据企业有关劳动保护管理规定执行,每违反一次扣10分	
				文明生产	不限	依据企业有关文明生产管理规定执行,每违反一次扣10分	
				安全生产	不限	依据企业有关安全生产管理规定执行,每违反一次扣10分	

金属热处理工(高级工)技能操作考核框架

一、框架说明

1. 依据《国家职业标准》^注,以及中国北车确定的"岗位个性服从于职业共性"的原则,提出金属热处理工(高级工)技能操作考核框架(以下简称:技能考核框架)。

2. 本职业等级技能操作考核评分采用百分制。即:满分为100分,60分为及格,低于60分为不及格。

3. 实施"技能考核框架"时,考核制件(活动)命题可以选用本企业的加工件(活动项目),也可以结合实际另外组织命题。

4. 实施"技能考核框架"时,考核的时间和场地条件等应依据《国家职业标准》,并结合企业实际确定。

5. 实施"技能考核框架"时,其"职业功能"的分类按以下要求确定:

(1)"常规热处理"、"化学热处理"、"表面淬火处理"属于本职业等级技能操作的三大平行执业活动。

(2)依据中国北车确定的"核心职业活动选取2/3,并向上取整"的规定,考试时在"常规热处理"、"化学热处理"、"表面淬火处理"三大职业功能至少选取2项。

6. 实施"技能考核框架"时,其"鉴定项目"和"选考数量"按以下要求确定:

(1)按照《国家职业标准》有关技能操作鉴定比重的要求,本职业等级技能操作考核制件的"鉴定项目"应按"D"+"E"+"F"组合,其考核配分比例相应为:"D"占20分,"E"占70分,"F"占10分(其中:设备维护与保养10分)。

(2)按照《国家职业标准》有关技能操作鉴定比重的要求,本职业应在三项核心职业功能中任选其二进行考核。

(3)依据中国北车确定的"核心职业活动选取2/3,并向上取整"的规定,在"E"类鉴定项目——"常规热处理操作"、"表面淬火处理操作"、"化学处理操作"的全部3项中,至少选取2项。

(4)依据中国北车确定的"其余'鉴定项目'的数量可以任选"的规定,"D"和"F"类鉴定项目——"工艺准备"、"设备维护与保养"、"设备维护与保养"中,分别选取1项。

(5)依据中国北车确定的"确定'选考数量'时,所涉及'鉴定要素'的数量占比,应不低于对应'鉴定项目'范围内'鉴定要素'总数的60%,并向上取整"的规定,考核制件的鉴定要素"选考数量"应按以下要求确定:

①在"D"类"鉴定项目"中,在已选定的1个或全部鉴定项目中,至少选取已选鉴定项目所对应的全部鉴定要素的60%项,并向上保留整数。

②在"E"类"鉴定项目"中,在已选的2个鉴定项目所包含的全部鉴定要素中,至少选取总数的60%项,并向上保留整数。

③在"F"类"鉴定项目"中,对应"质量检测及误差分析"中,在已选定的 1 个或全部鉴定项目中,至少选取已选鉴定项目所对应的全部鉴定要素的 60％项,并向上保留整数;对应"设备维护与保养",在已选定的 1 个或全部鉴定项目中,至少选取已选鉴定项目所对应的全部鉴定要素的 60％项,并向上保留整数。

举例分析:

按照上述"第 5 条"、"第 6 条"的要求,若命题时按最少数量选取,即:在职业功能中选取了"常规热处理"、"化学热处理"2 项,在"常规热处理"的"D"类鉴定项目中的选取了"工艺准备"1 项,在"E"类鉴定项目中选取了"热处理操作"、"质量检测及误差分析"2 项,在"F"类鉴定项目中选取了"设备维护与保养"1 项;在"化学热处理"的"D"类鉴定项目中的选取了"工艺准备"1 项,在"E"类鉴定项目中选取了"热处理操作"、"质量检测及误差分析"2 项,在"F"类鉴定项目中选取了"设备维护与保养"1 项,则:

此考核所涉及的"鉴定项目"总数为 8 项,具体包括:"常规热处理"的"工艺准备"、"热处理操作"、"质量检测及误差分析"、"设备维护与保养";"化学热处理"的"工艺准备"、"热处理操作"、"质量检测及误差分析"、"设备维护与保养"。

此考核制件所涉及的鉴定要素"选考数量"相应为 21 项,具体包括:"常规热处理"的"工艺准备"鉴定项目包含的全部 5 个鉴定要素中的 3 项,"热处理操作"鉴定项目包括的全部 8 个鉴定要素中的 5 项,"质量检测及误差分析"鉴定项目包括的全部 1 个鉴定要素中的 1 项,"设备维护与保养"鉴定项目包括的全部 5 个鉴定要素中的 3 项;"化学热处理"的"工艺准备"鉴定项目包含的全部 1 个鉴定要素中的 1 项,"热处理操作"鉴定项目包括的全部 4 个鉴定要素中的 3 项,"质量检测及误差分析"鉴定项目包括的全部 2 个鉴定要素中的 2 项,"设备维护与保养"鉴定项目包括的全部 4 个鉴定要素中的 3 项。

7. 本职业等级技能操作需要两人及以上共同作业的,可由鉴定组织机构根据"必要、辅助"的原则,结合实际情况确定协助人员的数量。在整个操作过程中,协助人员只能起必要、简单的辅助作用。否则,每违反一次,至少扣减应考者的技能考核总成绩 10 分,直至取消其考试资格。

8. 实施"技能考核框架"时,应同时对应考者在质量、安全、工艺纪律、文明生产等方面行为进行考核。对于在技能操作考核过程中出现的违章作业现象,每违反一项(次)至少扣减技能考核总成绩 10 分,直至取消其考试资格。

注:按照中国北车规定,各《职业技能操作考核框架》的编制依据现行的《国家职业标准》或现行的《行业职业标准》或现行的《中国北车职业标准》的顺序执行。

二、金属热处理工(高级工)技能操作鉴定要素细目表

职业功能	鉴定项目				鉴定要素		
	项目代码	名　称	鉴定比重(％)	选考方式	要素代码	名　称	重要程度
常规热处理	D	(一)工艺准备	10	必选	001	能识读多头蜗杆、箱体、曲轴等零件图	X
					002	能用火花鉴别法分辨出常用高合金工具钢的牌号	X
					003	能识读高合金工具钢、球墨铸铁、有色金属工件的热处理工艺文件	X

职业功能	鉴定项目				鉴定要素		
	项目代码	名　称	鉴定比重(%)	选考方式	要素代码	名　称	重要程度
常规热处理	D	(一)工艺准备	10	任选	004	能根据零件的特殊要求制作大件、细长轴及薄壁件的工装夹具	X
					005	能编制班组生产计划	X
	E	(二)热处理操作	35	至少选择两项	001	能对机床主轴、多头蜗杆、曲轴箱体、活塞、薄板、细长杆等零件进行淬火、回火	X
					002	能够完成滚丝模等形状复杂工具、模具的淬火、回火	X
					003	能够对高合金工具钢进行淬火、回火	X
					004	能对球墨铸铁进行淬火、回火	X
					005	能对铝合金工件进行固溶、时效处理	X
					006	能设定、调整真空炉或多用炉的淬火、回火工艺参数	X
					007	能使用多用炉进行光亮淬火	X
					008	能对热处理不良品进行返修操作	X
		(三)工件矫直及校直处理			001	能分析、判断工件变形的原因	X
					002	能采用余热、淬火夹具等手段减小工件变形	X
		(四)质量检测及误差分析			001	能识读铸铁、合金结构钢及低、中合金工具钢热处理后的金相检测报告,并判别零件质量状况	X
	F	(五)设备维护与保养	5	任选	001	能校对炉膛温度,并测定有效加热区内炉温的均匀性	X
					002	能测定炉壁表面的温升	X
					003	能测定电热元件的冷态直流电阻	X
					004	能测定热处理炉的空载功率	X
					005	能测定空炉的升温时间	X
					006	能测定热处理炉的额定功率	X
					007	能对新装电炉或大修重砌炉衬进行烘烤操作	X
表面淬火处理	D	(一)工艺准备	10	必选	001	能设计单匝感应器	X
					002	能制作曲轴、丝杠等工件加热感应器	X
	E	(二)热处理操作	35	全选	001	能调整感应设备的电参数,使用效率获得最佳输出	X
					002	能调整淬火机床的转速、运行速度	X
					003	能对曲轴、丝杠等工件进行感应加热淬火	X
		(三)质量检测及误差分析			001	能依据感应加热淬火、火焰加热淬火的检测报告调整工艺参数	X
					002	能对感应加热淬火、火焰加热淬火工件的变形与开裂提出预防措施	X
	F	(四)设备维护与保养	5	必选	001	能对触点表面进行清理以保证电接触可靠	X
					002	能调整淬火机床的主轴旋转速度和滑板的升降,并保证其工作状态	X

续上表

职业功能	鉴定项目		鉴定比重(%)	选考方式	鉴定要素		重要程度
	项目代码	名称			要素代码	名称	
化学热处理	D	(一)工艺准备	10	必选	001	能制作渗碳、气体氮化、离子氮化及碳氮共渗用工装夹具	X
	E	(二)热处理操作	35	全选	001	能对汽车后桥齿轮等工件进行渗碳淬火处理	X
					002	能对主轴、丝杠等工件进行离子氮化处理	X
					003	能对气体氮化工件进行退氮处理	X
					004	能利用可控气氛多用炉等热处理设备进行渗碳、碳氮共渗等热处理操作	X
		(三)质量检测及误差分析			001	能识读渗碳、碳氮共渗及氮碳共渗的金相检测报告，判断热处理质量状况	X
					002	能用硬度法测定渗碳、碳氮共渗及氮碳共渗的渗层有效深度	X
	F	(四)设备维护与保养	5	必选	001	能进行井式气体渗碳炉、氮化炉的调试和验收	X
					002	能检测可控气氛多用炉有效加热区的炉温和碳势均匀性	X
					003	能进行可控气氛多用炉的周期性保养和维护	X
					004	能进行制氮机的周期性保养和维护	X

金属热处理工(高级工)
技能操作考核样题与分析

职 业 名 称：＿＿＿＿＿＿＿＿＿＿

考 核 等 级：＿＿＿＿＿＿＿＿＿＿

存 档 编 号：＿＿＿＿＿＿＿＿＿＿

考核站名称：＿＿＿＿＿＿＿＿＿＿

鉴定责任人：＿＿＿＿＿＿＿＿＿＿

命题责任人：＿＿＿＿＿＿＿＿＿＿

主管负责人：＿＿＿＿＿＿＿＿＿＿

中国北车股份有限公司劳动工资部制

职业技能鉴定技能操作考核制件图示或内容

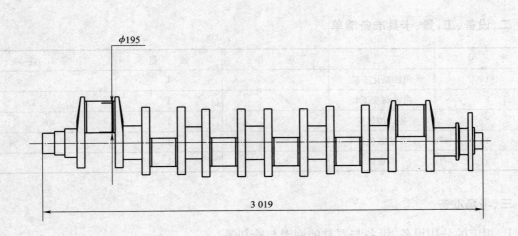

调质技术要求:XXX
氮化技术要求:XXX

职业名称	金属热处理工
考核等级	高级工
试题名称	曲轴热处理
材质等信息	

职业技能鉴定技能操作考核准备单

职业名称	金属热处理工
考核等级	高级工
试题名称	曲轴热处理

一、材料准备

1. 材料规格
2. 坯件尺寸

二、设备、工、量、卡具准备清单

序　号	名　　称	规　格	数　量	备　注
1	曲轴氮化工装	×××	1	
2	曲轴调质工装	×××	1	
3	井式加热炉	×××	1	
4	井式氮化炉	×××	1	
5	矫直机	×××	1	

三、考场准备

1. 相应的公用设备、设备与器具的润滑与冷却等。
2. 相应的场地及安全防范措施。
3. 其他准备。

四、考核内容及要求

1. 考核内容(按考核制件图示及要求制作)。
2. 考核时限:不少于 180 分钟。
3. 操作者应遵守质量、安全、工艺纪律,文明生产要求。对于在技能操作考核过程中出现的违章作业现象,每违反一项(次)至少扣减技能考核总成绩 10 分,直至取消其考试资格。
4. 考核评分(表)

职业名称	金属热处理工	考核等级	高级工		
试题名称	曲轴热处理	考核时限	180 分钟		
鉴定项目	考核内容	配分	评分标准	扣分说明	得分
基础准备	能识读零件技术要求、标题栏	1	正确识读		
	绘图知识	1	正确识读		
	根据工艺文件确定生产工艺	1	工艺选择错误不得分		

续上表

鉴定项目	考核内容	配分	评分标准	扣分说明	得分
基础准备	根据工艺文件要求,确定装炉量	1	装炉量选择错误不得分		
	选择相应的设备	3	调质设备选择正确得1分;氮化设备选择正确得1分;回火设备选择正确得1分		
	能根据具体的生产情况合理安排生产计划	2	生产计划安排合理		
工装准备	工装夹具的设计	2	设计错误不得分		
	根据曲轴特点,在现有工装中选择合适的工装夹具	2	选择错误不得分		
	使用前对工装进行检查,判断是否能够安全使用	4	生产前对工装夹具进行检查得2分;检查项目无漏项得2分		
	工装夹具的设计	4	设计有错误不得分		
常规热处理	检查工件表面是否有碰伤、划痕等	2	有检查过程且检查认真仔细		
	装炉方式选择	1	装炉方式选择正确		
	依据标准作业指导书进行装炉操作,根据实际情况合理安排工件摆放	4	违反标准作业指导书要求装炉不得分;工件摆放不合理不得分		
	淬火工艺制定	4	工艺制定错误不得分		
	回火工艺制定				
	设定井式炉淬火工艺参数	3	工艺参数设定得3分		
	设定井式炉回火工艺参数	3	工艺参数设定得3分		
	设备规范化操作	5	每有一点不规范操作扣1分		
	设备规范化操作	5	每有一点不规范操作扣1分		
	注意淬火和回火之间的时间间隔	3	及时回火得3分		
化学热处理	对长期使用的氮化设备进行退氮处理	5	按照操作规范进行回火操作,每有一点不规范操作扣1分		
	对来料工件进行检查,表面有油渍、锈斑及时清理	3	正确清理得1分;表面清理干净得2分		
	表面有碰伤、划痕及时申报	1	正确检查得1分		
	对不需要氮化的部位进行防渗处理	3	能找出不需氮化部分得1分;正确处理得2分		
	选择合适装炉方式	1	正确选择得1分		
	依据标准作业指导书进行装炉操作,根据实际情况合理安排工件摆放	4	违反作业指导书要求扣2分;工件摆放合理得2分		
	按照技术要求制定曲轴氮化工艺	2	正确制定工艺得2分		
	选择相应的氮化设备	1	正确得1分		
	按氮化工艺对设备进行工艺设定	2	正确得2分		
	设备使用前检查设备使用情况	2	使用前检查的得2分		
	对炉子进行排气,保证氨气量达到炉内气体95%以上	3	正确操作得3分		

鉴定项目	考核内容	配分	评分标准	扣分说明	得分
化学热处理	生产过程中定时巡检	2	定时巡检得2分		
	工件出炉后合理、安全摆放	1	正确摆放得1分		
	工装合理、安全摆放	1	安全摆放得1分		
质量检测及误差分析	识读调质后金相检测报告	4	正确识读得2分		
	识读氮化后金相检测报告	2	正确识读得2分		
	正确使用布氏硬度计	3	正确使用得3分		
	正确使用维氏硬度计	3	正确使用得3分		
设备调试、与验收	正确测量功率	3	判断错误不得分		
	正确计算时间	3	判断错误不得分		
	正确测量功率	2	判断错误不得分		
质量、安全、工艺纪律、文明生产等综合考核项目	考核时限	不限	每超时5分钟，扣10分		
	工艺纪律	不限	依据企业有关工艺纪律规定执行，每违反一次扣10分		
	劳动保护	不限	依据企业有关劳动保护管理规定执行，每违反一次扣10分		
	文明生产	不限	依据企业有关文明生产管理规定执行，每违反一次扣10分		
	安全生产	不限	依据企业有关安全生产管理规定执行，每违反一次扣10分		

职业技能鉴定技能考核制件(内容)分析

职业名称	金属热处理工
考核等级	高级工
试题名称	曲轴热处理
职业标准依据	国家职业标准

试题中鉴定项目及鉴定要素的分析与确定

分析事项 ＼ 鉴定项目分类	基本技能"D"	专业技能"E"	相关技能"F"	合计	数量与占比说明
鉴定项目总数	3	3	4	10	鉴定项目总数为10项,选取的鉴定项目总数为6项,其中专业技能选取数量占比为67%,符合大于2/3的要求
选取的鉴定项目数量	2	2	2	6	
选取的鉴定项目数量占比(%)	67	67	50	60	
对应选取鉴定项目所包含的鉴定要素总数	9	21	7	37	所选鉴定项目中鉴定项目总和为37项,从中选考25项,总选取数量占比为68%,符合大于60%的要求
选取的鉴定要素数量	6	14	5	25	
选取的鉴定要素数量占比(%)	67	67	72	68	

所选取鉴定项目及相应鉴定要素分解与说明

鉴定项目类别	鉴定项目名称	国家职业标准规定比重(%)	《框架》中鉴定要素名称	本命题中具体鉴定要素分解	配分	评分标准	考核难点说明
D	基础准备	20	能识读曲轴零件图	能识读零件技术要求、标题栏	1	正确识读	
				绘图知识	1	正确识读	
			能识读曲轴的热处理工艺文件	根据工艺文件确定生产工艺	1	工艺选择错误不得分	
				根据工艺文件要求,确定装炉量	1	装炉量选择错误不得分	
				选择相应的设备	3	调质设备选择正确得1分;氮化设备选择正确得1分;回火设备选择正确得1分	
			编制班组生产计划	能根据具体的生产情况合理安排生产计划	2	生产计划安排合理	
	工装准备		根据曲轴外形尺寸设计工装	工装夹具的设计	2	设计错误不得分	

鉴定项目类别	鉴定项目名称	国家职业标准规定比重(%)	《框架》中鉴定要素名称	本命题中具体鉴定要素分解	配分	评分标准	考核难点说明
D	工装准备	20	能够根据工件特点,合理选择工装	根据曲轴特点,在现有工装中选择合适的工装夹具	2	选择错误不得分	
			检测工装的使用状态,判别工装是否达到维修或报废标准	使用前对工装进行检查,判断是否能够安全使用	4	生产前对工装夹具进行检查得2分;检查项目无漏项得2分	
			根据曲轴外形尺寸设计工装	工装夹具的设计	4	设计有错误不得分	难点
E	常规热处理	60	工件来料检查	检查工件表面是否有碰伤、划痕等	2	有检查过程且检查认真仔细	
			根据图纸和工件形状选择装炉方式	装炉方式选择	1	装炉方式选择正确	
			工件的装炉操作及在炉中合理摆放	依据标准作业指导书进行装炉操作,根据实际情况合理安排工件摆放	4	违反标准作业指导书要求装炉不得分;工件摆放不合理不得分	
			根据技术要求制定曲轴调质工艺	淬火工艺制定	4	工艺制定错误不得分	
				回火工艺制定			
			根据技术要求设定井式炉的淬火、回火工艺参数	设定井式炉淬火工艺参数	3	工艺参数设定得3分	
				设定井式炉回火工艺参数	3	工艺参数设定得3分	
			根据设备操作规范进行淬火操作	设备规范化操作	5	每有一点不规范操作扣1分	
			根据设备操作规范进行回火操作	设备规范化操作	5	每有一点不规范操作扣1分	
				注意淬火和回火之间的时间间隔	3	及时回火得3分	

续上表

鉴定项目类别	鉴定项目名称	国家职业标准规定比重(%)	《框架》中鉴定要素名称	本命题中具体鉴定要素分解	配分	评分标准	考核难点说明
E	化学热处理	60	能对气体氮化设备进行退氮处理	对长期使用的氮化设备进行退氮处理	5	按照操作规范进行回火操作,每有一点不规范操作扣1分	难点
			工件的来料检查	对来料工件进行检查,表面有油渍、锈斑及时清理	3	正确清理得1分;表面清理干净得2分	
				表面有碰伤、划痕及时申报	1	正确检查得1分	
			根据图纸和工件形状正确选择工艺装备及装炉方式	对不需要氮化的部位进行防渗处理	3	能找出不需氮化部分得1分;正确处理得2分	
				选择合适装炉方式	1	正确选择得1分	
			工件的装炉操作及在炉中合理摆放	依据标准作业指导书进行装炉操作,根据实际情况合理安排工件摆放	4	违反作业指导书要求扣2分;工件摆放合理得2分	
			根据工件技术要求制定生产工艺	按照技术要求制定曲轴氮化工艺	2	正确制定工艺得2分	
			根据工件技术要求对设备进行工艺设定	选择相应的氮化设备	1	正确得1分	难点
				按氮化工艺对设备进行工艺设定	2	正确得2分	
			根据设备操作规范进行操作	设备使用前检查设备使用情况	2	使用前检查的得2分	
				对炉子进行排气,保证氨气量达到炉内气体95%以上	3	正确操作得3分	
			根据设备操作规范进行操作	生产过程中定时巡检	2	定时巡检得2分	
				工件出炉后合理、安全摆放	1	正确摆放得1分	
				工装合理、安全摆放	1	安全摆放得1分	

鉴定项目类别	鉴定项目名称	国家职业标准规定比重(%)	《框架》中鉴定要素名称	本命题中具体鉴定要素分解	配分	评分标准	考核难点说明
F	质量检测及误差分析	10	能识读热处理后的金相检测报告	识读调质后金相检测报告	4	正确识读得 2 分	
				识读氮化后金相检测报告		正确识读得 2 分	
			可以使用设备进行布氏硬度、维氏硬度等硬度检测	正确使用布氏硬度计	3	正确使用得 3 分	
				正确使用维氏硬度计	3	正确使用得 3 分	
	设备调试与验收	10	能测定热处理炉的空载功率	正确测量功率	3	判断错误不得分	
			能测定空炉的升温时间	正确计算时间	3	判断错误不得分	
			能测定热处理炉的额定功率	正确测量功率	2	判断错误不得分	
	质量、安全、工艺纪律、文明生产等综合考核项目			考核时限	不限	每超时 5 分钟，扣10 分	
				工艺纪律	不限	依据企业有关工艺纪律规定执行，每违反一次扣 10 分	
				劳动保护	不限	依据企业有关劳动保护管理规定执行，每违反一次扣 10 分	
				文明生产	不限	依据企业有关文明生产管理规定执行，每违反一次扣 10 分	
				安全生产	不限	依据企业有关安全生产管理规定执行，每违反一次扣 10 分	